Cornelie Jäger

Vegane Irrtümer

Cornelie Jäger

Vegane Irrtümer

Warum wir auf gute Tierhaltung nicht verzichten können

Metropolis-Verlag
Marburg 2024

Bibliografische Information Der Deutschen Nationalbibliothek
Die Deutsche Nationalbibliothek verzeichnet diese Publikation in der Deutschen Nationalbibliografie; detaillierte bibliografische Daten sind im Internet über <https://portal.dnb.de> abrufbar.

Metropolis-Verlag für Ökonomie, Gesellschaft und Politik GmbH
https://www.metropolis-verlag.de

ISBN 978-3-7316-1575-0

Vorwort
von Prof. Dr. Hubert Weiger

Ehrenvorsitzender des
Bund für Umwelt und Naturschutz Deutschland e.V. (BUND)
und des BUND Naturschutz in Bayern e.V. (BN)

In Deutschland wird zu viel Fleisch gegessen. Derzeit durchschnittlich ca. 142 Gramm pro Tag, wohingegen je nach Quelle zwischen zehn und 86 Gramm pro Tag empfohlen werden. Diese Mengen an Fleisch können nur durch eine industrielle Massentierhaltung erzeugt werden und das bedeutet Tierleid und trägt in erheblichem Maß zu Stickstoffüberschüssen und der Verschmutzung von Grundwasser bei. Dafür wurde in der intensiven Landwirtschaft die Kuh zur Sau gemacht und es wird statt Gras überwiegend Kraftfutter aus Mais und importiertem Soja verfüttert, für dessen Anbau Regenwald gerodet wird, was – zusammen mit der Tierhaltung selbst – erheblich zur Steigerung der globalen Treibhausgas-Emissionen beiträgt und für unumkehrbare Schäden am Weltklima und der Biodiversität verantwortlich ist. Auf diese Weise erzeugtes Fleisch verbraucht wesentlich mehr landwirtschaftliche Fläche, als wenn stattdessen direkt Lebensmittel für Menschen angebaut werden würden.

Angesichts dieses gegenwärtig noch viel zu hohen Fleischkonsums sind Initiativen für eine pflanzenbasierte, vegetarische Ernährung wichtig, weil sie in den letzten Jahrzehnten das Problembewusstsein für den viel zu hohen Fleischkonsum in der Bevölkerung geschaffen haben.

Auch der Veganismus, das heißt also ausschließlich pflanzenbasierte Ernährung, die mit der Vermeidung von Tierleid und der Entlastung der Umwelt begründet wird, hat zu einem neuen Problembewusstsein beigetragen. Was der Veganismus aber nicht kann, ist, als neues Leitbild zu dienen: Der Mensch ist bekanntlich nicht in der Lage, Gras direkt zu verwerten. Wir benötigen also Rinder, Ziegen und Schafe, um Grünland in Milch und Fleisch zu verwandeln. In Deutschland sind ein Drittel der landwirtschaftlichen Fläche Wiesen oder Weiden. Diese Lebensräume sind von zentraler Bedeutung als CO_2-Senke, für die Biodiversität und den Erosionsschutz. Artgerecht gehaltene Nutztiere mit Weide dienen dem Klima, dem Naturschutz, der Erhaltung einer bäuerlichen Landwirtschaft ebenso wie der Erhaltung von Nutztierrassen und sind daher unverzichtbar. Fleisch- und Milchersatzprodukte oder Nahrungsergänzungsmittel aus der chemischen Fabrik oder dem Labor dienen hingegen vor allem dem Absatzinteresse der agrochemischen Ernährungsindustrie.

Die Lösung ist also nicht der Veganismus, sondern eine deutliche Reduktion des Fleischkonsums. Dafür dürfen nur so viele Tiere gehalten werden, wie dies artgerecht möglich ist und von der eigenen natürlichen Futtergrundlage ernährt werden können. Die standortangepasste, bäuerliche Landwirtschaft mit artgerechter Tierhaltung und ökologischer Bewirtschaftung ist das Leitbild für eine nachhaltige und zukunftsfähige Landwirtschaft.

Im vorliegenden Buch werden die Argumente pro und contra Tierhaltung in der Landwirtschaft allgemein verständlich und gut nachvollziehbar dargestellt. Das Plädoyer für eine artgerechte Tierhaltung als wesentlicher Teil einer nachhaltigen Kreislauflandwirtschaft eröffnet neue Perspektiven. Besonders verdienstvoll ist die Herausstellung der zentralen Rolle der Weidewirtschaft für die Sicherung sowohl des Klimas wie auch der Biodiversität. Gerade die Empfehlungen für eine Tierhaltung auch auf neuen Wegen, zu der als zentrales Element eine Tierhaltung gehört, die in keiner direkten Konkurrenz zur menschlichen Ernährung steht, machen dieses Buch besonders wertvoll und können entscheidend zu einer Neubewertung der Bedeutung der Tierhaltung in der Landwirtschaft und damit zu einer positiven Lösung der Konflikte beitragen.

Vorwort

Veganismus liegt im Trend und löst zugleich Debatten aus. In Deutschland leben zwischen einem und drei Prozent der Bevölkerung vegan.[1,2] Es sind vor allem jüngere Menschen, die sich gegen Produkte von Tieren entscheiden, und der Markt für vegane Produkte wächst rasant. Weltweit soll eine halbe Milliarde Menschen vegan leben, eine weitere Milliarde vegetarisch.[3]

Die Gründe für, aber auch gegen eine vegane Ernährungsweise oder einen veganen Lebensstil sind vielfältig. Sie reichen von Gewohnheiten und Traditionen über wirtschaftliche Möglichkeiten und regionale Gegebenheiten bis zu existenziellen moralischen Einschätzungen. Eine bedeutende Rolle spielt der Wunsch nach einer gesunden und umweltverträglichen Ernährung. Diskussionen über den eigenen Lebensstil verlaufen oft emotional, weil nicht nur fachliche Argumente, sondern auch Vorlieben, Abneigungen und Wertvorstellungen im Spiel sind.

Nach Darstellung bekannter Befürworter ist Veganismus vor allem eine tierethisch begründete Gerechtigkeitsbewegung. Deren vorrangiges Streben sei es, alle Formen der Ausbeutung von und der Grausamkeiten gegenüber Tieren zu vermeiden.[4] Deshalb plädieren Veganerinnen und Veganer für die Abschaffung aller Tierhaltungen, aus denen Menschen Nutzen ziehen, weil dies stets Belastungen für die Tiere bedeute. Der tierethisch begründete Verzicht auf jegliche Tiernutzung ist allerdings einseitig. Andere, ebenfalls ethisch relevante Ziele gelten als nachrangig und erhalten weniger Gewicht in der Abwägung für oder gegen Tierhaltung.

Viele vegan lebende Menschen nehmen für sich in Anspruch, durch ihren Verzicht auf alle Produkte von Tieren nicht nur Tierleid zu vermeiden, sondern zudem eine besonders klimaverträgliche und umwelt-

[1] Vgl. BMEL, 2022, S. 10.

[2] Vgl. Forsa, 2023, S. 3.

[3] https://veganivore.de/anzahl-veganer-statistiken-fakten/, aufgerufen am 19.7.2023.

[4] Vgl. Rittenau et al., 2021, S. 13 ff. u. S. 64.

schonende Ernährungs- bzw. Lebensweise zu pflegen. Auch diese Einschätzung lässt sich kritisch hinterfragen.

Das Anliegen dieses Buches ist es, die Chancen zu zeigen, die vergeben würden, wenn es überhaupt keine Tiere in der Landwirtschaft mehr gäbe. Das Buch soll eine Argumentationshilfe zugunsten einer fairen landwirtschaftlichen Tierhaltung sein, die den großen Herausforderungen des 21. Jahrhunderts gerecht wird. Ergänzend zur Vorstellung und Abwägung von Argumenten illustrieren Beispiele aus der Praxis die unverzichtbare Rolle von Tieren und zeigen den wertschätzenden Umgang mit ihnen.

An dieser Stelle möchte ich mich nicht nur beim Metropolis-Verlag bedanken, der die Idee für dieses Buch einleuchtend genug fand, um das Vorhaben in sein Programm aufzunehmen. Mein besonderer Dank gilt den Menschen, die mir außerordentlich wertvolle Anregungen gegeben und dazu beigetragen haben, das Manuskript für dieses Buch inhaltlich und sprachlich zu verbessern: Jörg Döbereiner, Maxi Karpeles, Dr. Holger Axt und Wolfgang Reimer.

Hinweis: Aus sprachlichen Vereinfachungsgründen wird im Buch das generische Maskulinum verwendet.

Entringen, im April 2024 Cornelie Jäger

Inhaltsverzeichnis

Abkürzungsverzeichnis

BECCS	Bioenergy with carbon capture and storage, Bioenergie mit CO_2-Abscheidung und -Speicherung
BfN	Bundesamt für Naturschutz
BMEL	Bundesministerium für Ernährung und Landwirtschaft
BMU	Bundesministerium für Umwelt, Naturschutz und nukleare Sicherheit
BMUV	Bundesministerium für Umwelt, Naturschutz, nukleare Sicherheit und Verbraucherschutz
C	Kohlenstoff
C/N-Verhältnis	Verhältnis von Kohlenstoff zu Stickstoff in einer Substanz
DGE	Deutsche Gesellschaft für Ernährung e. V.
DHA	Docosahexaensäure
EU	Europäische Union
EPA	Eicosapentaensäure
FAO	Food and Agriculture Organization of the United Nations, Ernährungs- und Landwirtschafts-organisation der Vereinten Nationen
g	Gramm
Gt	Gigatonne (1 Milliarde Tonnen)
GBD	Global Burden of Disease Study
GV	Großvieheinheit
ha	Hektar
IPBES	Intergovernmental Platform on Biodiversity and Ecosystem Services, Weltbiodiversitätsrat
IPCC	Intergovernmental Panel on Climate Change, Weltklimarat

kcal	Kilokalorie
kg	Kilogramm
km^3	Kubikkilometer
KTBL	Kuratorium für Technik und Bauwesen in der Landwirtschaft e. V.
l	Liter
N	Stickstoff
OECD	Organization for Economic Co-operation and Development, Organisation für wirtschaftliche Zusammenarbeit und Entwicklung
SDG	Sustainable Development Goal, Ziel für nachhaltige Entwicklung
t	Tonne
UBA	Umweltbundesamt
UN	United Nations, Vereinte Nationen
UNEP	United Nations Environment Programme, Umweltprogramm der Vereinten Nationen
UNICEF	United Nations Children's Fund, Kinderhilfswerk der Vereinten Nationen
WBAE	Wissenschaftlicher Beirat für Agrarpolitik, Ernährung und gesundheitlichen Verbraucherschutz beim BMEL
WBGU	Wissenschaftlicher Beirat der Bundesregierung Globale Umweltveränderungen
WEF	World Economic Forum, Weltwirtschaftsforum
WHO	World Health Organization, Weltgesundheits-organisation
WWF	World Wide Fund For Nature

Einleitung

Leben braucht Nahrung. Das eint alle Lebewesen auf der Erde, von den kleinsten Mikroorganismen über sämtliche Pilze und Pflanzen bis zu den Tieren, einschließlich uns Menschen. Woraus ihre Nahrung besteht, wie sie gewonnen wird und welche Auswirkungen das auf die verschiedenen Ökosysteme hat, könnte allerdings vielfältiger kaum sein: Blauwalen dient das Plankton der Meere als Grundlage, um zu tonnenschweren Meeressäugern heranzuwachsen. Gnus dagegen leben zu Tausenden in großen Herden vom Gras ursprünglich riesiger Gebiete. Wieder andere jagen nahezu alles Erdenkliche, um damit sich selbst und ihre Jungen zu ernähren.

Und wir Menschen? Verglichen mit Abermillionen von Lebewesen auf diesem Planeten, zum Beispiel unzähligen Bakterien und Mikroalgen, sind wir eine erdgeschichtlich junge Spezies. Dennoch haben wir die Welt und ihre Atmosphäre vor allem in den letzten 300 Jahren so stark beeinflusst, dass wir inzwischen um unser eigenes Überleben fürchten müssen. Wir stecken mitten in einer von uns selbst verursachten Klimakrise. Sie hat gerade erst begonnen, und wie es weitergeht, ist ungewiss. Ob wir es schaffen, sie auf ein erträgliches Maß für alle zu begrenzen und uns anzupassen, wird auch davon abhängen, wie wir uns ernähren und wie wir mit unserer natürlichen Umgebung umgehen.

Werden alle satt?

Prognosen der Vereinten Nationen (UN) zufolge werden im Jahr 2050 knapp zehn Milliarden Menschen auf dieser Welt leben. Auch danach wird die Weltbevölkerung noch leicht wachsen, schließlich aber stagnieren oder zurückgehen. Um 2100 ist laut UN mit 10,4 Milliarden Menschen zu rechnen.[5] Andere Vorhersagen erwarten zwar zum Ende

[5] Vgl. UN Department of Economic and Social Affairs, Population Division, 2022, S. 28.

dieses Jahrhunderts fast zwei Milliarden Menschen weniger als die UN,[6] fest steht aber, dass bereits jetzt 8 Milliarden Menschen Tag für Tag Essen und Trinken benötigen.[7]

Wie enorm diese Herausforderung ist, verdeutlichen Daten des jährlichen gemeinsamen Berichts mehrerer UN-Organisationen zur globalen Ernährungssicherheit: Fast 10 % der Weltbevölkerung, zwischen 700 und 800 Millionen Menschen, leiden unter Hunger – rund 120 Millionen mehr als vor dem Beginn der COVID-19-Pandemie. Die Zahl der Menschen, die sich nahezu ständig in Sorge um ausreichende Nahrung befinden, ist mit 2,4 Milliarden noch größer. Und schließlich können sich insgesamt 3,1 Milliarden Menschen keine gesunde, ausgewogene Ernährung leisten. Besonders erschreckend ist, dass weltweit über 20 % der Kinder unter fünf Jahren aufgrund von Mangelernährung unterentwickelt sind.[8]

Neben der Pandemie hat auch Russlands Krieg gegen die Ukraine die globale Ernährungssituation verschärft, unter anderem, weil er Getreideexporte aus der Ukraine beeinträchtigte. Außerdem gefährdet der Klimawandel Ernten weltweit. Angesichts der multiplen globalen Krisen ist das Ziel, allen Menschen ein Mindestmaß an Wohlstand und Lebensperspektive zu ermöglichen, umso dringender und hartnäckiger zu verfolgen. Wenn unsere Kinder Chancen auf eine gute Zukunft haben sollen, müssen sie ausreichend und gesund ernährt sein, Zugang zu Bildung erhalten und in einer intakten Umwelt aufwachsen.

Die Bedeutung solcher Ziele ist längst international anerkannt: Die UN-Mitgliedstaaten verständigten sich bereits 2015 als Nachfolge für die sogenannten Millenniums-Entwicklungsziele mit der „Agenda 2030“ auf 17 Ziele für nachhaltige Entwicklung, die Sustainable Development Goals. Außerdem befinden wir uns in der UN-Dekade zur Bekämpfung der Unterernährung und ernährungsbedingter Krankheiten (2016-2025), der Dekade der bäuerlichen Kleinstbetriebe (2019-2028) und der Dekade zur Wiederherstellung von Ökosystemen (2021-2030). Wenn die UN-Generalversammlung solche Ziele oder Dekaden aus-

[6] Vgl. Vollset et al., 2020, S. 1297.

[7] Vgl. UN Department of Economic and Social Affairs, Population Division, 2022, S. i.

[8] Vgl. FAO et al., 2023, S. 5.

ruft, will sie damit in erster Linie auf besonders wichtige und drängende Probleme aufmerksam machen. Auf individueller Ebene lässt sich dies aber auch als Aufforderung verstehen, sowohl das eigene Verhalten als auch staatliches Handeln kritisch zu hinterfragen und sich konstruktiv an Lösungen zu beteiligen.

Dasselbe gilt auch für die kurz nach der Agenda 2030 verabschiedeten Ziele des Pariser Klimaschutzabkommens. Dort heißt es, dass der weltweite Temperaturanstieg möglichst auf 1,5 Grad Celsius, auf jeden Fall aber auf deutlich unter 2 Grad Celsius im Vergleich zum vorindustriellen Zeitalter beschränkt werden soll.[9]

UN-Ziele für nachhaltige Entwicklung[10]

1. Keine Armut
2. Kein Hunger
3. Gesundheit und Wohlergehen
4. Hochwertige Bildung
5. Geschlechter-Gleichheit
6. Sauberes Wasser und Sanitäreinrichtungen
7. Bezahlbare und saubere Energie
8. Menschenwürdige Arbeit und Wirtschaftswachstum
9. Industrie, Innovation und Infrastruktur
10. Weniger Ungleichheiten
11. Nachhaltige Städte und Gemeinden
12. Nachhaltige/r Konsum und Produktion
13. Maßnahmen zum Klimaschutz
14. Leben unter Wasser
15. Leben an Land
16. Frieden, Gerechtigkeit und starke Institutionen
17. Partnerschaften zur Erreichung der Ziele

[9] https://www.bmz.de/de/service/lexikon/klimaabkommen-von-paris-14602, aufgerufen am 25.5.2023.

[10] https://unric.org/de/17ziele/, aufgerufen am 25.5.2023.

Erhebliche Interessenkonflikte

Schon die schiere Zahl der Nachhaltigkeitsziele und noch stärker ihre Unterschiedlichkeit lassen erahnen, dass zwischen ihnen zahlreiche Interessenkonflikte bestehen. Tatsächlich ist die Konkurrenz um Ressourcen erheblich. So kollidieren beispielsweise Infrastrukturprojekte mit Zielen des Naturschutzes, und Wirtschaftswachstum birgt Risiken für den Klimaschutz.

Alle Ziele sollen laut Agenda 2030 auf nachhaltige Weise erreicht werden – also so, dass folgende Generationen keine schlechtere Ausgangslage für ihr Leben vorfinden als die vorhergehende. Dafür bedarf es vieler Diskussionen, Abwägungen und schließlich mutiger Vorschläge und Umsetzungen. Geht es weiter wie bisher, droht die Menschheit allerdings, ihre selbstgesteckten Ziele zu verfehlen, wie die UN anlässlich der Halbzeitbilanz der Agenda 2030 konstatierte. Bei vielen Zielen geht es zu langsam voran, teilweise sind sogar Rückschritte gegenüber 2015 zu verzeichnen.[11]

In diesem Buch sollen vor allem die Interessenkonflikte rund um die Ziele 1 bis 3, 6 und 12 bis 15 thematisiert werden. Die übergreifende Frage lautet: Wie und wofür soll die weltweit vorhandene landwirtschaftlich nutzbare Fläche eingesetzt werden, um 10 Milliarden Menschen so zu ernähren, dass auch deren Enkelkinder noch eine Chance auf ein menschenwürdiges Dasein in einer lebenswerten Umwelt haben?

In den einzelnen Kapiteln soll jeweils ein Aspekt dieser komplexen Herausforderung thematisiert werden. Es geht also um Ernährung, Biodiversität, Klimaschutz und Bodengesundheit, Wasserverbrauch, Flächennutzung, Tierfütterung und Nahrungskonkurrenz, Entwicklungschancen und Verhaltensänderungen. Jedes Kapitel beginnt mit einer kurzen Einführung in das Thema. Es folgen – auf wissenschaftlicher Basis – Fakten und Einschätzungen zur aktuellen Situation und den fachlichen Zusammenhängen. Ebenfalls unter Berücksichtigung wissenschaftlicher Forschungsergebnisse runden Lösungsansätze die Kapitel ab. Am Ende jedes Kapitels soll eine kurze Zusammenfassung dazu beitragen, die Übersicht zu behalten. Schließlich gilt es, die ein-

[11] https://unric.org/de/agenda-2030-17-un-nachhaltigkeitsziele-deutlich-im-rueckstand/, aufgerufen am 8.1.2024.

zelnen Vorschläge zu einem Gesamtkonzept für eine zukunftsfähige Versorgung der Weltbevölkerung zu verknüpfen. Damit werden sich vor allem die beiden letzten Kapitel befassen.

Von Vorteil ist, dass das Wissen um nachhaltige Landbewirtschaftung und gesunde Ernährung in den zurückliegenden Jahrzehnten enorm zugenommen hat. Auf dieser Basis entwickelte beispielsweise eine international besetzte Gruppe von hochrangigen Wissenschaftlern, die sogenannte EAT-Lancet-Kommission, ihren Vorschlag einer „Planetary Health Diet“, die allen Menschen eine angemessene Ernährung ermöglicht, ohne unseren Planeten zu zerstören.[12] Andere Arbeiten befassen sich stärker mit den negativen Auswirkungen der Nahrungsmittelerzeugung, insbesondere der Tierhaltung. Diese betreffen vor allem Biodiversität, Klimagasemissionen oder Landnutzung. All diese Problembereiche gilt es unter einen Hut zu bekommen, denn unser derzeitiges Wirtschafts- und Ernährungssystem führt dazu, dass Milliarden Menschen weder gesund noch umweltschonend leben, von sozialer Gerechtigkeit ganz zu schweigen. Gleichzeitig ist bekannt, dass es grundsätzlich genügend Nahrungsmittel gibt.[13] Allerdings sind sie ungerecht verteilt.

Was Reiche und Arme essen

Essen ist ein menschliches Grundbedürfnis, und ein angemessener Lebensstandard einschließlich Nahrung zählt laut dem Internationalen Pakt über wirtschaftliche, soziale und kulturelle Rechte, kurz UN-Sozialpakt, zu den sozialen Menschenrechten.[14] Allerdings sind die Unterschiede bei der Ernährung individuell, regional und international groß. Das hat zum einen damit zu tun, welche Nahrungsmittel in den verschiedenen Regionen erzeugt werden und welche Traditionen bei der Zubereitung entstanden sind. Zum anderen ist von entscheidender Bedeutung, welche Nahrungsmittel sich die jeweiligen Bevölkerungsgruppen leisten können.

12 Vgl. Willett et al., 2019, S. 453 ff.

13 Vgl. Herren, 2016, S. 12.

14 https://www.bmz.de/de/service/lexikon/internationaler-pakt-wirtschaftliche-soziale-kulturelle-rechte-60142, aufgerufen am 3.6.2023.

Das durchschnittliche Konsumverhalten in einem wohlhabenden Land wie Deutschland schließt vergleichsweise große Mengen an Nahrungsmitteln tierischen Ursprungs ein. Der Fleischverzehr pro Kopf in Deutschland ist zwar in den vergangenen Jahren zurückgegangen, betrug aber 2023 immer noch knapp 52 kg, davon 27,5 kg Schweinefleisch.[15] Hinzu kommen pro Jahr knapp 240 Eier pro Person,[16] knapp 46 kg Milch, etwas mehr als 5 kg Butter und knapp 25 kg Käse unterschiedlicher Arten.[17]

Ganz anders dagegen die Situation in einkommensschwächeren Ländern: Dort liegt der jährliche Fleischverbrauch, also der Fleischverzehr plus Resten wie Knochen und Ähnlichem, weiterhin bei teils deutlich unter 20 kg pro Person.[18] Beispielsweise legen Daten für Indien nahe, dass dort zwar 60 bis 80 % der Bevölkerung durchaus Fleisch essen, allerdings lediglich 3,6 kg pro Person und Jahr, was vor allem ökonomische Gründe hat.[19] Auch und gerade in weniger wohlhabenden Ländern gilt Fleisch nach wie vor als Statussymbol. Mit steigendem Wohlstand einer immer städtischeren Bevölkerung rechnen internationale Organisationen und Beobachter damit, dass der weltweite Fleischkonsum in den kommenden Jahren noch deutlich zunehmen wird.[20]

Auswirkungen tierbasierter Ernährung

Welche Folgen – negative wie positive – der Konsum von Fleisch und anderen tierischen Produkten wie Milch, Käse und Eiern für die Verbraucher haben kann, wird im ersten Kapitel dieses Buches themati-

[15] https://www.ble.de/SharedDocs/Pressemitteilungen/DE/2024/240404_Fleischbilanz.html, aufgerufen am 4.4.2024.

[16] https://www.ble.de/SharedDocs/Pressemitteilungen/DE/2021/210312_Eier.html, aufgerufen am 4.6.2023.

[17] https://www.ble.de/SharedDocs/Pressemitteilungen/DE/2023/230414_Milchbilanz.html, aufgerufen am 5.4.2024.

[18] https://www.boell.de/de/2021/01/06/fleischkonsum-weltweit-alltagsessen-und-luxusgut, aufgerufen am 4.6.2023.

[19] https://www.gtai.de/de/trade/indien/branchen/indien-produziert-zukuenftig-mehr-fleisch--832480, aufgerufen am 4.6.2023.

[20] Vgl. FAO, 2009, S. 11.

siert. Die negativen Auswirkungen intensiver Tierhaltung oder schlicht zu vieler Tiere kommen in den folgenden Kapiteln zur Sprache. Dort werden Überdüngung, Überweidung, Artenschwund, Klimagasemissionen und andere problematische Entwicklungen bei der Landnutzung beleuchtet.

Bei aller Kritik gilt dennoch: In angemessenem Umfang sind Fleisch, Milchprodukte und Eier ein wertvoller Beitrag zur Ernährung von Menschen. Nicht zu unterschätzen sind außerdem mögliche positive Effekte von Tierhaltung auf die Bodenfruchtbarkeit und eine energiesparende Nährstoffversorgung durch Dung zugunsten eines erfolgreichen Pflanzenbaus, der wichtigsten Nahrungsgrundlage der Weltbevölkerung. Ähnliches gilt für die Artenvielfalt unserer Kulturlandschaften. Solche positiven Auswirkungen von Tierhaltung bilden das zentrale Thema dieses Buches. Sie sind als wesentlicher Bestandteil eines nachhaltigen globalen Ernährungssystems zu begreifen und können unverzichtbare Ökosystemleistungen unterstützen. Der Schlüssel zum Erfolg im Sinne der UN-Nachhaltigkeitsziele liegt darin, Tierhaltung in maßvollem Umfang zu betreiben, weitsichtig mit landwirtschaftlich nutzbaren Flächen umzugehen, möglichst keine Nahrungsmittel zu verschwenden und Reste effizient zu verwerten. Was wir deshalb am dringendsten benötigen, um 2050 fast zehn Milliarden Menschen gesund und nachhaltig zu ernähren, ist ein verlässlicher Ausgleich zwischen diversen widerstreitenden Zielen und Interessen.

Vegan leben – die bessere Alternative?

Entgegen verbreiteten Vorstellungen ist Veganismus nicht vorrangig ein Ernährungs- und Lebensstil, der auf alles verzichtet, was vom Tier stammt. Es geht vielmehr an erster Stelle um ein ethisches Konzept, genauer um eine bestimmte Haltung zu Tieren: Vegan zu leben, ist das Bestreben, aus moralischer Überzeugung möglichst alle Ungerechtigkeiten gegenüber Tieren zu vermeiden.[21] Daraus folgt dann der Verzicht auf Lebensmittel tierischen Ursprungs und alle anderen Produkte von Tieren wie Leder, Honig oder Wolle.

[21] Vgl. Rittenau et al., 2021, S. 13 ff. u. S. 20.

Veganismus: Definition[22]

Die britische Vegan Society – gegründet vom Schöpfer des Wortes „vegan“, Donald Watson – definiert Veganismus seit 1988 wie folgt: „Veganismus ist eine Philosophie und Lebensweise, die – so weit wie möglich und praktisch durchführbar – alle Formen der Ausbeutung und Grausamkeiten an Tieren für Essen, Kleidung oder andere Zwecke zu vermeiden sucht und darüber hinaus die Entwicklung und Nutzung tierfreier Alternativen zum Vorteil von Tieren, Menschen und Umwelt fördert. In der Ernährung bedeutet dies den Verzicht auf alle ganz oder zu Teilen vom Tier gewonnenen Produkte.“

Die vegane Lebensweise ist eine konsequente Position, an der sich andere Konzepte messen lassen müssen. Deshalb dient sie in diesem Buch immer wieder als Referenzpunkt, um festzustellen, ob und in welchen Bereichen eine tierfreie oder eine tierhaltende Lebensform vorteilhaft ist. Veganismus polarisiert: Viele Menschen empfinden ihn als radikal und überfordernd, und die Debatte pro und contra Tierhaltung wird oft emotional und unversöhnlich geführt. Die Abwägungen in diesem Buch tragen hoffentlich zur Versachlichung bei.

Um zumindest einen Aspekt vorwegzunehmen: Vegan zu leben ist ein Konzept, das entgegen dem eigenen Anspruch keineswegs zweifelsfrei ermöglicht, die gesamte Weltbevölkerung sicher, nachhaltig und ohne negative Nebeneffekte zu ernähren. Mit unerwünschten Nebenwirkungen wäre ausgerechnet bei der Landnutzung zu rechnen. In vielen Regionen der Welt müssten Ackerflächen wohl sehr intensiv genutzt oder womöglich Weideflächen in Ackerland umgewandelt werden. Das wiederum bewirkt zusätzliche Emissionen klimaschädlicher Gase und gefährdet die Biodiversität.[23] Solche Effekte widersprechen zumindest den ökologischen Ansprüchen des Veganismus. Gerade die ökologischen Effekte, die als Konsequenz aus einem tierlosen Ernährungs- und Lebensstil entstehen sollen, treffen jedoch auf

[22] https://www.vegansociety.com/go-vegan/definition-veganism, aufgerufen am 28.10.2023, Übersetzung laut https://de.wikipedia.org/wiki/Veganismus, aufgerufen am 17.4.2024.

[23] Vgl. Van Zanten et al., 2016, S. 547 f.

großes Interesse in der gesellschaftlichen Debatte. Veganismus wird inzwischen häufig als Ausweg aus der Klima- und anderen Umweltkrisen betrachtet. Der tierethische Ausgangspunkt gerät manchmal fast in den Hintergrund. Weitere negative Auswirkungen eines weltweiten Veganismus könnten Bodenfruchtbarkeit und Stoffkreisläufe bei der Pflanzenernährung betreffen. Gerade die Nährstoffversorgung der Pflanzen sollte ohne den Einsatz knapper Rohstoffe oder von fossilen Energieträgern für Düngemittel auskommen, um tatsächlich nachhaltig zu sein. Dies dürfte aber schwieriger umzusetzen sein, sollten Dünger tierischen Ursprungs als Alternative wegfallen.

Wozu dieses Buch?

Ziel dieses Buches ist es, Wege zu zeigen, wie sich die immer noch wachsende Menschheit überall auf der Welt zuverlässig und gesund ernähren könnte, ohne dadurch ihre Umwelt vollends zu zerstören. Von besonderer Bedeutung sind dabei Biodiversität, Klimaschutz und ein guter Zustand der Böden. Beim Ausbalancieren der verschiedenen Herausforderungen kommt vor allem Wiederkäuern eine entscheidende Rolle zu – wegen ihrer besonderen Verdauung, die es ihnen ermöglicht, Gras gleichzeitig zu hochwertigen Lebensmitteln und zu wertvollem Dung zu verwandeln.

Die Argumente in diesem Buch sollen verdeutlichen, dass für eine gesunde und zugleich nachhaltige Ernährung aller Menschen landwirtschaftliche Tierhaltung sinnvoll, ja sogar unverzichtbar ist. Allerdings muss sich die Tierhaltung grundlegend ändern. Vor allem muss sie sich an den Beiträgen der Tiere zu den sogenannten Ökosystemleistungen orientieren. Außerdem ist es zwingend notwendig, die Konkurrenz von Teller und Trog aufzuheben. Was der menschlichen Ernährung dienen kann, sollte nicht in Tiermägen landen. Deshalb werden es am Ende viel weniger und andere Tiere sein als die, die zurzeit in der industrialisierten Tierhaltung vorrangig genutzt werden.

All das erfordert einen riesigen Transformationsprozess vom Stall bis zum Kochtopf inklusive eines veränderten Umgangs mit den Tieren und deutlichen Korrekturen beim Konsumverhalten der Menschen in wohlhabenden Ländern. Die Zeit drängt. Umbau und Wandel in Richtung zukunftsfähiger Ernährung, Landnutzung und Tierhaltung sollten besser heute als morgen beginnen, um noch mehr Hunger, Armut, Flucht, Ungerechtigkeit und Tierleid zu vermeiden.

Was dieses Buch keinesfalls sein soll: Es geht nicht darum, die persönliche Entscheidung für eine vegane Lebensweise zu diskreditieren. Allerdings wird hinterfragt, ob sich die erwartbaren Auswirkungen eines vollständigen Verzichts auf landwirtschaftliche Tierhaltung dazu eignen, Veganismus als Konzept für die gesamte Weltbevölkerung zu empfehlen. Verschiedene Argumente sprechen dafür, dass damit Chancen für nachhaltige Entwicklung vergeben würden. Anhand wissenschaftlicher Einschätzungen lässt sich zeigen, dass landwirtschaftliche Tierhaltung auch ökologisch keineswegs nur nachteilig ist.

Was dieses Buch voraussetzt

So sehr dieses Buch Möglichkeiten zeigen soll, wie ein Ausgleich gelingen könnte zwischen verschiedenen Problemfeldern – wie Natur- und Klimaschutz, globaler Ernährungssicherheit einschließlich Ernährungssouveränität, Entwicklungschancen und fairer Tierhaltung –, es kann und soll nicht alle Aspekte dieser Themen ausleuchten.

Dies gilt beispielsweise für die Frage, welche Ernährungsweise dem Menschen entwicklungsgeschichtlich entspricht. Dazu gibt es vielfältige anthropologische und ernährungswissenschaftliche Literatur, die mehrheitlich zu dem Ergebnis kommt, dass Menschen über Millionen von Jahren auch Nahrungsmittel tierischen Ursprungs verzehrten, sofern sie die Möglichkeit dazu hatten.[24] Ihre Ernährung im Verlauf der Entwicklungsgeschichte bestand zwar überwiegend aus Pflanzlichem wie Beeren, Nüssen, Wurzeln und anderen Pflanzenteilen. Sie verzehrten aber auch Eier, Kleinsäuger und Fleisch von gelegentlich erjagten größeren Tieren oder von Kadavern. Es wird deshalb im Weiteren davon ausgegangen, dass sich Menschen, als Spezies betrachtet, grundsätzlich omnivor ernähren, also Gemischtkostesser sind.[25,26] Dies schließt aber keineswegs aus, dass sich Individuen bis hin zu größeren Gruppen für andere Ernährungs- und Lebensstile entschei-

[24] Vgl. Leitzmann, 2018, S. 42 ff.

[25] Vgl. Elmadfa u. Leitzmann, 2023, S. 22.

[26] Vgl. Grupe et al., 2012, S. 66.

den, sei es aus gesundheitlichen, ökonomischen, religiösen oder ethischen Erwägungen.

Ein weiteres Thema, das nicht in aller Breite vorgestellt wird, ist die Tierethik. Sie befasst sich seit Jahrtausenden mit der Frage, wie Menschen zu Tieren stehen und mit ihnen umgehen sollten. Dennoch liegt den Vorschlägen in diesem Buch zum Umgang mit Tieren ein theoretisches Fundament zugrunde. Es handelt sich zum einen um die tierethische Position der US-Amerikanerin Lori Gruen, die für eine von fürsorglicher Wahrnehmung geprägte Beziehung der Menschen zu den Tieren plädiert. Diese Beziehung soll sowohl emotionale Reaktionen wie auch Vorstellungskraft, Wissen, Reflexion und Handeln beinhalten. Lori Gruen bezeichnet dies als „entangled empathy" (verflochtene Empathie).[27]

Zum anderen liefert das international anerkannte Konzept der „Fünf Freiheiten" geeignete Maßstäbe und Instrumente, um das Wohlbefinden von Tieren in Menschenhand zu erfassen.[28] Darauf wird im Kapitel „Fair und nachhaltig: Tierhaltung auf neuen Wegen" in aller Kürze eingegangen.

[27] Vgl. Gruen, 2015, S. 398 ff.

[28] https://webarchive.nationalarchives.gov.uk/ukgwa/20121010012427/http:/www.fawc.org.uk/freedoms.htm, aufgerufen am 26.5.2023.

Vegan stark?
Vollwertige Ernährung ohne tierische Produkte

Es ist seit Langem bekannt, dass die weltweit erzeugten Mengen an Lebensmitteln für alle Menschen ausreichen. Vollständig und so effektiv wie möglich eingesetzt könnten die Ernten der Welt 12 bis 14 Milliarden Menschen ernähren.[29] Dass es dennoch in ganzen Regionen, bestimmten Bevölkerungsgruppen oder einzelnen Haushalten an geeigneten Nahrungsmitteln für eine ausgewogene und gesunde Ernährung mangelt, hat vielfältige Gründe. Sie reichen von den Auswirkungen kriegerischer Konflikte und Naturkatastrophen über die jeweilige ökonomische Situation, logistische Herausforderungen, mangelnde Kenntnisse über Ernährung und etablierte Gewohnheiten bis hin zur Konkurrenz mit Tieren um landwirtschaftliche Erzeugnisse. Die COVID-19-Pandemie hat die Zahl der Hungernden weltweit steigen lassen.[30] Zugleich leiden immer mehr Menschen an ernährungsbedingten Zivilisationskrankheiten.[31]

In diesem Kapitel geht es zunächst ausschließlich um die Vor- und Nachteile veganer Ernährung für die Gesundheit und das Wohlergehen von Menschen. Andere Auswirkungen von Lebensweisen mit oder ohne landwirtschaftliche Tierhaltung folgen in den anschließenden Kapiteln.

[29] Vgl. Zukunftsstiftung Landwirtschaft, 2013, S. 4.

[30] Vgl. FAO et al., 2022, S. 1.

[31] Vgl. Leitzmann, 2018, S. 11.

Die Reichen essen sich krank

Während der Evolution des Menschen war seine Ernährung stets stark von pflanzlichen Bestandteilen geprägt. Nahrung tierischen Ursprungs kam je nach Verfügbarkeit in wechselndem Umfang hinzu.

Im Zuge der Industrialisierung – in Europa also seit ungefähr 300 Jahren – veränderten sich die alltäglich genutzten Nahrungsmittel im Vergleich zu vorhergehenden Epochen jedoch deutlich. Die Ernährung in industrialisierten Ländern basiert seither auf einer wesentlich stärker verarbeiteten, energiedichteren und fettreicheren Kost – und auf mehr Lebensmitteln tierischen Ursprungs. In manchen Regionen der Welt ist dieser Veränderungsprozess beim Ernährungsverhalten noch im Gange. Die Konsequenz: In Industrienationen, zunehmend aber weltweit, ist Überernährung das größte Ernährungsproblem.[32,33]

Die Folgen der Überversorgung mit leicht abbaubaren Kohlenhydraten, Fett und Fleisch reichen von Übergewicht und Diabetes mellitus Typ 2, über Fettstoffwechselstörungen und Herz-Kreislauf-Erkrankungen bis zu bestimmten Krebsarten. Diese Zivilisationskrankheiten kann man als Überlastung der menschlichen Regulationssysteme interpretieren. Die Spezies Mensch hatte noch nicht ausreichend Zeit, sich genetisch an die Ernährungsweise anzupassen, die seit der Industrialisierung vorherrscht.[34]

Nährstoffbedarf und vollwertige Ernährung

Grundsätzlich gilt eine Zusammenstellung von Lebensmitteln als empfehlenswert, wenn sie eine optimale Versorgung mit Nährstoffen gewährleistet und zugleich ernährungsbedingten Erkrankungen vorbeugt.[35] Wissenschaftliche Fachgesellschaften haben Referenzwerte für die Nährstoffversorgung erarbeitet, die nahezu für jeden Menschen gelten.

[32] Vgl. Leitzmann, 2018, S. 44 f. u. S. 48.
[33] Vgl. Springmann et al., 2018, S. e452.
[34] Vgl. Leitzmann, 2018, S. 48.
[35] Vgl. Leitzmann, 2018, S. 58.

Je nach Körpergröße, Geschlecht, Alter und Aktivität einer erwachsenen Person liegt ihr täglicher Energiebedarf zwischen 2000 und 3000 Kilokalorien. Weitere Referenzwerte beziehen sich etwa auf Vitamine und Mengen- bzw. Spurenelemente in der Ernährung.[36] Daraus lassen sich Empfehlungen für eine gesundheitsförderliche Ernährung ableiten, die immer wieder an neue wissenschaftliche Erkenntnisse angepasst werden.

Beispiele für international empfohlene Verzehrmengen verschiedener Nahrungsmittel[37]

Nahrungsmittel	**Durchschnittliche Verzehrmenge in Gramm pro Tag**
Obst	250 (200-300)
Gemüse	360 (290-430)
Hülsenfrüchte	60 (50-70)
Milch (unterschiedliche Fettgehalte)	435 (350-520)
Vollkornprodukte	125 (100-150)
Fleisch von Rind, Schwein, Schaf und Ziege	23 (18-27)
Verarbeitete Fleischprodukte	2 (0-4)
Nüsse und Samen	21 (16-25)

Weitere Beispiele für Ernährungsempfehlungen stammen etwa von der Deutschen Gesellschaft für Ernährung e. V. (DGE).[38] Stellungnahmen und Berichte der Fachgesellschaften thematisieren außerdem aktuelle Trends beim Ernährungsverhalten.[39]

[36] https://www.dge.de/wissenschaft/referenzwerte/, aufgerufen am 14.10.2023.

[37] Vgl. GBD 2017 Diet Collaborators, 2019, S. 1960.

[38] https://www.dge.de/gesunde-ernaehrung/gut-essen-und-trinken/dge-empfehlungen/, aufgerufen am 1.4.2024.

[39] https://www.dge.de/wissenschaft/ernaehrungsberichte/, aufgerufen am 14.10. 2023.

Ernährungsrisiken weltweit

Wie sich die Weltbevölkerung tatsächlich ernährt und welche Risiken dies mit sich bringt, untersuchten Wissenschaftler in einer großen internationalen Übersichtsstudie mit Daten aus 195 Ländern in 21 Regionen, die von 1990 bis 2017 erhoben wurden. Zu wichtigen Risikofaktoren zählten beispielsweise ein geringer Anteil von Obst, Gemüse, Vollkornprodukten und ungesättigten Fettsäuren in der Ernährung oder der Konsum von gesüßten Getränken.

Laut der Studie weichen die Ernährungsweisen auf der gesamten Welt stark von dem ab, was nach wissenschaftlicher Einschätzung gesundheitsförderlich und damit wünschenswert ist. Überall werden viel weniger Nüsse und Samen, Milch- und Vollkornprodukte verzehrt als empfohlen. Gesüßte Getränke, verarbeitetes Fleisch und Kochsalz waren dagegen in einem viel zu großen Umfang Teil der Ernährung. Auch sogenanntes rotes Fleisch (Rind, Schwein und kleine Wiederkäuer) wurde im weltweiten Maßstab zu häufig gegessen.[40]

Abb. 1: Weltweit zu selten verzehrt: Nüsse und Samen

Die regionalen Unterschiede sind allerdings erheblich. In Zentralasien – allerdings nur dort – essen die Menschen ausreichend Gemüse. Hülsenfrüchte erreichten dagegen in Mittelamerika, der Karibik, Süd-

[40] Vgl. GBD 2017 Diet Collaborators, 2019, S. 1961 f.

asien und in weiten Teilen Subsahara-Afrikas die empfohlenen Mengen in der Ernährung. Im Hinblick auf gesundheitsbelastende Nahrungsbestandteile fallen Australasien und Lateinamerika mit ihrem umfangreichen Konsum von rotem Fleisch auf, Nordamerika und Europa dagegen bei verarbeitetem Fleisch, etwa Wurstwaren.[41]

Allein im Jahr 2017 verursachte ungesunde Ernährung laut der Studie 22 % der Todesfälle unter Erwachsenen – vor allem durch Herz-Kreislauf-Erkrankungen – und 255 Millionen verlorene gesunde Lebensjahre. Als wichtigste Verursacher gelten der hohe Kochsalzkonsum und die zu geringen Anteile an Vollkornprodukten, Obst, Nüssen, Gemüse und Omega-3-Fettsäuren. Diese Ergebnisse beeinflussen auch die Bewertung der Ursachen für die bereits genannten Zivilisationskrankheiten: Sie liegen offenbar keineswegs nur in der Überversorgung mit Zucker, Fett und Salz, sondern auch in Mängeln bei der Versorgung mit gesundheitsförderlichen Nahrungsanteilen.[42]

Die Studie unterstreicht: Im globalen Maßstab sind nicht nur Anstrengungen gegen Hunger und Unterversorgung notwendig, sondern auch deutliche Veränderungen hin zu einer gesünderen Ernährungsweise mit mehr pflanzlichen Bestandteilen, um die UN-Ziele für nachhaltige Entwicklung zu erreichen, insbesondere das Ziel Gesundheit und Wohlergehen (S. 15). Dazu kommt, dass ernährungsbedingte Zivilisationskrankheiten hohe Kosten verursachen. Bereits 2015 wurden beispielsweise für Deutschland die gesamtgesellschaftlichen Kosten, die durch Adipositas entstehen, mit mehr als 60 Milliarden Euro beziffert.[43] Diese Mittel werden dringend in anderen Bereichen benötigt.

Vegane Chancen für die Gesundheit

Lange bestand in der Öffentlichkeit die Vorstellung, vegane Ernährung führe zu einer Mangelversorgung. Diese Befürchtung hat sich abgesehen von einigen speziellen Aspekten als unbegründet herausgestellt. Vielmehr kann eine kompetent zusammengestellte vegane Kost

[41] Ebd.

[42] Vgl. GBD 2017 Diet Collaborators, 2019, S. 1961 u. S. 1967.

[43] https://de.statista.com/statistik/daten/studie/593247/umfrage/direkte-und-indirekte-kosten-fuer-adipositas-in-deutschland/, aufgerufen am 17.10.2023.

das Risiko für diverse Zivilisationskrankheiten senken. Die Lebenserwartung von Veganern ist sogar höher als die von Mischköstlern.[44] Gründe dafür sind, dass Veganer durch ihre pflanzliche Kost beispielsweise weniger Fett zu sich nehmen, dafür aber mehr Ballaststoffe, einen höheren Anteil mehrfach ungesättigter Fettsäuren und mehr Mikronährstoffe wie Vitamin C und Magnesium.[45] Zudem verhalten sich viele Veganer auch in anderen Bereichen gesundheitsbewusster, treiben beispielsweise mehr Sport und konsumieren weniger Alkohol und Tabak.[46]

Mehrere große Fachorganisationen beurteilen eine gut geplante vegane Ernährungsweise mittlerweile als geeignet für alle Altersklassen einschließlich Kindern, darunter die kanadische Gesellschaft für Kinderheilkunde, die US-amerikanische Academy for Nutrition and Dietetics und der australische nationale Rat für Gesundheit und medizinische Forschung.[47] Anders die DGE: Sie verweist auf eine mangelnde Beurteilungsgrundlage und sieht nach wie vor Risiken für eine Nährstoffunterversorgung während Schwangerschaft und Stillzeit sowie im gesamten Kindes- und Jugendalter. Die DGE teilt aber die Auffassung, dass eine gut geplante und ausgewogene vegane Lebensmittelauswahl – einschließlich der zuverlässigen Supplementierung von Vitamin B_{12} und gegebenenfalls weiterer kritischer Nährstoffe – zu einer ausreichenden Nährstoffversorgung beitragen kann und damit zu einer gesundheitsfördernden Ernährung. Um dies sicherzustellen, rät sie Veganern dringend zu einer qualifizierten Beratung.[48] Eine jüngere Vergleichsstudie stützt die skeptische Haltung der DGE. Demnach zeigen vegan ernährte Kinder zwar ein günstiges Risikoprofil im Hinblick auf spätere kardiovaskuläre Erkrankungen, tragen aber ein höheres Risiko für Ernährungsmängel und sind außerdem kleiner und leichter als die Kinder in vegetarischen und omnivoren Vergleichsgruppen.[49]

[44] Vgl. Leitzmann, 2018, S. 10 f. u. S. 28.

[45] Vgl. Selinger et al., 2022, S. 1 f. u. S. 8.

[46] Vgl. Leitzmann, 2018, S. 50 ff.

[47] Vgl. Koller et al., 2023, S. 2.

[48] Vgl. Richter et al., 2020, S. 71.

[49] Vgl. Desmond et al., 2021, S. 1565 u. S. 1572 ff.

Viele gesundheitsbezogene Aussagen und Erwartungen zu veganer Ernährung – positive wie negative – sind allerdings bisher nur mit geringer Sicherheit belegt. Als vergleichsweise zuverlässig gilt nur die Feststellung, dass sich vegane Ernährung zur Gewichtsreduktion eignet. Zu diesen Ergebnissen kam eine Neuauswertung der Daten von 17 wissenschaftlichen Übersichtsarbeiten zu möglichen Effekten veganer Ernährung.[50] Das bedeutet keineswegs, dass diese Effekte nicht existieren. Es unterstreicht vielmehr, dass es weiterer Forschung bedarf, um belastbarere Aussagen zu erhalten. Zu einer ähnlichen Einschätzung kommt eine vergleichbare Studie über die Auswirkungen veganer Ernährung bei Kindern und Heranwachsenden.[51]

Vegane Ernährungsrisiken

Auch wenn vegane Kost diverse positive gesundheitliche Auswirkungen haben kann, müssen Veganer bei bestimmten Nährstoffen und in bestimmten Lebenssituationen Sorgfalt walten lassen. Sie sollten ihren Speisezettel gut planen, um Risiken zu vermeiden oder zumindest zu minimieren. Dies ist jedoch für alle Ernährungsformen sinnvoll – angesichts der geschilderten Kluft zwischen internationalen Ernährungsempfehlungen und der Realität der Ernährung im Alltag. Zu der Frage, welche Nährstoffe bei veganer Ernährung kritisch sind und wie sich eine Unterversorgung verhindern lässt, gibt es allerdings viele Debatten und teilweise widersprüchliche Einschätzungen.

Weitgehende Einigkeit besteht im Hinblick auf die Versorgung mit Vitamin B_{12}. Dieses Vitamin kann ausschließlich von Mikroorganismen synthetisiert werden und kommt natürlicherweise nur in tierischen Produkten in der für Menschen geeigneten Form vor. Ein Mangel an Vitamin B_{12} führt insbesondere zu Schäden am Nervensystem einschließlich des Gehirns mit unterschiedlichsten neurologischen und neuropsychiatrischen Symptomen. Mikroorganismen, die bei der Herstellung von milchsaurem Gemüse genutzt werden, sind nach Einschätzung von Fachleuten keine zuverlässige Quelle für Vitamin B_{12}. Eine zusätzliche Verabreichung wird deshalb allen empfohlen, die

[50] Vgl. Selinger et al., 2022, S. 5 f.

[51] Vgl. Koller et al., 2023, S. 6.

sich langfristig vegan ernähren, ebenso wie Frauen während Schwangerschaft und Stillzeit: über speziell angereicherte Lebensmittel, Nahrungsergänzungsmittel in Form von Tabletten, Kapseln und Tropfen oder als Vitamin-B_{12}-haltige Zahncreme.[52]

Ein weiterer Themenkomplex beschäftigt Ernährungswissenschaftler und Mediziner im Zusammenhang mit veganer Ernährung seit Längerem: die Versorgung mit hochwertigem Protein sowie bestimmten Mikronährstoffen und deren Auswirkung auf den Knochenstoffwechsel. Forschungsergebnisse deuten darauf hin, dass Veganer im Vergleich zu Gemischtkostessern ein höheres Risiko für Knochenbrüche haben. Allerdings gilt schon die Datenlage zu einer angeblich verminderten Knochendichte als unsicher. So sind beispielsweise die Ursachen für die in der berühmten EPIC-Oxford-Studie festgestellten vermehrten Knochenfrakturen bei Veganern gegenüber Fleischessern nicht eindeutig geklärt, könnten aber mit einer verminderten Aufnahme von Eiweiß, Kalzium, Vitamin D und Vitamin B_{12} zusammenhängen. Allerdings: Auch bei dieser Frage gilt, dass bislang nicht alle Einflussfaktoren ausreichend in die Bewertung einbezogen wurden.[53, 54]

Zur Frage der Unterversorgung mit anderen Nährstoffen existieren unterschiedliche Einschätzungen. Jod beispielsweise kommt vor allem in Meeresfisch und in geringen Mengen in Milchprodukten vor. Deshalb kann es bei Ernährungsweisen, die diese Quellen nicht nutzen, zu Jodmangel kommen, der sich wiederum auf die Schilddrüsenfunktion auswirkt. Das gilt allerdings nicht nur für Veganer, sondern auch für viele Gemischtkostesser und lässt sich durch die Verwendung von jodiertem Speise- oder Meersalz einfach korrigieren.[55]

Auch im Hinblick auf die Eisenversorgung wird häufig darüber diskutiert, ob eine Ergänzung der Nahrung nötig ist, um Anämien zu vermeiden. Allerdings betrifft das ebenfalls nicht Veganer oder Vegetarier allein, sondern insbesondere Frauen aufgrund der Blutverluste während des weiblichen Zyklus. Für Veganer ist mittlerweile bekannt, dass sie beispielsweise über Vollkornprodukte und Blattgemüse mehr

[52] Vgl. Leitzmann, 2018, S. 70.

[53] Vgl. Tong et al., 2020, S. 2, S. 4 u. S. 11.

[54] Vgl. Selinger et al., 2022, S. 2 u. S. 6.

[55] Vgl. Keller u. Sabersky, 2022, S. 67, S. 72 f. u. S. 74 f.

Eisen aufnehmen als Mischköstler und dadurch die teils schlechtere Verfügbarkeit von Eisen aus Pflanzen ausgleichen.[56]

Nahrungsergänzung bei veganer Kost

Nicht zuletzt vegane Organisationen und Befürworter veganer Kost bieten Nahrungsergänzungsmittel speziell für Veganer an, obwohl sie vielfach betonen, dass eine gut geplante vegane Ernährung für alle Altersgruppen und Lebenssituationen vorteilhaft sei und nur bei Vitamin B_{12} unerlässlicher Ergänzungsbedarf bestehe.[57] Die britische Vegan Society beispielsweise bietet ein Präparat mit den Vitaminen B_2, B_6, B_{12} und D, Jod, Selen und Folsäure an. Das entsprechende Produkt für Kleinkinder enthält zwar kein Vitamin B_2, kein Vitamin B_6 und keine Folsäure, dafür aber zusätzlich Vitamin C und A.[58]

Andere namhafte Anbieter aus der veganen Community gehen weit darüber hinaus. Sie vertreiben beispielsweise Präparate, die zusätzlich Vitamin K_2, Kalzium, Eisen und Zink enthalten und mit einer Omega-3-Fettsäuren-Supplementierung kombiniert werden können oder sollen. Bemerkenswert ist, dass die empfohlene Tagesdosis an Vitamin B_{12} bei einem Präparat eines solchen Anbieters vierzigmal höher liegt als die Referenzmenge für die tägliche Zufuhr von Vitaminen und Mineralstoffen bei Erwachsenen laut Verordnung (EU) Nr. 1169/2011.[59] Derselbe vegane Hersteller bietet außerdem diverse Produkte zur Proteinsupplementierung an.

Debattiert wird außerdem, ob man bei veganer Ernährung Kalzium, Zink, Vitamin D und B_2 supplementieren sollte. Die Zufuhr von Kalzium über die Nahrung ist bei Veganern häufig niedriger als bei anderen Ernährungsweisen, weil Milchprodukte, insbesondere Käse, als Kalziumquellen entfallen. Durch eine gezielte Auswahl von Nahrungsmitteln wie Kohlarten kann diesem Defizit aber begegnet werden. Die

56 Vgl. Leitzmann, 2018, S. 75 f.

57 Vgl. Keller u. Sabersky, 2022, S. 64 u. S. 70.

58 https://www.vegansociety.com/shop/veg-1-supplements, aufgerufen am 28.10.2023.

59 https://watsonnutrition.de/produkt/proveg-essentials-plus/, aufgerufen am 28.10.2023.

Zinkversorgung lässt sich dagegen verbessern, indem man die Verfügbarkeit dieses Elements in veganen Nahrungskomponenten erhöht, beispielsweise durch das Einweichen von Getreide und Hülsenfrüchten. Auch für Vitamin B_2 gilt, dass es durch Lebensmittel wie Pilze, Nüsse, Ölsamen, Hülsenfrüchte und Kohlarten ausreichend aufgenommen werden kann. Die Vitamin-D-Versorgung sollte außerdem, ähnlich wie bei Jod und Eisen, nicht nur bei pflanzenbasierter Kost ein Thema sein. Grund dafür ist, dass dieses Vitamin nur zu einem kleinen Teil über die Nahrung aufgenommen wird. Entscheidender ist, ob Sonnenlicht die Bildung des Vitamins in der Haut ausreichend anregt.[60] Auch die Ergänzung der (veganen) Ernährung mit Selen kann sinnvoll sein insbesondere in Regionen mit selenarmen Böden.[61]

Fleischverzicht als Ausdruck einer Essstörung?

Unabhängig von der Frage der Nährstoffversorgung soll ein weiterer gesundheitsrelevanter Aspekt zumindest erwähnt werden: Sich vegan zu ernähren, kann Ausdruck einer psychisch bedingten Essstörung sein. Menschen, die sich vegan ernähren, zeigen im Vergleich zu Gemischtkostessern noch häufiger als Vegetarier Verhaltensweisen, die auf eine Essstörung deuten. Möglicherweise dient die Entscheidung für eine spezielle Ernährungsweise in manchen Fällen dazu, eine solche Störung durch eine sozial akzeptierte Verhaltensweise zu maskieren. Die Essstörung ist dann nicht Folge der veganen Ernährung, sondern der Grund dafür. Bemerkenswert ist, dass unter vegan lebenden Menschen nur diejenigen Anzeichen für Essstörungen zeigen, die sich aus gesundheitlichen Motiven für eine Ernährung ohne tierische Produkte interessieren. Bei ethisch motivierten Veganern besteht kein solcher Zusammenhang.[62, 63]

[60] Vgl. Keller u. Sabersky, 2022, S. 65 ff.

[61] Vgl. Leitzmann, 2018, S. 78.

[62] Vgl. Brytek-Matera, 2019, S. 442 u. S. 448 f.

[63] Vgl. Rittenau et al., 2021, S. 68 f.

Die Proteinfrage

Der wichtigste ernährungsphysiologische Zweck von Proteinen aus Nahrungsmitteln ist der Aufbau und die Erneuerung der körpereigenen Eiweiße, also von Zellbestandteilen, Enzymen, einigen Hormonen, Antikörpern und vielem mehr. Die Zufuhr von Proteinen über die Nahrung ist lebensnotwendig, weil der Organismus nur so die essenziellen Aminosäuren – bestimmte unentbehrliche Proteinbausteine – erhält, die er nicht selbst bilden kann. Als Energieträger spielen Proteine in einer ausgewogenen Ernährung eine untergeordnete Rolle. Sie machen nur etwa 10 % der gesamten Nahrungsenergie aus.[64]

Nahrungsproteine unterscheiden sich in ihrer Qualität, auch als biologische Wertigkeit bezeichnet. Ausschlaggebend ist, ob sie dem Bedarf für die Herstellung körpereigener Proteine entsprechen und wie viele essenzielle Aminosäuren sie zur Verfügung stellen. Dem Protein in Hühnereiern wird eine besonders hohe Wertigkeit zugeschrieben, und es dient als Vergleichsmaßstab für andere Proteinquellen. Manche pflanzlichen Eiweiße sind in qualitativer Hinsicht tierischen Proteinen unterlegen. Durch die Kombination verschiedener Proteinquellen lässt sich die biologische Wertigkeit von Nahrungsproteinen erhöhen.[65]

Beispiele für die biologische Wertigkeit verschiedener Proteine in Prozent[66]

Proteinquelle	**Biologische Wertigkeit**
Hühnerei	100
Rind-/Geflügelfleisch	80
Soja	81
Kartoffeln	76
Bohnen	72
Mais	72
Weizenmehl (82 % Ausmahlung)	47

64 Vgl. Elmadfa u. Leitzmann, 2023, S. 222 f. u. S. 242 f.

65 Vgl. Elmadfa u. Leitzmann, 2023, S. 232 f.

66 Vgl. Elmadfa u. Leitzmann, 2023, S. 233.

Auch mengenmäßig unterscheidet sich der Proteingehalt in Pflanzen von Nahrungsmitteln tierischen Ursprungs. Dies gilt es bei der Zusammenstellung von Speiseplänen zu berücksichtigen.

Bei ausreichender Energiezufuhr und üblicher Mischkost wird die Aufnahme von 0,8 g Protein pro Kilogramm Körpergewicht und Tag empfohlen, für Erwachsene demnach ungefähr 60 g. Etwa ein Drittel davon sollte aus hochwertigen Proteinen bestehen, wie sie beispielsweise in Fleisch, Eiern, Milch- und Sojaprodukten vorliegen. Säuglinge, Kinder, Heranwachsende, Schwangere und Stillende – sowie möglicherweise Senioren – haben einen höheren Bedarf.[67]

Beispiele für Lebensmittelmengen, die 10 Gramm Protein enthalten[68]

Lebensmittel	**10 g Protein sind enthalten in**
Vollei	80 g
Magerquark	70 g
Mageres Rind- oder Schweinefleisch	45 g
Gekochte Hülsenfrüchte	150-200 g
Tofu	120 g
Brot (im Durchschnitt)	130 g
Wal- oder Haselnüsse	70 g

Die quantitative oder qualitative Unterversorgung mit Nahrungsproteinen führt zu eher unspezifischen Anzeichen wie Leistungsminderung, Müdigkeit, Infektanfälligkeit oder Haarausfall und Veränderungen am Herzmuskel. Proteinmangel ist allerdings in wohlhabenden Ländern bei einer insgesamt ausreichenden Versorgung mit Nahrungsmitteln und -energie selten. Tatsächlich liegt die Proteinzufuhr in den westlichen Industrieländern – vor allem bei jungen Männern – häufig über

[67] Vgl. Elmadfa u. Leitzmann, 2023, S. 242 ff.

[68] https://www.mri.tum.de/sites/default/files/seiten/eiweissaustauschtabelle.pdf, aufgerufen am 26.10.2023.

den Empfehlungen. Proteindefizite sind in Industrieländern am wahrscheinlichsten bei dialysepflichtigen Nierenerkrankten, bei gleichzeitig mangelnder Energiezufuhr im Zusammenhang mit Fastenkuren, kalorienarmen Diäten, bei Erkrankungen oder Veränderungen des Verdauungstraktes sowie bei unzureichend geplanter veganer Ernährung für Menschen mit erhöhtem Proteinbedarf. Die Überversorgung mit Nahrungsprotein, also mehr als 2 g pro Kilogramm Körpergewicht und Tag, belastet dagegen wahrscheinlich die Nieren- und Leberfunktion.[69]

Gewusst wie: alternative Proteinquellen

Weil bei veganer Ernährung Proteinquellen wie Milchprodukte, Eier, Fleisch und Fisch wegfallen, müssen Alternativen gefunden werden. Dafür bieten sich vor allem zwei Strategien an: Der Konsum von Hülsenfrüchten und die geschickte Kombination verschiedener pflanzlicher Nahrungsproteine.

Hülsenfrüchte dürfen neben Vollkorngetreide als das Rückgrat der veganen Proteinversorgung gelten.[70] Vor allem Soja, Linsen, Bohnen, Erbsen und Lupinen sind fester Bestandteil veganer Ernährung. Das Angebot dieser Nahrungsmittel, auch in verarbeiteter Form, hat mittlerweile im Lebensmitteleinzelhandel deutlich zugenommen. Längst ersetzen viele Verbraucher herkömmliche Milch durch unterschiedlichste Pflanzendrinks[71] aus diversen Getreide- und Pseudogetreidearten, verschiedenen Nüssen oder Hülsenfrüchten. Lupinenprotein, Kichererbsenmehl oder gemahlene Leinsamen treten beim Kochen an die Stelle von Eiern, und Soja wird in dutzenden Varianten angeboten – ob als Tofu, anstelle von Milch und Milchprodukten oder als Fleischersatz. Die Auswahl an solchen Lebensmitteln ist vor allem in Industrieländern mittlerweile groß und vielfältig.

[69] https://www.deutsche-apotheker-zeitung.de/daz-az/2006/daz-31-2006/uid-16282#, aufgerufen am 27.10.2023.

[70] Vgl. Rittenau, 2021, S. 36 ff. u. S. 47.

[71] https://www.vis.bayern.de/essen_trinken/getraenke/pflanzendrinks.htm, aufgerufen am 27.10.2023.

Abb. 2: Wichtige Proteinquelle: Hülsenfrüchte

Nicht nur für vegane Ernährung, sondern auch im Hinblick auf die Versorgung der Weltbevölkerung mit lebenswichtigen Eiweißen spielt das gezielte Kombinieren von Proteinquellen eine wichtige Rolle. So lässt sich die Proteinqualität erheblich steigern, zum Teil sogar deutlich über den Referenzwert von Ei hinaus. Das gilt beispielsweise für die – allerdings nicht veganen – Kombinationen von Ei mit Kartoffeln, Soja oder Mais.[72]

Wer auf tierische Komponenten verzichten möchte, kann beispielsweise Getreide und Hülsenfrüchte als komplementäre, das heißt sich ergänzende Proteinquellen nutzen. Getreideprotein enthält nur geringe Mengen der Aminosäuren Lysin, Threonin und Tryptophan, dafür aber verhältnismäßig viel Methionin, ebenfalls eine Aminosäure. Bei Hülsenfrüchten ist es umgekehrt. Sie enthalten relativ wenig Methionin, was ihre biologische Wertigkeit begrenzt. Die verbesserte Proteinqualität aus der Mischung beider Proteinquellen führt dazu, dass insgesamt kleinere Mengen dieser Nahrungsmittel verzehrt werden müssen, um den Proteinbedarf zu decken.[73] Eine berühmte Kombination dieser Art ist der Verzehr von Bohnen und Mais, beides Ernährungs-

[72] Vgl. Elmadfa u. Leitzmann, 2023, S. 233.

[73] Vgl. Elmadfa u. Leitzmann, 2023, S. 233.

komponenten, die in Mittel- und Südamerika traditionell eine große Rolle spielen.[74] Nicht nur bei Veganern und Schwaben beliebt ist außerdem die Kombination von Linsen, beispielsweise als Linsengemüse, mit Getreideprodukten.

Im richtigen Verhältnis? Die ungesättigten Fettsäuren

Während die langanhaltende Debatte über die Proteinversorgung von Veganern eher abebbt, nimmt die Diskussion über Fette und deren Zusammensetzung bei veganer Kost und darüber hinaus gerade wieder zu. Nach Ansicht von Ernährungswissenschaftlern ist es günstig, wenn der Fettanteil der Ernährung maximal ein Drittel gesättigte Fettsäuren, etwa ein Drittel einfach ungesättigte Fettsäuren und maximal ein Drittel mehrfach ungesättigte Fettsäuren enthält. Innerhalb der Gruppe mehrfach ungesättigter Fettsäuren ist außerdem das Verhältnis der Omega-6- zu den Omega-3-Fettsäuren wichtig. Es sollte bei 5:1 oder niedriger liegen.[75] Häufig sind allerdings deutlich mehr Omega-6-Fettsäuren in der Nahrung enthalten, auch bei veganer Ernährung.

Das Verhältnis von Omega-6- zu Omega-3-Fettsäuren gilt als wichtig, weil der Körper aus der pflanzlichen Linolsäure bzw. Alpha-Linolensäure andere Fettsäuren und Substanzen bildet, denen unterschiedliche Wirkungen zugesprochen werden. Die Weiterverarbeitung der Linolsäure im Körper führt unter anderem zu Arachidonsäure, die der Alpha-Linolensäure zu EPA und DHA. Je mehr Omega-6-Fettsäuren zu Arachidonsäure umgewandelt werden, umso weniger Omega-3-Fettsäuren können zu EPA und DHA umgebaut werden. Arachidonsäure gilt als entzündungsfördernd und gefäßverengend, während EPA und DHA günstige Effekte hinsichtlich Gefäßerkrankungen und eine schützende Wirkung für die geistigen Fähigkeiten zugeschrieben werden.[76]

[74] Vgl. Schubert, 2018, S. 75 f.

[75] Vgl. Leitzmann, 2018, S. 64.

[76] Vgl. Rittenau, 2021, S. 63.

Lipide und Fettsäuren

Lipide sind unter anderem wichtig für den Aufbau von Zellmembranen. Lange bestand die Annahme, dass Lipide nicht essenziell sind, also dem Körper nicht von außen zugeführt werden müssen. Heute ist bekannt, dass dies für bestimmte mehrfach ungesättigter Fettsäuren doch notwendig ist.[77] Fettsäuren sind Bestandteile der Lipide. Sie unterscheiden sich in ihrem Kohlenstoffgerüst. Dabei spielen vor allem die Länge der Kohlenstoffkette sowie die Anzahl und Lage von Doppelbindungen zwischen den Kohlenstoffatomen eine entscheidende Rolle.

Omega-3- und Omega-6-Fettsäuren: Diese Fettsäuren haben mehrere Kohlenstoff-Doppelbindungen. Der griechische Buchstabe Omega in Verbindung mit einer Zahl bezeichnet die Position der ersten Doppelbindung in der Kohlenstoffkette. Die Position dieser Doppelbindung ist ausschlaggebend für die Wirkung der Fettsäure im Organismus. Zu den Omega-3-Fettsäuren zählen Alpha-Linolen-, Eicosapentaen (EPA)- und Docosahexaensäure (DHA). Omega-6-Fettsäuren sind dagegen Linolsäure und Arachidonsäure. Linol- und Alpha-Linolensäure kommen in bestimmten Pflanzenölen vor, während EPA und DHA Bestandteile von Fischölen sind und von Mikroalgen gebildet werden.

Essenzielle Fettsäuren: Bisher gelten die Linol- und die Alpha-Linolensäure als essenziell. Aus ihnen können andere wichtige Fettsäuren gebildet werden. Inwiefern dies stets, beispielsweise bei rein pflanzlicher Ernährung, in ausreichendem Umfang geschieht, ist aktuell Gegenstand der fachlichen Debatte.

Veganern wird vor diesem Hintergrund häufig zur Ergänzung ihrer Nahrung mit EPA und DHA in Form von Algenöl geraten, weil ihnen fetthaltige Meeresfische und Fischöle verwehrt sind. Auch Mischköstlern, die keinen Fisch essen, wird eine solche Nahrungsergänzung empfohlen.[78] Allerdings: Auch hier hat eine große Meta-Analyse gezeigt, dass die bisherigen Studien keine oder nur geringe Auswirkungen einer zusätzlichen Versorgung mit langkettigen Omega-3-Fettsäuren im Hin-

[77] Vgl. Elmadfa u. Leitzmann, 2023, S. 154.

[78] Vgl. Keller u. Sabersky, 2022, S. 70.

blick auf die Sterblichkeit oder verschiedene Herzerkrankungen belegen konnten. Als sicher gilt lediglich, dass durch die Supplementierung mit langkettigen Omega-3-Fettsäuren die Triglyceride im Blut reduziert wurden.[79] Erhöhte Triglycerid-Werte stehen in Zusammenhang mit Gefäßveränderungen, Herzerkrankungen und Schlaganfällen.

Im Hinblick auf Cholesterin, das ausschließlich von Tieren gebildet wird, ist klar, dass vegane Kost frei von diesem kontrovers diskutierten Fettbestandteil ist. Zwar benötigt der menschliche Organismus Cholesterin für diverse Zwecke, es kann aber ausreichend vom Organismus selbst synthetisiert werden.[80]

In der Kritik: vegane Ersatzprodukte

Einen regelrechten Boom erleben derzeit vegane Produkte, die Lebensmittel tierischen Ursprungs nachahmen. Es gibt mittlerweile nicht nur eine breite Auswahl veganer Fleisch- und Wurstersatzprodukte, sondern auch die Palette veganer Käsesorten wächst, und selbst Lachs ist inzwischen als vegane Variante erhältlich.

Im Jahr 2022 erhöhte sich die Produktion von Fleischersatzprodukten um mehr als 70 % im Vergleich zu 2019 und um knapp 7 % gegenüber dem Vorjahr. Unternehmen in Deutschland produzierten 2022 gut 100.000 t Fleischersatzprodukte. Ihr Wert erhöhte sich gegenüber dem Vorjahr 2021 um 17,3 % auf 537,4 Millionen Euro. Zwar ist der Wert von Fleisch und Fleischprodukten aus Deutschland laut Statistischem Bundesamt immer noch knapp 80-mal so hoch wie der von Fleischersatzprodukten, jedoch betrug der Unterschied im Jahr 2019 noch das 150-Fache.[81]

Einerseits erfreuen sich vegane Ersatzprodukte offensichtlich wachsender Beliebtheit. Andererseits wird immer wieder darüber diskutiert, ob es sinnvoll und notwendig ist, für tierische Lebensmittel überhaupt optisch und geschmacklich ähnlichen Ersatz zu kreieren. Befürworter argumentieren, dass Ersatzprodukte den Einstieg in eine pflanzen-

79 Vgl. Abdelhamid et al., 2020, S. 2 f.

80 Vgl. Leitzmann, 2018, S. 64 f.

81 https://www.destatis.de/DE/Presse/Pressemitteilungen/2023/05/PD23_N027_42.html, aufgerufen am 30.10.2023.

basierte Ernährung erleichtern und deshalb ihre Berechtigung hätten. Gegner kritisieren den sehr hohen Verarbeitungsgrad dieser Produkte, die Nutzung von wenig nachhaltigen Bestandteilen wie Palmöl oder Mandelmehl aus Intensivkultur und bedenklich hohe Gehalte an Fetten, Salz und diversen Zusatzstoffen einschließlich zugesetzter Aromen.[82] Zahlreiche Testergebnisse unterschiedlicher Medien zeigen, dass keineswegs alle vermeintlich gut gemeinten Ersatzprodukte auch tatsächlich die Erwartungen an gesunde und nachhaltige Nahrungsmittel erfüllen.[83]

Global vegan?

Auch wenn nicht alle gesundheitlichen Effekte veganer Ernährung abschließend wissenschaftlich gesichert sind: Angesichts der weltweiten Ernährungsrisiken und der Chancen, die eine gut geplante vegane Ernährung bietet, mag es naheliegen, schon allein aus gesundheitlichen Gründen für die gesamte Weltbevölkerung eine vegane Ernährung zu favorisieren. Allerdings sprechen diverse Argumente gegen dieses Ziel. Viele von ihnen betreffen Themen jenseits der individuellen Ernährung. Sie sollen in den folgenden Buchkapiteln behandelt werden. Im Hinblick auf die menschliche Ernährung lassen sich zurzeit vor allem zwei Kritikpunkte gegen eine ausschließlich vegane Welternährung anführen.

Zum einen ist fraglich, ob geeignete Nahrungsmittel und die erforderlichen Nahrungsergänzungsmittel für eine vegane Ernährung weltweit in ausreichendem Maße bereitgestellt werden können. Es geht an dieser Stelle nicht um die Anbaukapazitäten für pflanzliche Nahrungsmittel, sondern vielmehr um Logistik, also die Erreichbarkeit entsprechender Nahrungsmittel, und um Verteilungsfragen wie deren Bezahlbarkeit. Zum anderen darf bezweifelt werden, dass die gesamte Weltbevölkerung eines Tages über ausreichend Bewusstsein und Wissen verfügen wird, um eine vollwertige vegane Kost zusammenzustellen.

Die bestehenden weltweiten Ernährungstrends lassen vermuten, dass genau diese Befürchtungen zutreffen. Zurzeit leiden fast 10 % der Men-

[82] Vgl. Sabersky, 2023, S. 20 f.

[83] Zum Beispiel https://www.oekotest.de/essen-trinken/Vegane-Fischstaebchen-im-Test-Nur-zwei-Produkte-sind-empfehlenswert_14032_1.html, aufgerufen am 30.10.2023.

schen auf der Welt an Hunger und mehr als 40 %, nämlich 3,2 Milliarden, können sich keine gesunde Ernährung leisten.[84] Zwei Milliarden erhalten nicht ausreichend Mikronährstoffe, also Vitamine, Mineralstoffe, ungesättigte Fettsäuren und Ähnliches, über ihre Nahrung.[85] Immer mehr Frauen in allen Erdteilen, inzwischen fast 600 Millionen vor allem aus ländlichen Regionen, in ärmeren Haushalten und mit niedrigem Bildungsgrad, leiden an Anämien.[86] Alle diese Menschen haben keinen ausreichenden Zugang zu geeigneten Nahrungsmitteln, obwohl prinzipiell genügend vorhanden sind. Es handelt sich folglich um ein Verteilungsproblem. Zu den Ursachen zählen neben ungleichen Vermögensverhältnissen bzw. zu niedrigem Einkommen auch Einschränkungen bei den Lager-, Kühl- und Transportmöglichkeiten.[87] Diese Hindernisse wären auch bei einer Umstellung auf vegane Kost nicht automatisch beseitigt.

Gleichzeitig ernährt sich die Mehrheit der Weltbevölkerung immer ungesünder. Wie eingangs dieses Kapitels dargestellt, verzehren die Menschen global immer mehr kalorienreiche, stark verarbeitete und von Tieren stammende Lebensmittel – mit den ebenfalls bereits geschilderten Folgen.[88] Solche Trends können als Hinweis verstanden werden, dass eine rein pflanzenbasierte Ernährung derzeit nicht dem Bestreben der globalen Bevölkerungsmehrheit entspricht.

Immerhin lässt sich für einige wohlhabende Länder wie etwa Deutschland inzwischen eine Verringerung des Fleischkonsums feststellen. Während der Fleischverzehr hier pro Person und Jahr lange Zeit etwa 60 kg betrug, lag er 2023 bei immer noch reichlichen 52 kg.[89] Mit einer solchen Trendumkehr ist allerdings für Entwicklungs- und Schwellenländer noch nicht zu rechnen. Die FAO geht vielmehr davon aus, dass der durchschnittliche Konsum von Fleisch und Fleischprodukten pro Person weltweit von rund 40 kg im Jahr bis 2050 auf über 50 kg ansteigen wird. Auch für die sogenannten Entwicklungs-

[84] Vgl. FAO et al., 2023, S. 5.

[85] Vgl. Willett et al., 2019, S. 449.

[86] Vgl. FAO et al., 2022, S. xiv u. S. 31 ff.

[87] Vgl. FAO et al., 2022, S. 117.

[88] Vgl. Willett et al., 2019, S. 449.

[89] https://www.ble.de/SharedDocs/Pressemitteilungen/DE/2024/240404_Fleischbilanz.html, aufgerufen am 4.4.2024.

länder prognostizierte sie einen Anstieg auf jährlich 44 kg pro Person.[90] Insgesamt wird bis 2050 eine Zunahme des globalen Fleischkonsums um 76 % im Vergleich zum Jahr 2007 erwartet.[91]

Es ist also festzuhalten: Sich stärker pflanzenbasiert und nicht übermäßig mit tierischen Produkten zu ernähren, ist aus verschiedenen ernährungsphysiologischen Gründen wünschenswert. Für Individuen oder Gruppen ist auch eine komplett tierfreie Ernährung grundsätzlich umsetzbar, wenn sie über das nötige Wissen und den Zugang zu passenden Nahrungsmitteln und Nährstoffen verfügen, um ihre Kost gezielt zusammenzustellen. Im globalen Maßstab wird ein vollständiger Verzicht auf Nahrungsmittel tierischen Ursprungs allerdings auf absehbare Zeit kaum umsetzbar sein.

Gesunde Ernährung und gesunder Planet

Vor diesem Hintergrund könnte sich der Vorschlag der EAT-Lancet-Kommission, einer international besetzten Expertengruppe, aus dem Jahr 2019 als Kompromiss erweisen: die sogenannte Planetary Health Diet. Es handelt sich um einen Speiseplan zur Ernährung von 10 Milliarden Menschen im Jahr 2050, der sowohl die gesundheitlichen Aspekte wie die ökologischen Grenzen der Nahrungsmittelerzeugung berücksichtigt. Er bezieht zudem soziale und ökonomische Aspekte einschließlich traditioneller Wirtschaftsweisen und Kochgewohnheiten ein. Auch dieses Konzept erfordert nichts weniger als eine grundlegende Transformation des gesamten Lebensmittelsektors, mit einer umfassenden Verschiebung zu mehr pflanzlicher Nahrung und erheblich weniger tierischen Produkten.[92] Dem hat sich auch die DGE mit der Empfehlung einer weiteren Verringerung des Fleisch- und Milchanteils in der Ernährung angeschlossen.[93]

[90] Vgl. FAO, 2009, S. 11.

[91] https://de.statista.com/statistik/daten/studie/1195964/umfrage/prognose-zum-anstieg-des-globalen-fleischkonsums/, aufgerufen am 31.10.2023.

[92] Vgl. Willett et al., 2019, S. 447 f.

[93] https://www.dge.de/presse/meldungen/2024/gut-essen-und-trinken-dge-stellt-neue-lebensmittelbezogene-ernaehrungsempfehlungen-fuer-deutschland-vor/, aufgerufen am 3.4.2024.

Speiseplan laut Planetary Health Diet mit 2500 Kilokalorien (kcal) pro Tag[94]

Lebensmittel	Menge pro Tag (g)	Energie pro Tag (kcal)
Vollkornprodukte (Reis, Weizen, Mais u. a.)	232 (0-60 % der Energieaufnahme)	811
Knollen und stärkehaltiges Gemüse (Kartoffeln, Maniok)	50 (0-100)	39
Gemüse insgesamt	300 (200-600)	
davon dunkelgrünes Gemüse	100	23
oranges und rotes Gemüse	100	30
sonstiges Gemüse	100	25
Obst	200 (100-300)	126
Vollmilch oder gleiche Menge in verarbeiteter Form (z.B. Käse)	250 (0-500)	153
Fleisch von Wiederkäuern	7 (0-14)	15
Schweinefleisch	7 (0-14)	15
Geflügel	29 (0-58)	62
Eier	13 (0-25)	19
Fisch und Meeresfrüchte	28 (0-100)	40
Hülsenfrüchte		
getrocknete Linsen, Bohnen, Erbsen	50 (0-100)	172
Sojaprodukte	25 (0-50)	112
Erdnüsse	25 (0-75)	142
Nüsse	25	149
Zusätzliche Öle		
Palmöl	6,8 (0-6,8)	60
mit ungesättigten Fettsäuren	40 (20-80)	354
Milchfett (bereits in Milch u. Milchprodukten enthalten)	0	0
Schmalz/Talg	5 (0-5)	36
Alle Süßungsmittel	31 (0-31)	120
Anmerkung: Das Fleisch von Rind, Schaf und Schwein kann gegeneinander ausgetauscht werden, ebenso Geflügel mit Eiern, Fisch und pflanzlichen Proteinquellen. Hülsenfrüchte lassen sich untereinander und mit Nüssen tauschen.		

[94] Vgl. Willett et al., 2019, S. 451.

Die Planetary Health Diet empfiehlt etwa 15 kg Fleisch und 90 Liter Milch bzw. daraus hergestellte Produkte wie Käse pro Person und Jahr. Ärmere Bevölkerungsgruppen, beispielsweise in Ländern Subsahara-Afrikas, deren Versorgung hauptsächlich aus stärkehaltigen Nahrungsmitteln besteht, sind laut Bericht der EAT-Lancet-Kommission der Grund, weshalb die Planetary Health Diet etwas Fleisch und weitere proteinreiche Nahrungsmittel tierischen Ursprungs in ihre Konsumempfehlungen einschließt. Auf diese Weise sollen die defizitäre Versorgung mit Mikronährstoffen und die ungünstigen Effekte einer stärkelastigen Ernährung auf den Blutzucker begrenzt werden.[95]

Diese Empfehlungen gelten nicht zwangsläufig für Menschen mit Zugang zu vielfältigen Nahrungsmitteln. Deren Verzicht auf bestimmte Nahrungsmittelgruppen kann möglich und sinnvoll sein. Für die Verzehrmengen in der Planetary Health Diet wird deshalb meistens eine Bandbreite und nicht ein einzelner Wert angegeben. Außerdem können bestimmte Nahrungsmittel gegeneinander ausgetauscht werden. Dadurch entsteht ausreichend Flexibilität für regionale Traditionen und Besonderheiten, aber auch für eine vegane oder vegetarische Ernährung innerhalb der Leitplanken dieses Ernährungsplans.

Die Planetary Health Diet ist ein vielversprechender und vieldiskutierter Handlungsrahmen für gesunde und zugleich nachhaltige Ernährung. Sie dient deshalb neben dem Veganismus als Maßstab für die weiteren Abwägungen in diesem Buch.

Kurz zusammengefasst

Vegane Ernährung führt entgegen der Ansicht vieler Verbraucher keineswegs zwangsläufig zu einer Unterversorgung. Es ist vielmehr möglich, sich auf vegane Weise gesundheitsförderlich und ausgewogen zu ernähren. Voraussetzung dafür sind Kenntnisse zur Gestaltung des Speiseplans, eine ausreichend breite Palette verfügbarer Lebensmittel und die Möglichkeit, bestimmte kritische Nährstoffe zu ergänzen. Als zwingend gilt die Ergänzung von Vitamin B_{12} bei länger andauernder veganer Ernährung. Bei einigen anderen Nährstoffen ist eine Supplementierung wünschenswert; dies betrifft allerdings nicht nur Veganer.

[95] Vgl. Willett et al., 2019, S. 455 f.

Kritisch diskutiert wird nach wie vor die Versorgung mit hochwertigem Protein und bestimmten Fettsäuren. Mittlerweile gibt es auch dafür geeignete Strategien und Nahrungsquellen einschließlich Nahrungsergänzungsmitteln. Viele Erwartungen an positive Auswirkungen einer veganen Ernährung auf die Gesundheit sind durchaus begründet, wissenschaftlich aber weniger gut belegt, als häufig angenommen.

Es bestehen Zweifel daran, ob eine weltweite vollwertige vegane Ernährung mittel- bis langfristig möglich wäre. Zum einen geht der Trend in vielen Weltregionen derzeit hin zu mehr Fleisch. Zum anderen müssten für eine vegane Ernährung die notwendigen Nährstoffquellen und Kenntnisse für alle Bevölkerungsgruppen in ausreichendem Umfang zur Verfügung stehen. Das erfordert insbesondere auch erschwingliche Nahrungsmittelpreise.

Fleißige Helfer: Mit Tieren Biodiversität und Ökosysteme schützen

Die umfangreichen, rasanten Verluste lebender Arten und die gewaltigen Schäden an Ökosystemen gelten vielen Beobachtern als die zweite große Bedrohung für die Zukunft der Menschen auf diesem Planeten – neben und eng verflochten mit der globalen Klimakrise. Verluste bei der Biodiversität betreffen nicht nur einzelne Spezies, sondern ganze Ökosysteme. Die Bedeutung der Ökosysteme für uns Menschen wurde lange unterschätzt und zu wenig geachtet. Tatsächlich sind sie unschätzbar wertvoll.

Immerhin: Trotz vieler Lücken hat das Wissen über die biologischen Zusammenhänge in unserer Umwelt deutlich zugenommen. Viele Menschen und Regierungen verstehen, dass wir die Abnahme der biologischen Vielfalt bremsen und möglichst aufhalten müssen. Verschiedene internationale Abkommen wie die UN-Biodiversitätskonvention sowie Regelungen auf nationaler Ebene haben den Schutz von Biodiversität zum Ziel. Außerdem existieren weltweit durchaus erfolgreiche Ansätze zum Erhalt biologischer Vielfalt einschließlich wichtiger Ökosystemfunktionen.

Bedrohte Vielfalt

Biologische Vielfalt – Biodiversität – ist mehr als die Anzahl verschiedener Arten oder ihrer Varianten auf einer Fläche. Es geht bei ihr auch um die Verschiedenartigkeit der vorhandenen Arten und ihr Zusammenwirken innerhalb der Lebensgemeinschaft in einem Lebensraum, also in einem Biotop. Diese Lebensgemeinschaften und ihr Biotop bilden ein Ökosystem. Ökosysteme können ganz unterschiedlich groß sein und formen zusammen eine Landschaft. Entscheidend für die biologische Vielfalt in einer Landschaft ist, ob es viele unterschiedliche Interaktionen zwischen den lebenden Organismen, aber auch mit der unbelebten Materie gibt.[96]

Laut UN-Biodiversitätskonvention bedeutet biologische Vielfalt die Variabilität lebender Organismen jeglicher Herkunft. Dies schließt die Vielfalt innerhalb der Arten, die Vielfalt zwischen den Arten und die Vielfalt der Ökosysteme ein.[97]

Die Gesamtzahl aller Arten auf der Welt – Mikroorganismen, Pilze, Pflanzen und Tiere – ist nicht bekannt. Schätzungen reichen von etwa 8 bis zu 20 Millionen Spezies.[98] Es ist davon auszugehen, dass durch menschliches Zutun sehr viel mehr Arten aussterben als durch den natürlichen Artenschwund. Weltweit sind inzwischen 25 % der bekannten Arten bei den Säugetieren, jede achte Vogelart und 40 % der Amphibienspezies gefährdet. Der World Wide Fund For Nature (WWF) und andere Umweltschutzorganisationen befürchten, dass rund eine Million Spezies in den nächsten Jahrzehnten verschwinden könnten, wenn sich der Zustand der Ökosysteme weiter verschlechtert.[99] Das wäre das größte Artensterben seit dem Ende der Dinosaurier vor rund 65 Millionen Jahren und das sechste Massensterben der Erdgeschichte. Allerdings läuft es deutlich schneller ab als alle vorhergehenden.[100]

Die Menschheit hängt in besonderem Maße von den Ökosystemleistungen der Insekten ab. Insekten sind mit Abstand die artenreichste aller Tiergruppen und nehmen Schlüsselfunktionen ein bei der Bodenbildung und Bodenfruchtbarkeit, der Bestäubung von Pflanzen oder als Grundlage der Nahrungsketten, an deren Ende viele höhere Tierarten stehen. In Teilen Deutschlands und Europas sind die Landinsekten in den vergangenen Jahrzenten um 40 bis 80 % in ihrer Biomasse und um 30 bis 40 % in ihrer Artenzahl zurückgegangen.[101] Weltweit hat die Biomasse aus Insekten innerhalb von knapp 30 Jahren um mehr als 75 % abgenommen, und 40 % aller Insektenarten gelten als vom Aussterben bedroht. Schmetterlinge, Hautflügler, Libellen, Eintags-

[96] Vgl. Schreiber, 2022, S. 6, S. 24 f. u. S. 26 ff.

[97] Vgl. UN, 1992, S. 3.

[98] Vgl. Schreiber, 2022, S. 37.

[99] https://www.wwf.de/themen-projekte/artensterben, aufgerufen am 16.8.2023.

[100] Vgl. Lotzkat, 2023, S. 36 ff.

[101] Vgl. Nationale Akademie der Wissenschaften Leopoldina, 2020, S. 8.

fliegen und Dungkäfer gehören zu den am stärksten bedrohten Arten.[102] Das Insektensterben kann insgesamt als Abbild eines umfassenden Niedergangs der Biodiversität betrachtet werden.

Die Bedrohungen für Artenvielfalt und Ökosysteme sind häufig menschengemacht: Der Verlust von Lebensräumen durch immer größere Städte, sich ausdehnende Landwirtschaft und Bergbau zählen ebenso dazu wie die Übernutzung natürlicher Ressourcen, etwa durch Überfischung und Wilderei. Auch Erderwärmung, Umweltverschmutzung und eingeschleppte, invasive Arten gefährden die ursprüngliche Vielfalt. Teils verstärken sich diese Faktoren gegenseitig.[103] So führt etwa die Überdüngung von Böden und Gewässern zu einem Rückgang der Artenvielfalt und gleichzeitig zu vermehrten Treibhausgasemissionen, was wiederum die Klimakrise und deren Auswirkungen auf die Biodiversität verschärft (S. 84).

Durch menschliche Einflüsse haben sich 75 % der Landoberfläche signifikant verändert. Zudem sind 66 % der Meeresfläche mittlerweile mehrfachen Belastungen ausgesetzt und mehr als 85 % der Feuchtgebiete gingen im Vergleich zum Jahr 1700 bereits verloren.[104] Besonders für tropische Regionen besteht nach Einschätzung von Experten ein hohes Risiko, Biodiversität zu verlieren, basierend auf dem Zusammenwirken von Klimakrise, Landnutzungsänderung und Überfischung.[105]

Verluste bei der Vielfalt betreffen zudem nicht nur wildlebende Spezies oder Ökosysteme. Weltweit verschwinden auch immer mehr lokale Nutzpflanzensorten und Nutztierrassen, weil immer weniger unterschiedliche angebaut beziehungsweise gezüchtet, gehandelt und damit erhalten werden. Im Jahr 2016 waren 559 der 6190 für die Ernährung und in der Landwirtschaft genutzten domestizierten Säugetierrassen bereits ausgestorben und mindestens 1000 weitere sind bedroht. Ähnliche Beobachtungen gibt es für Pflanzen- und Tierarten, die nahe verwandt sind mit den Kulturpflanzen und landwirtschaftlich

[102] https://www.wwf.de/themen-projekte/artensterben/insektensterben, aufgerufen am 11.3.2024.

[103] https://www.wwf.de/themen-projekte/artensterben, aufgerufen am 16.8.2023.

[104] Vgl. IPBES, 2019, S. 11 f. u. S. 26.

[105] Vgl. IPBES, 2019, S. 17.

genutzten Tieren.[106] Besonders deutlich ist der Verlust an Vielfalt bei den Pflanzen, die zur Nahrungsmittelproduktion beitragen: Nur neun Arten, darunter Reis, Mais und Weizen, liefern fast 70 % der Erntemengen weltweit.[107]

Abb. 3: Selten: Limpurger Rind

Biodiversität ist unverzichtbar

In ökologischen Systemen laufen ständig vielfältige Prozesse ab. Während des Wachstums von Pflanzen und Tieren werden permanent neue Substanzen gebildet und gleichzeitig andere abgebaut. Es existieren unterschiedlichste, häufig noch nicht vollständig bekannte Nahrungsketten und verschiedene Stoffkreisläufe. Der Weltbiodiversitätsrat fasst viele Funktionen von Ökosystemen zu 18 Typen von Beiträgen der Natur für die Menschheit zusammen und beobachtet deren Entwicklung. Er kommt zu dem besorgniserregenden Ergebnis, dass 14 dieser Leistungen seit 1970 im Weltmaßstab gesunken sind.[108]

[106] Vgl. IPBES, 2019, S. 12.

[107] https://www.unep.org/news-and-stories/story/food-systems-hold-key-ending-world-hunger, aufgerufen am 15.1.2024.

[108] Vgl. IPBES, 2019, S. 11 u. S. 25.

Manche Ökosystemfunktionen sind von direktem Nutzen für uns Menschen. Sie werden Ökosystemdienstleistungen genannt und umfassen das Bereitstellen von Nahrung, Wasser, Baumaterialien, Energieträgern, Medikamenten und vieles mehr. Sie betreffen außerdem die Lebensqualität, beispielsweise dort, wo Natur Erholungsräume bietet und Teil kultureller Identität ist.

Andere Funktionen von Ökosystemen werden als regulierende Ökosystemleistungen bezeichnet. Dazu gehören die Bildung von Boden, das Filtern von Wasser oder das Bestäuben von Blüten. Diese regulierenden Funktionen sind ausschlaggebend für den Fortbestand der Ökosysteme – und für das Überleben der Menschen.[109]

In den zurückliegenden fünfzig Jahren haben sich die Erträge, die von landwirtschaftlich genutzten Pflanzen stammen, weltweit verdreifacht. Auch bei der Holzernte sind erhebliche Steigerungen zu verzeichnen. Das hat allerdings einen hohen Preis, weil andere Beiträge der Natur zugunsten der Menschheit deutlich abnehmen. So schildert der Weltbiodiversitätsrat ausdrücklich, dass die Kohlenstoffspeicherung in den Böden, also der Humusgehalt, und die Vielfalt pflanzenbestäubender Insekten stark zurückgegangen sind. Beide Veränderungen stellen Risiken für Ernteausfälle dar. Ähnliches gilt für den Verlust von Küstenlebensräumen und Korallenriffen. Sie leisten einen wichtigen Beitrag zum Küstenschutz und sind damit bedeutsam für das Leben und Eigentum mehrerer hundert Millionen Menschen in Überflutungszonen.[110]

Auch wenn Ökosysteme über eine hohe Regenerationsfähigkeit verfügen, unendlich belastbar sind sie nicht. In manchen Bereichen lassen sich Ökosystemleistungen zwar durch technische Lösungen ersetzen. Beispiele dafür sind Wasseraufbereitungsanlagen anstelle von Ökosystemen, die Schadstoffe aus dem Wasser filtern, oder Deichbauten statt Mangrovenwäldern und Korallenriffen als Küstenschutz. Solche menschengemachten Lösungen und Infrastrukturen können aber sehr teuer, für manche Regionen auch unbezahlbar sein und erfüllen häufig nicht das ganze Spektrum der Leistungen, die intakte Natur liefert.[111]

[109] Vgl. Bauer u. Böhning-Gaese, 2023, S. 51 ff.

[110] Vgl. IPBES, 2019, S. 11.

[111] Vgl. IPBES, 2019, S. 26.

Der Verlust der biologischen Vielfalt auf allen Ebenen – Artenvielfalt, Vielfalt der Lebensräume und genetische Vielfalt innerhalb von Arten und Lebensräumen – bedroht die allgemeinen Lebensgrundlagen der Menschheit. Verlorengegangene Biodiversität kann nur schwer oder gar nicht wiederhergestellt werden, wenn Arten einmal ausgestorben oder ökologische Wirkungsketten zerstört sind.

Grundsätzlich gilt: Je höher die biologische Vielfalt, desto eher besteht eine ausreichende Anpassungsfähigkeit an sich verändernde Umweltbedingungen. Die schrumpfende Vielfalt von Kulturpflanzen, Tierrassen und ihren wilden Verwandten untergräbt die Widerstandsfähigkeit vieler landwirtschaftlicher Systeme gegenüber Bedrohungen wie Schädlingen, Krankheitserregern und dem Klimawandel; tatsächlich stellt sie eine Gefahr für die globale Ernährungssicherheit dar.[112]

Als anschauliches Beispiel für die mangelnde Anpassungsfähigkeit eines menschengeprägten Ökosystems mit geringer biologischer Vielfalt können Fichtenmonokulturen in Mitteleuropa dienen. Sie sind immer weniger in der Lage, Trockenheit und Schädlingsbefall zu trotzen – und sterben ab, was mittlerweile vielerorts in Deutschland besichtigt werden kann.

Aus all diesen Gründen gehört Vielfalt geschützt, bevor sie verschwindet – um ihrer selbst willen und zugleich mit dem Ziel, dass wir Menschen auch künftig Alternativen finden können, um uns zu ernähren oder neue Medikamente zu entwickeln.[113]

Staatengemeinschaften wollen Biodiversität schützen

Bereits 1992 wurde das UN-Übereinkommen über die biologische Vielfalt (Convention on Biological Diversity – CBD) in Rio de Janeiro beschlossen. Inzwischen sind 196 Staaten an diesem internationalen Abkommen beteiligt. Es verfolgt drei übergeordnete Ziele: biologische Vielfalt zu erhalten, sie nachhaltig zu nutzen und Vorteile bzw. Gewinne gerecht aufzuteilen, die sich aus der Nutzung genetischer Ressourcen ergeben.[114] Das UN-Übereinkommen ist demnach keine

[112] Vgl. IPBES, 2019, S. 12.

[113] Vgl. IPBES, 2019, S. 10.

[114] https://www.cbd.int/intro/, aufgerufen am 23.9.2023.

reine Naturschutzkonvention; es begreift die Nutzung biologischer Vielfalt als wesentlichen Aspekt ihrer Erhaltung.

Zur UN-Konvention über die biologische Vielfalt gehörten auch die sogenannten Aichi-Ziele, die bis 2020 erreicht werden sollten. Vorgesehen war unter anderem, das Aussterben bedrohter Arten zu unterbinden und ihre Situation zu verbessern bzw. zu stabilisieren. Ein weiteres der insgesamt 20 Aichi-Ziele war, ab 2020 alle landwirtschaftlich genutzten Flächen nachhaltig zu bewirtschaften.[115] Keines der Aichi-Ziele wurde fristgerecht erreicht, trotz mancher Fortschritte. Dies beeinträchtigt mehrere der UN-Ziele für nachhaltige Entwicklung (S. 15).[116]

Die Aichi-Ziele wurden inzwischen abgelöst durch ein neues UN-Programm für den Schutz der Biodiversität, verabschiedet im Dezember 2022 in Kanada.[117] Dieser sogenannte globale Biodiversitätsrahmen von Kunming-Montreal hält 23 Aufgaben fest, die weltweit bis zum Jahr 2030 zum Schutz der biologischen Vielfalt erfüllt werden sollen. Dazu zählt, dass 30 % der globalen Landfläche sowie 30 % der Binnengewässer, Küstenregionen und Ozeane effektiv geschützt werden. Damit würden sich die geschützten Flächen an Land fast verdoppeln, die der Meere nahezu vervierfachen.[118] Allerdings ist die konkrete Ausgestaltung noch weitgehend offen. Außerdem haben sich die Vertragsstaaten auf vier übergreifende Ziele bis 2050 festgelegt, darunter die Wiederherstellung zerstörter Ökosysteme und das Ende des menschengemachten Artensterbens.[119] Die Unterzeichner sind offenbar der festen Überzeugung, dass die natürliche Umgebung geschützt und zugleich nachhaltig genutzt und bewirtschaftet werden kann, um so die Beiträge der Natur für den Menschen zu erhalten und zu verbessern.[120] Das klingt ambitioniert, wenig konkret und fast wie die Quadratur des Kreises.

[115] https://www.cbd.int/sp/targets/, aufgerufen am 23.9.2023.

[116] Vgl. Sekretariat der UN-Biodiversitätskonvention, 2020, S. 3 u. S. 4.

[117] https://www.cbd.int/gbf/, aufgerufen am 24.9.2023.

[118] Vgl. Bauer u. Böhning-Gaese, 2023, S. 149.

[119] https://www.un.org/sustainabledevelopment/blog/2022/12/press-release-nations-adopt-four-goals-23-targets-for-2030-in-landmark-un-biodiversity-agreement/, aufgerufen am 25.9.2023.

[120] Vgl. UN Environment Programme, 2022, Nr. 2 und Nr. 8.

Nach den Beschlüssen von Montreal hat die EU-Kommission im Sommer 2023 als Teil ihrer Biodiversitätsstrategie ein Gesetzesvorhaben zur Wiederherstellung von Lebensräumen in schlechtem Zustand auf den Weg gebracht. Der Vorschlag für dieses sogenannte Renaturierungsgesetz kombiniert verbindliche Ziele für bestimmte Habitate und Spezies mit übergreifenden Schutzzielen. Sie sollen bis 2030 für mindestens 20 % der Land- und Meeresflächen der EU gelten – und bis 2050 für alle Ökosysteme, die der Wiederherstellung bedürfen.[121] Es ist noch unklar, wann dieses Renaturierungsgesetz in Kraft tritt und ob es den Zielen der Biodiversitätsstrategie der EU-Kommission[122] bzw. dem UN-Biodiversitätsrahmen entspricht.

Auch die Bundesregierung plant, ihre nationale Strategie zur biologischen Vielfalt aus dem Jahr 2007 zu erneuern, um den UN-Biodiversitätsrahmen umzusetzen.[123] Artikel 20a des Grundgesetzes verpflichtet den Staat ohnehin dazu, in Verantwortung für künftige Generationen die natürlichen Lebensgrundlagen zu schützen. Dies steht im Einklang mit dem Vorsorgeprinzip als einem wichtigen Grundsatz der Umweltpolitik auf EU-Ebene.[124]

Besonders wertvoll

Als besonders schutzbedürftig und schützenswert gelten Ökosysteme mit großer biologischer Vielfalt, solche mit seltenen Arten, die manchmal nur in einer einzigen Region vorkommen, sowie bislang weitgehend unberührte Regionen. Viele Gebiete, die solche Merkmale aufweisen, liegen in den Tropen – beispielsweise im Amazonasgebiet, in der sogenannten afrikanischen Grabenzone, im Kongobecken oder auf tropischen Inseln. Einige der Lebensräume mit besonders großer Artenvielfalt und einzigartigen Spezies liegen in Ländern mit niedrigem Einkommensniveau. Dort sind Schutzgebiete oft nicht ausrei-

[121] https://environment.ec.europa.eu/topics/nature-and-biodiversity/nature-restoration-law_en#targets, aufgerufen am 25.9.2023.

[122] Vgl. Europäische Kommission, 2020, S. 6 ff.

[123] https://www.bfn.de/neuauflage-der-nationalen-strategie-zur-biologischen-vielfalt, aufgerufen am 26.9.2023.

[124] Vgl. Nationale Akademie der Wissenschaften Leopoldina, 2020, S. 2.

chend finanziert und der Bedarf an Flächen für die Nahrungsmittelgewinnung ist häufig groß.[125]

Aber auch in gemäßigteren Zonen existieren Landschaften und Ökosysteme, die aufgrund ihrer Biodiversität oder Unberührtheit, wegen ihrer Besonderheit oder auch wegen bestimmter bedrohter Arten besonders schützenswert sind. Es gibt zudem immer noch große, nahezu unberührte Wildnisgebiete in Nordamerika und Russland[126], darunter Tundren und Moore. Selbst im dicht besiedelten Europa beherbergen oft kleinere Gebiete und Ökosysteme eine wertvolle Biodiversität.

In Deutschland lassen sich beispielsweise fast 900 verschiedene Lebensraumtypen unterscheiden. Als gefährdet gelten 65 % davon. Unter Lebensraumtypen versteht man Varianten von Biotopen wie beispielsweise Kalkmagerrasen oder Bergmähwiesen, die durch bestimmte Pflanzen, Bodenvoraussetzungen, Bewirtschaftungsweisen und Ähnliches gekennzeichnet sind und als Gruppen zusammengefasst werden. Bei den mehr als 200 Lebensraumtypen in der offenen Landschaft, also weder im Wald noch im Wasser oder in den Alpen, ist der Anteil stärker bedrohter Varianten besonders hoch. Betroffen sind vor allem Grünlandökosysteme unterschiedlicher Art und extensiv genutzte Ackerflächen oder Brachen. Häufig handelt es sich um nährstoffarme und nährstoffempfindliche Biotope.[127] Bestimmte langjährig extensiv genutzte Grünlandausprägungen wie die Kalkmagerrasen gehören sogar zu den artenreichsten Biotoptypen Mitteleuropas.[128]

Grünland bietet mit vielfältigen Strukturen und zeitlich gestaffelten Blühabfolgen eine große Zahl an Lebensräumen: für Wirbeltiere wie Vögel und Amphibien, aber auch für die Kleinlebewesenwelt in Blüten und Blütenständen, wobei teilweise sehr enge Wechselbeziehungen zwischen Flora und Fauna bestehen. Aufgrund des enormen Artenspektrums und der Vielzahl unterschiedlicher Standorte spielt der Erhalt des Grünlands eine wesentliche Rolle beim Erreichen nationaler und internationaler Biodiversitätsziele.[129]

[125] Vgl. Bauer u. Böhning-Gaese, 2023, S. 126 ff.

[126] Ebd.

[127] Vgl. BfN, 2017, S. 13 ff.

[128] Vgl. BfN, 2014, S. 5.

[129] Ebd.

Alarmierend ist allerdings, dass sich nicht nur Lebensräume wie Magerrasen und Heiden, die auf regelmäßige Pflege angewiesen sind, in keinem guten Zustand befinden. Auch blütenreiche Wiesentypen wie die mageren Flachland- oder Bergmähwiesen, die im Rahmen der landwirtschaftlichen Wiesennutzung vor wenigen Jahrzehnten noch weit verbreitet waren, stehen mittlerweile schlechter da. Inzwischen gelten über 80 % der Grünlandbiotoptypen als gefährdet.[130] Die höchste Vielfalt an Arten hatte das Grünland während der halbextensiven bis halbintensiven Landnutzung, vor allem vom 18. bis Mitte des 20. Jahrhunderts,[131] als die Flächen noch nicht so stark gedüngt und nicht so häufig gemäht wurden wie heute.

Neben den vielen artenreichen Grünlandvarianten und -standorten rücken derzeit Auengebiete wieder stärker ins Bewusstsein von Naturschutzinteressierten. Der aktuelle Auenzustandsbericht für Deutschland hält fest, dass von den ursprünglichen Überschwemmungsgebieten der Flüsse nur noch ein Drittel bei Hochwasser überflutet wird. Das hat Folgen für den Hochwasserschutz, aber auch für die Biodiversität dieser häufig intensiv genutzten Landschaften entlang der Flüsse. Nur 9 % der Auen, die noch überflutet werden, gelten als weitgehend ökologisch funktionsfähig. Die bisherige nationale Strategie zur biologischen Vielfalt fordert, die naturraumtypische Vielfalt der Gewässer und Auenlebensräume zu sichern und die natürlichen Überflutungsflächen an Flüssen um 10 % zu vergrößern. Diese Ziele wurden bislang deutlich verfehlt.[132]

Richtig schützen

Ob und wie der Schutz der Biodiversität umgesetzt und ausgestaltet wird, hängt maßgeblich davon ab, welche Einstellung beim Verhältnis des Menschen zur Natur vorherrscht. Lange Zeit dominierte die Vorstellung, die Natur solle dem Menschen nützen. Als Gegenpol entstand die Idee, die Natur möglichst strikt vor menschlichem Einfluss zu schützen. Mittlerweile setzt sich offenbar die Vorstellung durch,

[130] Vgl. BfN, 2017, S. 21 f.

[131] Vgl. BfN, 2014, S. 5.

[132] Vgl. BMU u. BfN, 2021, S. 4 f.

dass es ein harmonisches Miteinander geben kann und muss.[133] Das wird bereits in der UN-Biodiversitätskonvention von 1992 deutlich und ist möglicherweise auch der Tatsache geschuldet, dass so viele Menschen wie nie zuvor auf diesem Planeten leben. Wenn 8 bis 10 Milliarden Menschen einigermaßen auskömmlich leben sollen, muss es eine sorgfältig austarierte Balance geben zwischen dem Schützen und dem Nützen unserer natürlichen Umgebung.

Um die Verluste an Biodiversität aufzuhalten, werden nach Ansicht von Experten größere und besser betreute Schutzgebiete benötigt, die Schutz und nachhaltige Nutzung verbinden.[134] Grundsätzlich gilt, dass kleine Schutzgebiete weniger effektiv wirken als größere, weil Störeinflüsse wie etwa Verschmutzungen, abdriftende Pestizide oder Lärm von den Rändern in das Schutzgebiet einwirken können. Schutzgebiete sollten ausreichend Platz für eine ungestörte Kernzone sowie für Tierbewegungen und Stoffkreisläufe bieten.[135] Um möglichst viel Fläche unter Schutz zu stellen, gilt es, auch beschädigte Gebiete zu renaturieren.

Biodiversität effektiv zu schützen, kostet selbstverständlich Geld. Nach den Beschlüssen von Kunming-Montreal sollen weltweit jährlich 200 Milliarden US-Dollar zugunsten der Biodiversität mobilisiert werden. Wie das geschehen soll, bleibt aber offen. Zwar sollen umweltschädliche Subventionen in Höhe von 500 Milliarden US-Dollar pro Jahr abgebaut werden. Diese Mittel ließen sich theoretisch für den Schutz der biologischen Vielfalt einsetzen.[136] Aber auch dazu liegen noch keine konkreten Pläne vor. In jedem Fall handelt es sich um enorme Summen, die sich aber als kluge Investition erweisen könnten.

Denn die wirtschaftlichen Risiken durch den Schwund biologischer Vielfalt sind enorm, wie das Weltwirtschaftsforum unterstreicht. In dessen Berichten zur globalen Risikobewertung wird der Verlust biologischer Vielfalt wiederholt als drittwichtigste Gefährdung für die wirtschaftliche Entwicklung in den folgenden zehn Jahren eingestuft, direkt nach dem Versagen von Klimaschutzmaßnahmen und Extrem-

[133] Vgl. Bauer u. Böhning-Gaese, 2023, S. 132 u. S. 173.
[134] Vgl. Bauer u. Böhning-Gaese, 2023, S. 170.
[135] Vgl. Schreiber, 2022, S. 88.
[136] https://www.cbd.int/gbf/targets/, aufgerufen am 1.10.2023.

wetterereignissen.[137,138] Bereits 2020 waren Experten des Weltwirtschaftsforums zu dem Ergebnis gelangt, dass fast die Hälfte der globalen Wirtschaftsleistung durch Schäden an der natürlichen Umgebung gefährdet sein könnte.[139, 140] Veränderungen beim Umgang mit der Umwelt sind demnach auch aus ökonomischer Sicht dringend geboten.

Was hier und jetzt passieren muss

Die wichtigsten Treiber für die immer schnelleren Biodiversitätsverluste sind wohlbekannt.[141] Das größte Gewicht kommt dabei den Veränderungen bei der Landnutzung zu – von der Zunahme der landwirtschaftlichen Anbauflächen einschließlich der Auswirkungen von Pflanzenschutz- und Düngemitteln über die Abholzung von Wäldern bis zur Veränderung von Flussläufen.[142] Schätzungen zufolge sind der Landnutzungswandel und die intensive agrarische Nutzung für etwa 80 % der globalen Biodiversitätsverluste verantwortlich.[143]

Die Ansätze, mit denen sich biologische Vielfalt bestmöglich schützen lässt, können sich unterscheiden und hängen von regionalen Gegebenheiten ab. Klar ist allerdings: Eine wirksame Ursachenbekämpfung der Biodiversitätskrise erfordert sowohl tiefgreifende Änderungen bei der intensiven Agrarproduktion als auch ein Ende der weiteren Ausdehnung von Agrarflächen durch Rodung von Wäldern und Umwandlung von Savannen, Grasländern und Feuchtgebieten.[144]

Für Länder mit überwiegend intensiver Landbewirtschaftung wie Deutschland bedeutet das zum einen, extensivere Wirtschaftsformen zu begünstigen, auch wenn dies Ertragseinbußen mit sich bringt. Es ist mittlerweile vielfach belegt, dass landwirtschaftliche Betriebsweisen, die keine oder weniger Pestizide einsetzen, vielfältige Fruchtfolgen

137 Vgl. WEF, 2022, S. 7 u. S. 14.
138 Vgl. WEF, 2024, S. 8 u. S. 11.
139 Vgl. WEF, 2020, S. 8
140 Vgl. Bauer u. Böhning-Gaese, 2023, S. 156 u. S. 178
141 Vgl. IPBES, 2019, S. 30.
142 Vgl. Bauer u. Böhning-Gaese, 2023, S. 69 ff. u. S. 96 ff.
143 Vgl. Nationale Akademie der Wissenschaften Leopoldina, 2020, S. 9 f.
144 Vgl. Nationale Akademie der Wissenschaften Leopoldina, 2020, S. 10.

betreiben und ihre Flächen weniger düngen, zum Erhalt der Artenvielfalt beitragen. Zum anderen gilt es, freiwerdende Flächen vermehrt für Naturschutzprojekte heranzuziehen. In Betracht kommen dafür besonders sogenannte Grenzertragsstandorte, also Flächen mit geringen Erträgen und unrentabler Bewirtschaftung, oder Flächen, die nicht mehr für die Futtermittelproduktion genutzt werden.

Sowohl bei extensiverer Bewirtschaftung als auch in Schutzgebieten, könnte pflanzenfressenden Tieren eine zentrale Rolle zukommen, vor allem dann, wenn sie für eine extensive Wiesennutzung oder Weidehaltung eingesetzt werden. Das gilt auch für viele Flächen in Auengebieten.

Pflanzenfresser fördern biologische Vielfalt

Neben den bereits erwähnten Gründen für den Schwund von Biodiversität wurde mittlerweile für Agrarlandschaften ein weiterer Grund identifiziert: der Wandel in der Tierhaltung, der zu einem Rückgang von Heuwiesen, Weiden, Kuhfladen und Misthaufen als Nahrungsgrundlage und Lebensraum vieler Kleinstorganismen, aber auch von Insekten und Vögeln geführt hat.[145]

Diesem Trend könnte man vor allem mit drei Strategien begegnen: erstens mit gezielt extensiver Bewirtschaftung von Dauergrünland durch Mahd, zweitens mit der Nutzung und Pflege vor allem großer zusammenhängender Flächen durch Beweidung und drittens mit einer Kombination beider Nutzungsarten. In jedem Fall gilt aber, dass der Erhalt von Grünland in Mitteleuropa an eine Nutzung oder Pflege gebunden ist.[146]

In Deutschland wird Grünland seit Jahrzehnten zunehmend intensiv genutzt. Entscheidender Grund dafür ist das immer höhere Leistungsniveau der Milchrinder, mit dem auch die Ansprüche an den Aufwuchs der Wiesen als Grundfutter gestiegen sind. Gras wird immer früher und viel häufiger gemäht, damit der Nährstoffgehalt relativ hoch ist und die Halme nicht verholzen.

[145] Vgl. Nationale Akademie der Wissenschaften Leopoldina et al., 2020, S. 30.

[146] Vgl. Wissenschaftlicher Beirat für Biodiversität und Genetische Ressourcen beim BMELV, 2013, S. 5.

Welche Pflanzen auf Wiesen wachsen, wird durch mehrere Faktoren beeinflusst. Dazu zählen Düngung und Entwässerung, aber auch Zeitpunkt und Häufigkeit der Grünlandnutzung. Vereinfacht dargestellt führt die intensive Nutzung von Dauergrünland zu einer artenärmeren Zusammensetzung des Bewuchses und fördert den Grasanteil gegenüber den Blühpflanzen.[147] Artenreiches Grünland lässt sich dann nicht kurzfristig wiederherstellen. Die günstigsten Auswirkungen auf die pflanzliche Artenvielfalt von Grünland hat unter mitteleuropäischen Bedingungen neben der Beweidung die Mähnutzung mittlerer Intensität mit zwei Schnitten im Jahr.[148] Auf die Tierwelt wirkt es sich außerdem günstig aus, wenn Flächen zu unterschiedlichen Zeitpunkten gemäht werden. So bleiben mosaikartig Nahrungsquellen und Rückzugsmöglichkeiten für Insekten und andere Wiesenbewohner bestehen.[149, 150]

Was ebenfalls zum Verlust biologischer Vielfalt beiträgt: In den vergangenen Jahrzehnten stellten viele Landwirte die Nutzung von ökologisch wertvollen Grenzertragsstandorten ein. Dazu zählen etwa Magerrasen, Bergwiesen, Heiden, Feucht- und Nasswiesen. Die extensive Nutzung solcher Flächen war nicht mehr wirtschaftlich. Deshalb wandelten die Nutzer umbruchfähige Wiesen oft in Ackerland um. Nicht-umbruchfähiges Grünland wurde dagegen aufgeforstet oder aufgegeben. Beides ist nicht wünschenswert, weil mit dem Verbuschen und Verwalden von Wiesen wertvolle Lebensraumtypen verloren gehen. Die geschilderten Entwicklungen sind nicht auf Mitteleuropa begrenzt. Weltweit kann zu geringe Weidenutzung – neben der Überweidung – zum Verlust von ökologisch wertvollem Grasland führen.[151]

[147] Vgl. BfN, 2014, S. 4 u. S. 19.

[148] Vgl. Socher et al., 2013, S. 127 u. S. 135.

[149] Vgl. Neuhofer, 2023, S. 114.

[150] https://www.landwirtschaft-artenvielfalt.de/die-massnahmen/das-naturschutzmodul/gruenland/g-8-mosaiknutzung-im-gruenland/, aufgerufen am 6.10.2023.

[151] Vgl. Idel, 2014, S. 153.

Auf steilen Hängen: Weideochsen im Schwarzwald

Sie leben auf einem traditionellen Schwarzwaldhof und werden nicht verramscht: die Weideochsen von Stefan Braun in Furtwangen-Linach. Familie Braun zieht alle Kälber auf, die in der Milchkuhherde auf dem Hinterbauernhof geboren werden, auch die männlichen.

Die Bullenkälber sind entweder reinrassige Vorderwälder, gehören also zu einer alten schwarzwaldtypischen Zweinutzungsrasse, oder sie entstammen Kreuzungen mit einer französischen Fleischrinderrasse. Wenn sie vier Wochen alt sind, kastriert ein Tierarzt die Tiere unter Betäubung. Danach leben sie auf den steilen Bergweiden und während des Winters in einem eingestreuten Laufstall. Nach zwei Jahren werden sie im Nachbartal einzeln in einem kleinen Schlachthaus geschlachtet. Das Fleisch wird ausschließlich direkt vermarktet.

Der auf 900 Höhenmetern gelegene Bioland-Betrieb bewirtschaftet neben eigenem Wald 60 ha Grünland. Ungefähr die Hälfte davon kann Familie Braun nicht mähen. Indem die Rinder dort weiden, verhindern sie, dass wertvolle Wiesen verloren gehen. So tragen sie zum Naturschutz bei.

Abb. 4: Weideochsen im Schwarzwald

Beweidung bietet zusätzliche Möglichkeiten

Die Entstehung von Kulturlandschaften ist untrennbar mit extensiver Beweidung verbunden. Wildlebende und domestizierte Pflanzenfresser prägten unterschiedliche Landschaften, von den Flussläufen bis zu den Gebirgen. Sie schufen und erhielten Habitate für licht- und wärmebedürftige Pflanzen und Tiere und ernährten mit ihrem Dung individuenreiche Insektengemeinschaften, die Teile komplexer Nahrungsketten sind. Deshalb ist es nicht verwunderlich, dass der starke Rückgang extensiver Weidehaltung zu den wichtigsten Faktoren für das Insektensterben zählt. Die Erneuerung und Ausweitung naturnaher und fachgerechter Beweidung könnte einen zentralen Beitrag zum Erhalt der biologischen Vielfalt leisten, weil sie zu einer hohen Biotop-, Struktur- und Standortvielfalt führt.[152, 153]

Seit ungefähr 30 Jahren beschäftigen sich Naturschutz und wissenschaftliche Ökologie stärker mit extensiven Weiden. Mittlerweile zeigt sich, dass naturnahe, insbesondere ganzjährige Beweidungskonzepte mit großen Pflanzenfressern auch für anspruchsvolle Ziele geeignet sind. Dazu zählt, Lebensräume zu erhalten für seltene oder gefährdete Arten des Offenlandes und der Übergänge von Wald zu Offenland. Das schließt auch ein, die scharfe Abgrenzung zwischen Wald und Offenland wieder zu durchbrechen und offenlandgeprägte Landschaften zu bewahren. Hinzu kommt, dass Beweidung vielfältige Prozesse zugunsten von Pionierbiotopen auslöst, also die Ansiedlung bestimmter Pflanzen und Tiere in neu geschaffenen Lebensräumen begünstigt.[154]

Für das Offenhalten von Landschaften und die Neuansiedelung von Arten ist entscheidend, dass die Weidetiere den Aufwuchs auf den Flächen unterschiedlich nutzen und verschiedene Verhaltensweisen mitbringen. Je nach Zielsetzung kann es von Vorteil sein, passende Tierarten zu kombinieren und entweder gemeinsam oder zeitlich gestaffelt weiden zu lassen. Pferde verhalten sich beispielsweise selektiv bei der Auswahl der Futterpflanzen und beißen Gras tief ab, während Rinder weniger wählerisch sind und das Gras höher stehen lassen.

[152] Vgl. Haußmann, 2023, S. 18 f.

[153] https://www.nabu.de/natur-und-landschaft/landnutzung/landwirtschaft/artenvielfalt/lebensraum/23771.html, aufgerufen am 3.10.2023.

[154] Vgl. Luick, 2023, S. 83.

Ziegen fressen dagegen gerne Teile von Sträuchern und drängen so die Verbuschung zurück.[155] Schafe fressen den Aufwuchs ebenfalls tief ab und bevorzugen schmackhafte Pflanzen und Gräser. Älteren Aufwuchs lassen sie dagegen gerne stehen. Schafe eignen sich außerdem wegen ihres geringeren Gewichts im Vergleich zu Rindern gut für steile Lagen.

Weidetiere verändern die Biotope auch, indem sie scharren, wühlen und sich wälzen, Samen verbreiten und Trittspuren sowie Wanderwege hinterlassen. So können beispielsweise offene Bodenstrukturen entstehen, die für die Vermehrung bestimmter Insekten essenziell sind oder die Neuansiedlung von Pflanzenspezies ermöglichen.

Letztlich ist es der Biodiversität zuträglich, wenn sich vielfältige mosaikartige Strukturen mit fließenden Übergängen und heterogenem Aufwuchs entwickeln – also kurzem Gras, überständigem Aufwuchs und Sträuchern, Alt- und Totholz, teils offenen Bodenstrukturen, Gehölzvarianten und sogar Wasserflächen mit unterschiedlich ausgeformten Säumen.[156]

Bekannte Beispiele für Landschaften, in denen systematisch auf naturnahe Beweidung gesetzt wird, sind etwa die Wacholderheiden der Schwäbischen Alb, nasse Wiesen in Moorgebieten und Auen oder steile Grünlandstandorte der Mittelgebirge, bei denen der Einsatz von Maschinen nicht möglich ist.

Neben der reinen Beweidung oder der ausschließlichen Nutzung von Wiesen zur Mahd gibt es mehrere Kombinationen dieser Systeme. Da ist zum einen die Almwirtschaft, bei der die Tiere den Sommer über in den Höhenlagen sehr extensiv als Weidetiere gehalten werden, während das Grünland im Tal der Gewinnung von Winterfutter dient. Zum anderen existieren verschiedene Verfahren, um dieselbe Fläche abwechselnd als Weide und Mähwiese zu nutzen.

[155] Vgl. Haußmann u. Weber, 2023, S. 50.
[156] Vgl. Luick, 2023, S. 78.

Besonderheiten

Für Beweidungsprojekte werden zwar hauptsächlich Rinder, Schafe, Ziegen und Pferde eingesetzt, aber auch Schweine und Esel haben besondere Vorzüge. So eignen sich Esel besonders für die Pflege offener, trocken-warmer Lebensräume. In sandigen Gebieten schaffen sie zuverlässig offene Vegetationsverhältnisse, drängen also Verbuschung zurück. Außerdem sorgen sie für offene Bodenstellen, vor allem durch Trampelpfade, aber auch, indem sie Wälzkuhlen anlegen und scharren. So begünstigen sie konkurrenzschwache Arten wie Sand-Ackerwildkräuter. Ihr starker Verbiss von grasartigen Pflanzen drängt außerdem dominante Gräser zurück.[157] Bei der Weidehaltung von Schweinen wird besonders geschätzt, dass sie graben und den Boden umwälzen. So aktivieren sie die Samenbank in der Erde, belüften den Boden und machen die Vegetation heterogener. Tiergruppen wie Laufkäfer, Schwebfliegen und Tagfalter können auf Schweineweiden sehr artenreich vertreten sein. Außerdem ist Schweinedung eine wichtige Nahrungsquelle für viele bedrohte Dungkäfer.[158, 159]

Bei beweideten Flächen geht es zudem keineswegs nur um Grünlandbiotope wie Heiden, Auen oder Waldweiden. Beispielsweise zeigt die Beweidung von Weinbergen mit bestimmten Schafrassen erste Erfolge. Die Schafe helfen dort unter anderem beim Entblättern der Reben in Steillagen.[160]

Um dem Schwund der genetischen Vielfalt innerhalb der landwirtschaftlich genutzten Tierarten entgegenzuwirken, empfiehlt es sich – wo immer möglich – gezielt auf bedrohte oder seltene Rassen zu setzen. Dies gilt auch für die landwirtschaftliche Nutzung extensiver Grünlandstandorte und bei Landschaftspflegeprojekten.

[157] Vgl. Zehm et al., 2015, S. 56 f.

[158] https://www.nul-online.de/magazin/archiv/extensive-beweidung-mit-schweinen,QUlEPTcyNDE0MzMmTUlEPTgyMDMw.html, aufgerufen am 8.10.2023.

[159] Vgl. Buse et al., 2022, S. 16.

[160] Vgl. Hörl, 2023, S. 32 f.

Kurz zusammengefasst

Die Verluste biologischer Vielfalt sind mittlerweile dramatisch. Durch bestimmte Formen der Haltung landwirtschaftlich genutzter Tiere entstehen gerade in den gemäßigten Zonen Möglichkeiten, Biodiversität zu fördern. Das gilt insbesondere für eine angepasste Nutzung von artenreichem Grünland mit niedrigen bis mittleren Nährstoffgehalten und Bewirtschaftungsintensitäten sowie für die großflächige extensive Beweidung traditioneller oder nährstoffsensibler Standorte. Auch die Nutzung bedrohter Rassen trägt zum Erhalt der biologischen Vielfalt bei.

Ein Experte für Weideprojekte kommt zu dem Ergebnis: Möglicherweise ist die an extensive Landnutzung und dabei vor allem an Tierhaltungsverfahren gekoppelte Biodiversität der wichtigste europäische Beitrag zum weltweiten Naturerbe.[161]

[161] Vgl. Luick, 2023, S. 75.

Vereinbar durch Tiere: Pflanzenwachstum, gesunde Böden und Klimaschutz

Böden sind mehr als nur der Standort, an dem Pflanzen wachsen. Sie stellen auch den weltweit größten Kohlenstoffspeicher an Land dar, fungieren als Wasserfilter und sind die Grundlage für ungefähr 95 % der Nahrungsmittelerzeugung.[162]

Seit dem Beginn land- und forstwirtschaftlicher Tätigkeiten haben wir Menschen mehr als die Hälfte der eisfreien Landfläche auf der Erde verändert. Für ein Drittel aller Böden lassen sich mindestens mäßige, für ein Viertel starke Beschädigungen feststellen, und die weltweiten Bodenverluste übersteigen die Neubildung von Boden um ein Vielfaches.[163,164] Traurige Berühmtheit erlangten bereits in den 1930er Jahren verheerende Staubstürme in den US-amerikanischen Great Plains, entstanden durch Dürren und nicht angepasste Bodenbewirtschaftung.[165]

Böden sind komplex: Sie bestehen aus belebten und unbelebten Substanzen. Die unbelebten, anorganischen Bestandteile entstehen im Wesentlichen durch Verwitterung von Gestein. Zu den organischen Bodenbestandteilen zählen die Bodenlebewesen und die Reste von abgestorbenen Pflanzen, Tieren und Mikroorganismen. Tiere, Pilze und Bakterien im Boden bauen das organische Material ständig um und ab. Unter bestimmten Bedingungen zersetzen sie es nicht vollständig. Dann entsteht Humus, feine organische Substanz, die von den Bodenlebewesen mit den anderen Bodenbestandteilen vermischt wird und Nährstoffe über längere Zeit speichern kann.

Humus ist ein Schlüsselelement nachhaltiger Landwirtschaft. Tiere in der Landwirtschaft können zum Humusaufbau beitragen, weshalb sie für das Pflanzenwachstum und gesunde, stabile Böden wichtig sind. Wie sich Humusbildung – und damit ein Beitrag der Tiere in der

162 Vgl. FAO, 2017, S. 1.

163 Vgl. FAO u. ITPS, 2015, S. XIX, S. 53 u. S. 55.

164 Vgl. Nationale Akademie der Wissenschaften Leopoldina, 2020, S. 9 f.

165 https://de.wikipedia.org/wiki/Dust_Bowl, aufgerufen am 21.11.2023.

Landwirtschaft – gegen den Klimawandel einsetzen lässt, soll ebenfalls in diesem Kapitel gezeigt werden.

Pflanzen brauchen Nahrung

Wie alle biologischen Aufbauprozesse benötigen auch Pflanzen Nährstoffe für ihr Wachstum. Wegen ihrer Fähigkeit zur Photosynthese können Pflanzen Licht direkt als Energiequelle nutzen. Mit dieser Energie wandeln sie CO_2 aus der Luft in größere Kohlenstoffverbindungen als Energiespeicher um. Bei diesem Prozess bilden sie nebenbei Sauerstoff. Alle anderen Nährstoffe außer Kohlenstoff nehmen Pflanzen hauptsächlich über die Wurzeln auf. Auch daraus bilden sie komplexere Verbindungen, beispielsweise Aminosäuren. So entstehen Substanzen, die Tiere nicht selbst bilden können. Die Existenz von Tieren und Menschen ist deshalb nur aufgrund der besonderen Syntheseleistungen der Pflanzen möglich.[166]

Zu den Hauptnährstoffen der Pflanzen gehören neben dem Kohlenstoff aus der Luft unter anderem Stickstoff, Phosphor und Kalium. Die Aufnahme von Nährstoffen aus dem Boden ist ein mehrstufiger Prozess, bei dem die Pflanzen eine aktive Rolle spielen und häufig durch ein Geflecht symbiontischer Pilze um die Wurzeln unterstützt werden.[167]

Das Wachstum und der Ertrag von Pflanzen hängen direkt mit der Nährstoffversorgung zusammen. Derjenige Nährstoff begrenzt das Pflanzenwachstum, der einer Pflanze am wenigsten zur Verfügung steht. Häufig ist dies Stickstoff bzw. seine pflanzenverfügbaren, reaktiven Verbindungen wie etwa Ammonium und Nitrat. Düngung und Förderung der Bodenfruchtbarkeit dienen dazu, verschiedene Pflanzennährstoffe möglichst optimal bereitzustellen – zum richtigen Zeitpunkt und in der richtigen Menge. Alle Pflanzennährstoffe stammen entweder aus organischen Materialien im Boden bzw. aus dem verwitterten Gestein oder sie werden als pflanzliche, tierische oder mineralische Düngemittel dem Boden zugeführt.

Das Pflanzenwachstum nimmt allerdings durch Düngung nicht gleichmäßig zu: Je höher die Düngerzufuhr, umso geringer der Effekt

[166] Vgl. Schubert, 2018, S. 19.

[167] Vgl. Schubert, 2018, S. 48.

auf das Wachstum. Außerdem wirken Überangebote an Nährstoffen wachstumshemmend und ertragsmindernd, ganz abgesehen von den negativen Folgen für die Umwelt. Die verfügbaren Pflanzennährstoffe beeinflussen außerdem den ernährungsphysiologischen Wert der Pflanzen. Unerwünscht ist beispielsweise ein übermäßig hoher Nitratgehalt in Futter- und Nahrungspflanzen, der wie bei Trinkwasser zu Erkrankungen führen kann.[168]

Boden ist Lebensraum

Neben unbelebtem anorganischen und abgestorbenem organischen Material enthalten intakte Böden große Mengen lebender Bestandteile. Dazu gehören die Wurzeln von Pflanzen ebenso wie unzählige Bakterien, Algen, Pilze, Einzeller, Milben, Springschwänze, Fadenwürmer, Schnecken, Regenwürmer, Asseln und viele andere Lebewesen. Das Nahrungs-, Wasser- und Sauerstoffangebot entscheidet, welche Organismen in welchen Bodenbereichen vorkommen. In den oberen Schichten findet man in der Regel mehr Bodenlebewesen als in tieferen Zonen. Außerdem spielen Mikrohabitate, sogenannte „hot spots“, eine wichtige Rolle bei der Bodenbesiedelung: Beispielsweise bieten Regenwurmgänge und ihre direkte Umgebung den Mikroorganismen regelmäßigen Nachschub an Sauerstoff, Wasser und Nährstoffen. Auch die Grenzbereiche zwischen organischen Resten, Boden und Pflanzenwurzeln sind wegen ihrer hohen Nährstoffverfügbarkeit ein bevorzugter Lebensraum für Bodenmikroorganismen. Die meisten Mikroorganismen im Boden sind an Ton- und Humuspartikel gebunden oder leben in Biofilmen an der Grenzfläche zwischen Wasser und Luft.[169]

Größere Bodenlebewesen, die Bodentiere, sorgen für die Durchmischung des Bodens, seine Durchlüftung und die Zerkleinerung der organischen Reste. Manche der Tiere graben Gänge und schaffen Poren im Boden. Andere, beispielsweise Regenwürmer, können sich regelrecht durch den Boden hindurchfressen und vermischen ihn dabei mit ihren Stoffwechselprodukten.[170]

[168] Vgl. Schubert, 2018, S. 70 ff.

[169] Vgl. Stahr et al., 2020, S. 265 ff.

[170] Vgl. Stahr et al., 2020, S. 283 ff.

Die große Bedeutung der Bodenmikroorganismen für die Fruchtbarkeit von Böden besteht dagegen darin, dass sie im Rahmen der sogenannten Mineralisation wichtige Nährstoffe wie Stickstoff, Phosphor und Schwefel aus der organischen Bodensubstanz, etwa aus Humus, herauslösen und damit für andere Lebewesen verfügbar machen. Viele Mikroorganismen scheiden außerdem schleimige oder klebrige Substanzen aus, die zur Stabilisierung der Bodenstruktur und zur Bildung von Bodenkrümeln beitragen.[171, 172]

Humusbildung

Wird organisches Material auf und im Boden vollständig abgebaut, das heißt mineralisiert, entstehen vor allem Kohlendioxid, Wasser und Mineralstoffe – bei Sauerstoffmangel auch Methan. Findet allerdings keine vollständige Zersetzung statt, dann werden in mehreren Phasen diverse makromolekulare Substanzen gebildet. Alle diese Zersetzungsprodukte werden als Humus zusammengefasst und der gesamte Prozess heißt Humifizierung. Humus stellt den größten Anteil der organischen Substanz im Boden dar; im Lauf der Zeit können Humusvorräte von 50 bis 300 t pro ha entstehen.[173]

Ob und wie schnell abgestorbene organische Substanzen mineralisiert oder humifiziert werden, hängt von den Ausgangssubstanzen, den Standortbedingungen und der Bewirtschaftung ab. Organische Materialien, die wenig Kohlenstoff (C) im Vergleich zu Stickstoff (N) enthalten, also ein enges C/N-Verhältnis aufweisen, werden mineralisiert, solche mit einem weiten C/N-Verhältnis eher humifiziert. Weitere Einflüsse sind Feuchte und Temperatur, der pH-Wert und die Durchlüftung des Bodens. Höhere Temperaturen ohne zu starke Nässe, ein weitgehend neutraler Boden-pH-Bereich und ausreichend Sauerstoff begünstigen die Mineralisierung. Auch die Art der Bodenbewirtschaftung – etwa Acker- statt Grünlandnutzung – beeinflusst die Mineralisierung organischer Substanz, weil sie die Bedingungen im Boden verändert.[174]

[171] Vgl. Stahr et al., 2020, S. 278 ff. u. S. 283.

[172] https://www.topagrar.com/dl/3/8/2/6/7/6/1/T_080_085_04_21.pdf, aufgerufen am 20.2.2024.

[173] Vgl. Stahr et al., 2020, S. 65 ff. u. S. 72.

[174] Vgl. Schubert, 2018, S. 166.

C/N-Verhältnisse verschiedener organischer Materialien[175, 176]

Substanz	C/N-Verhältnis (N=1)
Mistsickersaft	1,9–2,1
Pilzmyzel	10–15
Grünmasse/junge Gräser/Gemüseabfälle	7–40
Reifer Mistkompost, 4 Monate, ohne Erde kompostiert	15
Hühnermist	13–18
Festmist nach 3 Monaten Lagerung	15
Frischer Festmist mit viel Stroh	30
Getreidestroh	50–100

Bei Ackerflächen sollte das C/N-Verhältnis im Boden unter 25 zu 1 liegen.[177] Für eine gute Nährstoffversorgung von Pflanzen, also eine aus pflanzenbaulicher Sicht ausreichend schnelle Mineralisation, wird sogar ein C/N-Verhältnis im Boden von 10 bis 11 zu 1 angestrebt. Humus, der dieser Zusammensetzung nahekommt und entsprechend leicht abgebaut werden kann, wird häufig als Nährhumus bezeichnet. Mit steigenden Kohlenstoff-Anteilen und stärkerer Verholzung der Pflanzenreste, verlangsamt sich die Nährstofffreisetzung.[178]

Unterschieden wird außerdem zwischen umsetzbarer und inerter, das heißt reaktionsträger organischer Bodensubstanz. Die umsetzbare organische Bodensubstanz stellt den Anteil dar, der vollständig abbaubar bleibt, auch wenn der Abbauprozess lange dauern kann. Bei

[175] Ebd.

[176] http://kompostwiki.de/anleitungen/die_richtige_mischung_finden, aufgerufen am 23.11.2023.

[177] https://www.spektrum.de/lexikon/geowissenschaften/c-n-verhaeltnis/2747#:~:text=Ein%20enges%20C%2FN%2DVerh%C3%A4ltnis,%2DWert%20von%20%3C25%20aufweisen, aufgerufen am 23.11.2023.

[178] Vgl. Gröschl, 2020, S. 65 ff.

der inerten organischen Bodensubstanz ist dagegen die Bindung der organischen Bestandteile an die anorganischen Tonminerale so stark, dass sie weitgehend vor dem Abbau durch die Enzyme von Lebewesen geschützt sind. Die Verteilung zwischen der inerten und der umsetzbaren organischen Bodensubstanz hängt vor allem vom Tonanteil im Boden ab, also von bestimmten anorganischen Bestandteilen.[179]

Begriffe aus der Humuswirtschaft

Nährhumus: Organische Verbindungen im Boden, die zügig umgesetzt werden und ca. 20 bis 50 % der Humusstoffe im Boden ausmachen. Dazu gehören u. a. Hemizellulosen, Zellulosen, Zucker und Proteine. Sie sind entscheidend dafür, wie dynamisch ein Standort ist. Die Nährstoffe werden in solchen Verbindungen nur kurzfristig gespeichert und sind schnell wieder pflanzenverfügbar – in einem an das Pflanzenwachstum angepassten Rhythmus, wenn die Rahmenbedingungen passen.[180, 181]

Dauerhumus: Eine relativ stabile Gruppe von organischen Verbindungen, z. B. Fulvosäuren und Huminsäuren, die bis zu 300 Jahre im Oberboden und sogar mehrere Tausend Jahre im Unterboden verbleiben können. Dauerhumus bindet Nährstoffe längerfristig, was zu geringen Verlusten, aber auch zu einer geringeren Pflanzenverfügbarkeit führt.[182]

Humuszehrende Fruchtarten: Sie lassen den Humusgehaltes im Boden absinken, z. B. Brotgetreide, Kartoffeln, Zuckerrüben, Silomais.

Humusmehrende Fruchtarten: Sie lassen den Humus im Boden zunehmen, z. B. Ackergras, Klee, Luzerne.[183]

[179] Vgl. Schubert, 2018, S. 161.

[180] Vgl. Gröschl, 2020, S. 65.

[181] https://www.bmel.de/DE/themen/landwirtschaft/pflanzenbau/bodenschutz/humus-1-was-ist-das.html, aufgerufen am 24.11.2023.

[182] Vgl. Gröschl, 2020, S. 65.

[183] https://www.kompost.de/uploads/media/Humusversorgung_von_Ackerboeden_nimmt_ab_07_10.pdf, aufgerufen am 23.11.2023.

Wie viel Humus auf- oder abgebaut wird und wie viele Nährstoffe man dadurch speichert oder freisetzt, lässt sich beeinflussen durch die Zufuhr organischer Materialien, die Bodenbearbeitung und die Fruchtfolge, zumindest innerhalb bestimmter Grenzen, die sich aus den Standortbedingungen ergeben (S. 72). Vereinfacht dargestellt nimmt der Humusgehalt ab, wenn Böden stärker bearbeitet und humuszehrende Pflanzen angebaut werden. Die Zufuhr von Pflanzenbestandteilen wie Ernteresten und kohlenstoffhaltigen organischen Düngern sowie der Anbau humusmehrender Kulturen führen dagegen zum Aufbau von Humus.

Aus diesen Gründen lässt sich eine Zunahme der Humusgehalte von den Ackerflächen über die Waldböden bis zum Grünland beobachten: Der höhere Humusgehalt von Grünlandböden, also Grasland, entsteht durch den hohen Anteil an Wurzelmaterial und weil der Boden nicht durch Bearbeitung gestört wird.[184] Dagegen haben Ackerböden aufgrund der landwirtschaftliche Nutzung durchschnittlich 30 bis 40 % des organischen Kohlenstoffs verloren im Vergleich zu den Böden natürlicher Ökosysteme wie Wäldern.[185] Manche Forscher gehen sogar von bis zu 75 % Verlust aus.[186]

Fruchtbarer Boden durch Humus

Unter Bodenfruchtbarkeit versteht man die Fähigkeit eines Bodens, zu einem hohen Pflanzenertrag mit guter Qualität beizutragen.[187] Die organische Bodensubstanz spielt dabei eine bedeutende Rolle.

Damit sich die Wurzeln von Pflanzen gut entwickeln und die Nährstoffe für das Pflanzenwachstum aufnehmen können, müssen in der Erde ausreichend Poren vorhanden sein. Sind die Bodenpartikel zu dicht gelagert, erschwert dies das Eindringen der Wurzeln in den Boden, hemmt deren Sauerstoffversorgung und kann je nach Wasserversorgung zu Staunässe oder Wassermangel führen. Aus einem ver-

[184] Vgl. Stahr et al., 2020, S. 75.
[185] Vgl. Don et al., 2018 S. 5.
[186] Vgl. Lal et al., 2018, S. 147A.
[187] Vgl. Schubert, 2018, S. 121.

dichteten Boden können die Pflanzen die Nährstoffe außerdem schlechter aufnehmen.[188]

Organische Bodensubstanz wirkt dem entgegen, indem sie ermöglicht, dass sogenannte Bodenkrümel entstehen. Darunter versteht man stabile Aggregate unterschiedlicher Größe und Ton-Humus-Komplexe. Die Vernetzung der Bodenpartikel erhöht den Porenanteil im Boden, was zur Auflockerung von dichten, schweren Böden beiträgt. Außerdem vergrößert sie die Oberfläche, an der die Wurzeln Nährstoffe, Wasser und Sauerstoff aufnehmen können. Die Mineralisation der organischen Bodensubstanz setzt zudem Nährstoffe für die Pflanzen und die Bodenlebewesen frei. Durch organische Substanz bewirkte höhere biologische Aktivität im Boden mindert das Risiko für Pflanzenkrankheiten, die von Erregern im Boden ausgehen. Einige Bodenmikroorganismen sind zudem in der Lage, Substanzen zu bilden, die das Pflanzenwachstum anregen.[189]

Organische Bodensubstanz spielt aber nicht nur für die unmittelbare Versorgung und Gesunderhaltung von Pflanzen eine große Rolle. Humusreichere Böden werden auch bei der Anpassung an trockenere Sommer an Bedeutung gewinnen, weil ihre Wasserspeicherkapazität höher ist als bei vergleichbaren humusärmeren Böden.[190] Grund dafür ist wiederum die günstigere Porenverteilung im Boden. Sie lässt das Wasser besser eindringen und hält es im Boden.[191]

Die Vernetzung von organischen und anorganischen Bodenpartikeln hat darüber hinaus eine weitere außerordentlich wichtige Funktion: Sie wirkt der Erosion entgegen, besonders bei feinkörnigen Böden.[192]

Verlorene Böden

Unter Erosion versteht man alle Prozesse, die dazu führen, dass sich Erde von ihrem ursprünglichen Untergrund löst und verloren geht.

[188] Vgl. Schubert, 2018, S. 155.

[189] Vgl. Schubert, 2018, S. 155 u. 162 f.

[190] Vgl. Hüttl et al., 2008, S. 14.

[191] Vgl. Prechtel u. Bens, 2008, S. 16 u. S. 82.

[192] Vgl. Schubert, 2018, S. 162 f.

Neben Wasser und Wind trägt auch die Bodenbearbeitung dazu bei.[193] Erosion zählt inzwischen zu den größten Gefahren für Böden und beeinträchtigt ihre Ökosystemleistungen. Grundsätzlich handelt es sich um einen natürlichen Vorgang, der auch an der Entstehung von Böden und Landschaften beteiligt ist. Allerdings können menschliche Einflüsse die Erosion von Böden erheblich beschleunigen. Fruchtbarer Oberboden geht etwa verloren durch Abholzung und Überweidung, ständige wendende Bodenbearbeitung und das Fehlen einer Pflanzendecke in Verbindung mit der Klimaveränderung und ihren immer extremeren Wetterereignissen. Als Folge entstehen Abschwemmungen von Erde, Hangrutschungen, Staubstürme und ein verstärkter Abbau organischer Bodensubstanz. Dadurch verschlechtern sich die Böden, und ihre Fruchtbarkeit nimmt ab: Wurzeln finden keinen Halt mehr, das Wasserspeichervermögen der Böden schwindet, Nährstoffe gehen verloren und die Freisetzung klimarelevanter Gase steigt durch die raschere Zersetzung der organischen Bodensubstanz. Außerdem verursachen die abgeschwemmten oder durch Wind abtransportierten Bodenbestandsteile andernorts Schwierigkeiten, weil sie Wasserläufe verstopfen, Oberflächengewässer belasten und Infrastruktur zerstören.[194]

Experten sind inzwischen der Meinung, dass das menschliche Überleben auch davon abhängt, das aktuelle Ausmaß der Bodenerosion zu vermindern und umzukehren. Bodenerosion gefährdet gleich mehrere UN-Nachhaltigkeitsziele, wie „Kein Hunger“, „Gesundheit und Wohlergehen“, „Sauberes Wasser“ und „Klimaschutz“.[195]

Neben der Erosion beeinträchtigen weitere Einflüsse Qualität und Ökosystemleistungen von Böden, unter anderem Versalzung, Versauerung, Wüstenbildung, Verdichtung, Versiegelung und die Kontamination mit giftigen Substanzen.[196]

Vor diesem Hintergrund hat sich die internationale Staatengemeinschaft 2017 auf freiwillige Leitlinien für eine nachhaltige Bodenbewirtschaftung verständigt.[197] Laut der überarbeiteten Welt-Boden-

[193] Vgl. FAO u. ITPS, 2015, S. 100.

[194] Vgl. FAO, 2019, S. 3.

[195] Vgl. FAO, 2019, S. 3.

[196] Vgl. FAO u. ITPS, 2015, S. 8.

[197] Vgl. FAO, 2017, S. 1.

Charta bedeutet nachhaltige Bodenbewirtschaftung, dass alle Ökosystemfunktionen von Böden erhalten bleiben sollen. Dies erfordert, eine Balance zu finden zwischen den Leistungen von Böden für das Pflanzenwachstum, die Wasserqualität und -verfügbarkeit sowie für den Klimaschutz. Dafür ist es auch nötig, bereits geschädigte Böden zu sanieren und wiederherzustellen.[198]

An erster Stelle der Leitlinien für nachhaltige Bodenbewirtschaftung steht das Ziel, die Erosion von Böden zu verhindern. Dafür gilt es, Abholzungen und die Umwandlung von Gras- in Ackerland zu vermeiden, die Bodenbearbeitung auf ein Minimum zu reduzieren, Böden stets durch Pflanzen oder eine Mulchschicht zu bedecken und das Abschwemmen von Oberboden zu verhindern, etwa durch Terrassierungen. Der Erosion durch Wind ist mit Baum- und Heckenpflanzungen oder anderen Windschutzmaßnahmen zu begegnen.[199]

Von zentraler Bedeutung ist jedoch auch nach Ansicht der FAO die organische Substanz im Boden, weil sie gleich mehrere Ökosystemfunktionen der Böden beeinflusst und eine zentrale Rolle bei der Nährstoffversorgung von Pflanzen spielt. Die Autoren der Leitlinien führen deshalb diverse Methoden an, um die organische Substanz in Böden zu erhalten und zu vermehren. Dazu zählt neben stärkerer Biomasseproduktion durch effektives Wasser- und Nährstoffmanagement auch die Beweidung anstelle von Mähnutzung. Ausdrücklich empfiehlt die FAO zudem die Verwendung tierischer und anderer kohlenstoffreicher organischer Düngemittel.[200]

Humus für den Klimaschutz

Neben der Bedeutung der organischen Bodensubstanz – hauptsächlich Humus – für das Pflanzenwachstum, die Wasserspeicherkapazität von Böden und den Schutz vor Erosion gewinnt ein weiterer Aspekt an Aufmerksamkeit: die Speicherung von Kohlenstoff im Boden und dessen Austausch mit dem klimarelevanten CO_2 in der Atmosphäre.

[198] Vgl. FAO u. ITPS, 2015, S. 4 f.

[199] Vgl. FAO, 2017, S. 7.

[200] Vgl. FAO, 2017, S. 8 f.

Ein Hektar Boden kann – wie bereits erwähnt – 50 bis 300 t Humus speichern.[201] Das bedeutet rein rechnerisch eine Speicherkapazität von gut 100 bis 600 t CO_2. Anders als bei der Pflanzenernährung wäre für den Klimaschutz eine langanhaltende Speicherung im Boden erstrebenswert. Für die Anreicherung von Kohlenstoff im Boden ist als erster Schritt notwendig, reichlich Biomasse zu produzieren, um Kohlenstoff organisch zu binden und ihn anschließend in Form ganzer Pflanzen, als Ernterückstände, Dung, Komposte oder auch als Pflanzenkohle in den Boden einzubringen.[202]

Umrechnungsfaktoren für die Bindung von Kohlenstoff in Humus

1 t organisch gebundener Kohlenstoff entspricht 1,72 t Humus. Bei bodenkundlichen Untersuchungen wird im Labor der Gehalt an organisch gebundenem Kohlenstoff bestimmt. Dieser Wert wird dann mit 1,72 multipliziert, um den Gehalt des Bodens an Humus zu errechnen. Dabei wird angenommen, dass Humus durchschnittlich zu 58 % aus Kohlenstoff besteht.[203]

1 t Kohlenstoff entspricht 3,7 t CO_2. Kohlendioxid besteht zu 27 % aus Kohlenstoff. 1 t organisch gespeicherter Kohlenstoff, etwa im Humus, könnte zu 3,7 t Kohlendioxid umgewandelt werden.

1 t Humus entspricht ca. 2 t CO_2. Dabei wird ebenfalls ein Kohlenstoffgehalt von 58 % im Humus zur Berechnung angenommen.

Bei einem **Kohlenstoffgehalt von 1 % – entspricht 1,7 % Humusgehalt** – sind im Oberboden etwa **45 t Kohlenstoff pro Hektar** gebunden.[204] Die Zunahme von 1 ‰ Kohlenstoff im Boden bedeutet deshalb ungefähr die zusätzliche Bindung von 4,5 t Kohlenstoff oder fast 17 t CO_2 pro Hektar.

201 Vgl. Stahr et al., 2020, S. 65.

202 Vgl. Lal et al., 2018, S. 145A.

203 Vgl. Schubert, 2018, S. 160.

204 Vgl. Hülsbergen et al., 2023, S. 43.

Unter günstigen Bedingungen bildet sich aus zugeführter organischer Substanz pro Jahr etwa 0,5 % Dauerhumus.[205] Wie lange dieser Humus tatsächlich im Boden bleibt, wird durch die Abbaugeschwindigkeit bestimmt. Bei ausreichender Zufuhr organischer Substanz kommt es zu einer kumulativen Wirkung und der Humusgehalt eines Bodens kann über längere Zeit zunehmen. Allerdings wurde festgestellt, dass in der Regel nach ungefähr 20 bis 30 Jahren ein Fließgleichgewicht zwischen Auf- und Abbau der organischen Bodensubstanz erreicht wird und der Humusgehalt nicht weiter zunimmt.[206] Das Niveau eines standorttypischen Humusgehaltes hängt maßgeblich von Klima und Witterung, aber auch von den Bodeneigenschaften und der Bewirtschaftung ab.[207] Die Bandbreite reicht von humusarmen Böden mit weniger als 1 % Humusgehalt über humose Böden mit bis zu 15 % Humusgehalt und den organischen Böden in Anmooren und Mooren mit noch höheren Anteilen organischer Substanz.

Weltweit sind im Humusanteil der Böden etwa 2000 Gt Kohlenstoff gelagert. Ungefähr vier Mal mehr als in allen Pflanzen.[208] Der gespeicherte Kohlenstoff entspräche 7400 Gt CO_2. Zum Vergleich: Der globale menschengemachte Ausstoß von CO_2 betrug 2022 40,6 Gt.[209] Schätzungen zufolge könnten global jährlich bis zu 5 Gt CO_2 zusätzlich im Boden gebunden werden, wobei sich diese Daten nur auf den Zeitraum bis 2050 beziehen. Die Autoren der hier zitierten Übersichtsarbeit weisen ausdrücklich darauf hin, dass die Speicherung reversibel ist und dass je nach den Bedingungen eines Standorts nach 10 bis 100 Jahren eine Sättigung eintritt. Dennoch bewerten sie das Ziel zusätzlicher Kohlenstoffspeicherung im Boden positiv, weil die Umsetzung sofort beginnen kann und Erfahrungen mit entsprechenden Maßnahmen vorhanden sind, von der Bodenbearbeitung bis zum Weidemanage-

[205] Vgl. Gröschl, 2020, S. 65.

[206] https://www.bmel.de/DE/themen/landwirtschaft/pflanzenbau/bodenschutz/humus-1-was-ist-das.html, aufgerufen am 24.11.2023.

[207] https://www.landwirtschaft.sachsen.de/grundlagen-20438.html, aufgerufen am 24.11.2023.

[208] Vgl. Stahr et al., 2020, S. 68.

[209] https://globalcarbonbudget.org/wp-content/uploads/GCB-2022-press-release.pdf, aufgerufen am 25.11.2023.

ment.[210] Ein weiteres Argument für die zusätzliche Kohlenstoffspeicherung in Böden ist, dass seit Beginn der landwirtschaftlichen Nutzung große Mengen Kohlenstoff aus Böden freigesetzt wurden, also eine Degradierung der Böden stattfand. Deshalb ist dort Speicherkapazität frei und eine Rekarbonisierung vieler Landökosysteme denkbar.[211]

Frankreich hat aus diesem Grund 2015 die internationale 4-per-1000-Initiative gestartet. Sie soll Länder für das Ziel gewinnen, jährlich 4 ‰ mehr organischen Kohlenstoff in allen Böden der Welt zu binden, um damit sowohl einen Beitrag zum Schutz des Klimas wie auch zur Ernährungssicherung zu leisten.[212] Der Fokus der Bemühungen liegt auf landwirtschaftlich genutzten Flächen und müsste nach Ansicht mancher Fachleute sogar noch enger auf Ackerland und degradierte Böden eingegrenzt werden.[213]

Nachhaltig düngen

Um für die Ernährung von künftig 10 Milliarden Menschen gute Erträge bei den pflanzlichen Kulturen zu erreichen, benötigt man ohne Zweifel fruchtbare und gesunde Böden, die außerdem ausreichend Wasser speichern können. Gesunde Böden werden manchmal als das Rückgrat gesunder Ernährungssysteme bezeichnet.[214] Zugleich sollen die Böden als Kohlenstoffsenke zum Klimaschutz beitragen. Deshalb ist es unerlässlich, die Humusbilanz von Böden bei der landwirtschaftlichen Nutzung konsequent im Auge zu behalten.

Für das Pflanzenwachstum ist – wie bereits dargestellt – die organische Substanz im Boden eine wichtige Nährstoffquelle. Neben Stickstoff, der bei der Mineralisation der organischen Substanz freigesetzt wird, müssen Pflanzen auch Kalium, Phosphor, Schwefel und andere Substanzen aufnehmen. Diese Nährstoffe werden zum einen ebenfalls aus der organischen Bodensubstanz freigesetzt. Zum anderen stammen

[210] Vgl. Fuss et al., 2018, S. 1 u. S. 27 f.

[211] Vgl. Lal et al., 2018, S. 145A.

[212] https://4p1000.org/?lang=en, aufgerufen am 25.11.2023.

[213] Vgl. Don et al., 2018, S. 3 u. S. 5.

[214] Vgl. IPBES, 2018, S. 5.

sie aus den mineralischen Bodenbestandteilen, also letztlich dem Ausgangsgestein der Böden, aus der Luft oder aus Düngemitteln.

Damit es nicht zu einer Erschöpfung der Nährstoffquellen kommt, ist es sinnvoll und notwendig zu düngen, also den Böden die Nährstoffe wieder zuzuführen, die mit der Ernte abtransportiert werden. Dabei kommt es auf die Balance an zwischen Zu- und Abfuhr, Pflanzenverfügbarkeit und Bindung, um Verluste durch Auswaschungen und Treibhausgasemissionen zu vermeiden. Defizite bei der Pflanzenernährung sollten nach heutiger Ansicht zunächst durch betriebseigene organische Düngemittel oder sogenannte Sekundärrohstoffdünger wie Klärschlamm und Gärrückstände aus Biogasanlagen ausgeglichen werden. Dies dient dem Ziel, Nährstoffe in den Kreisläufen zu halten und sie nicht zu verlieren oder als Abfallstoffe entsorgen zu müssen.[215]

Nachhaltiges Düngen muss nach allem bisher Geschilderten mindestens drei Aufgaben erfüllen: erstens, die pflanzlichen Kulturen kontinuierlich und zeitgerecht mit Nährstoffen zu versorgen; zweitens, möglichst wenig Nährstoffe umweltbelastend zu verlieren; drittens, den Anteil organischer Substanz im Boden zu steigern bis zum standort- und bodentypischen Optimum. Das ist eine Herausforderung. Wie wir sehen werden, können landwirtschaftlich genutzte Tiere genau in diesem Bereich zu einem Ausgleich der Interessen führen und sind nicht nur die Verursacher von Umweltschäden.

Düngen: Synthetisch, mineralisch, organisch

Bis zum 20. Jahrhundert basierte Landwirtschaft zu großen Teilen darauf, Sonnenenergie zu nutzen. Durch die Photosynthese der Pflanzen ließ sich Sonnenenergie als Biomasse binden und über Nahrungs- und Futtermittel zu tierischer und menschlicher Muskelkraft umwandeln. Außerdem entstand aus Biomasse organischer Dünger, vor allem in Form von Mist. In den meisten Ökosystemen war bis dahin Stickstoff derjenige Nährstoff, der das Wachstum begrenzte. Abbauprodukte wurden innerhalb der Ökosysteme in der Regel sofort wiederverwer-

[215] Vgl. Schubert, 2018, S. 191 ff.

tet, sodass die Verluste durch Auswaschung oder Entgasung ursprünglich gering waren.[216]

Die Verbreitung von Verbrennungsmotoren und von pflanzenverfügbaren synthetischen Stickstoffverbindungen aus dem Haber-Bosch-Verfahren, kurz der Kunstdüngerproduktion, brachen allerdings die Grenzen dieses solaren Energiesystems auf. Damit wechselte auch der Agrarbereich zum fossilen Energiesystem der Industriegesellschaft.[217] Alternative Ansätze zum Verständnis von Bodenfruchtbarkeit konnten sich damals nicht durchsetzen – unter anderem aus Angst vor neuen Hungersnöten.[218]

Seit dem Beginn der Industrialisierung produziert der Mensch immer mehr reaktive Stickstoffverbindungen. Durch die chemisch-technische Düngersynthese und viele Verbrennungsprozesse erhöhte sich die Menge an reaktivem Stickstoff in der Umwelt global auf mehr als das Doppelte, in Europa sogar auf das Dreifache. Von diesen Entwicklungen und ihren Auswirkungen sind vor allem landwirtschaftlich intensiv genutzte und industriell geprägte Gebiete betroffen.[219,220]

Die Erfindung, auf technischem Wege Stickstoffdüngemittel herzustellen, hat vielfältige Folgen: Einerseits half sie, Hungerkrisen zu vermeiden, und trug zur sogenannten Grünen Revolution bei. Andererseits verursachen oder verstärken synthetische Stickstoffdüngemittel mehrere Umweltprobleme.

Weltweit werden inzwischen pro Jahr ungefähr 110 Millionen t Stickstoff in Form von synthetischen Düngemitteln produziert. Die Herstellung erfordert allerdings sehr viel Energie. Die Synthese von Ammoniak, der Ausgangssubstanz synthetischer Stickstoffdünger, verbraucht 2 % der weltweit verfügbaren Energie. Herstellung und Verwendung dieser Düngemittel verursachen Klimagasemissionen im Umfang von 1,3 Gt CO_2-Äquivalenten, wovon ein Drittel auf die Synthese entfällt.[221] Insgesamt lassen sich auf synthetische Stickstoffdünger demnach gut 2 % der weltweiten durch Menschen verursachten Klima-

216 Vgl. Umweltbundesamt, 2009, S. 5.

217 Vgl. Krausmann, 2006, S. 18.

218 Vgl. Uekötter, 2006, S. 113.

219 Vgl. Umweltbundesamt, 2009, S. 6 f.

220 Vgl. Geupel et al., 2021, S. 8.

221 Vgl. Gao u. Cabrera Serrenho, 2023, S. 171.

Auswirkungen umweltrelevanter reaktiver Stickstoffverbindungen[222]

Verbindung	**Herkunft**	**Auswirkungen**
Stick(stoff)oxide	Verbrennungsprozesse	Vorläufer für die Bildung von gesundheitsschädlichen Substanzen wie bodennahem Ozon und sekundärem Feinstaub; kurzfristig: Reizwirkung der Atemwege; langfristig: Erhöhung der kardiovaskulären Mortalität; Beitrag zu Versauerung und Überdüngung der Böden und Ökosysteme
Nitrat	Umwandlungsprodukt aus anderen Stickstoffoxiden, organischen N-Verbindungen und aus Ammoniak oder Ammonium: Ackerbau, Nutzung tierischer Exkremente und Mineraldünger, Industrie- und Kommunalabwässer, Ablagerung von atmosphärischen Stickstoffverbindungen	Belastung von Grundwasser und Oberflächengewässern; Überdüngung von Meeres- und Küstenökosystemen; Gesundheitsprobleme bei stark belastetem Trinkwasser (Nitrosamine, Methämoglobin); Versauerung und Überdüngung der Böden und Ökosysteme (Nährstoffungleichgewichte, Bedrohung der Artenvielfalt, Verschiebung des Artenspektrums)
Ammoniak / Ammonium	Umwandlung und Freisetzung aus Tierhaltungen (Wirtschaftsdünger), synthetischen Düngemitteln, Abwassereinleitung in Oberflächengewässer	Versauerung und Überdüngung der Böden und Ökosysteme, Fischgift, Schädigung von Pflanzengewebe, Gesundheitswirkungen durch sekundären Feinstaub
Lachgas	Mikrobielle Umwandlungsprozesse in Böden und Gewässern	Hochwirksames Treibhausgas; trägt außerdem zum Abbau der stratosphärischen Ozonschicht bei
Als Gegenstück: Elementarer Stickstoff (N_2)	Mit 78 % Hauptbestandteil der Atmosphäre	Keine, sehr reaktionsträge

222 Vgl. Geupel et al., 2021, S. 9.

gasemissionen – knapp 54 Gt CO_2-Äquivalente im Jahr 2022[223] – zurückführen. Allerdings: Auch durch organische Düngemittel wie Mist und Gülle entstehen ähnlich große Mengen klimaschädlicher Gase.[224] Deshalb gilt in jedem Fall: so viel wie nötig, aber so wenig wie möglich düngen.

Dennoch darf man vor dem Hintergrund des hohen Energiebedarfs, der umfangreichen Emissionen und des fehlenden Potenzials zum Humusaufbau – dem synthetischen Dünger fehlen die dafür nötigen organischen Bestandteile – die Frage stellen, ob Düngen mit synthetischen Stickstoffdüngemitteln nachhaltig ist. Hinzu kommt, dass laut internationalen Schätzungen weniger als die Hälfte des gesamten eingesetzten Stickstoffs organischen oder synthetischen Ursprungs tatsächlich zu Pflanzenertrag führt.[225]

Neben synthetischen Stickstoffdüngern kommen regelmäßig auch mineralische Düngemittel zum Einsatz, die durch Bergbau gewonnen werden oder aus Industrieprozessen stammen. Sie sollen vor allem Phosphor und Kalium in den Böden ergänzen, wie dies beispielsweise Rohphosphate aus Nordafrika, Russland und den USA ermöglichen. Anders als beim Kalium ist bei den Phosphaten wichtig, dass es sich um eine begrenzte Ressource handelt. Prognosen gehen davon aus, dass die Vorräte an Rohphosphaten nur noch für 60 bis 130 Jahre ausreichen.[226] Dung von Tieren innerhalb geschlossener Stoffkreisläufe kann die drohende Knappheit abfangen (S. 157).

Um Missverständnissen vorzubeugen: Auch synthetische Stickstoffdünger werden häufig als mineralisch bezeichnet, weil die Nährstoffe darin mineralisiert, also direkt pflanzenverfügbar enthalten sind. Zusammenfassend lässt sich feststellen, dass mineralische Düngemittel dazu geeignet sind, kurzfristig und gezielt Nährstofflücken im Pflanzenbau zu schließen. Zum Aufbau organischer Bodensubstanz tragen sie jedoch nicht bei – allenfalls in Kombination mit organischen Materialien.

Im Gegensatz zu mineralischen Düngemitteln enthalten organische Dünger nicht nur Pflanzennährstoffe, sondern auch organische Be-

[223] https://edgar.jrc.ec.europa.eu/report_2023, aufgerufen am 27.12.2023.

[224] Vgl. Gao u. Cabrera Serrenho, 2023, S. 171.

[225] Vgl. Zhang et al., 2015, S. 5.

[226] Vgl. Schubert, 2018, S. 209.

standteile. Deshalb lässt sich mit solchen Düngemitteln dem Boden organische Substanz zuführen.[227] Bekannte Beispiele sind Stall- oder Festmist, Gülle, Jauche, Stroh, Gründünger, Hornmehl, Gärrückstände und Komposte. Wie langjährige Feldversuche zeigen, ermöglicht organische Düngung, die sich günstig auf die organische Bodensubstanz auswirkt, höhere Erträge als eine rein mineralische Versorgung der Pflanzen.[228] Allerdings werden etwa in Deutschland nur rund 70 % aller Ackerflächen organisch gedüngt.[229]

Mit Pflanzen düngen

Die Düngung mit Pflanzen wird als Gründüngung bezeichnet, und es lassen sich mehrere Varianten unterscheiden. Häufig werden Pflanzen wie Phacelia, Senf oder Leindotter als Zwischen- oder Nachfrucht etwa im Spätsommer nach der Getreideernte angebaut. Dies dient insbesondere dem Ziel, die Auswaschung von Nährstoffen aus dem Boden zu vermindern, indem sie in der Pflanzenmasse vorübergehend festgelegt werden. Außerdem bindet die Biomasse Kohlenstoff, der sich später in den Boden einarbeiten lässt.

Andere Varianten der Gründüngung machen sich die besondere Fähigkeit von Leguminosen wie Klee, Luzerne, Wicken, Bohnen oder Erbsen zunutze, Stickstoff aus der Luft fixieren zu können. In größerem Umfang geschieht dies durch symbiontische Bakterien in den Wurzelknöllchen der Leguminosen. Pro Jahr können durch diese Symbiose von Pflanzen und Bakterien bis zu knapp 300 kg Stickstoff auf einem Hektar Fläche gespeichert werden. Futterleguminosen wie Klee, Luzerne oder Wicke haben insgesamt ein höheres Vermögen, Stickstoff zu binden, als Körnerleguminosen wie Erbsen, Ackerbohnen oder Lupinen, die einen Teil des fixierten Stickstoffs für die Körnerbildung aufzehren.[230] Die Beobachtung der düngenden Wirkung von Klee hatte ab dem 18. Jahrhundert nicht unwesentlich zur Intensivierung der Landwirtschaft beigetragen. Der Anbau von Leguminosen

[227] Vgl. Schubert, 2018, S. 198.
[228] Vgl. Schubert, 2018, S. 162.
[229] Vgl. BMEL, 2018, S. 33.
[230] Vgl. Schubert, 2018, S. 134.

erfolgt als Haupt- oder Zwischenfrucht, Untersaat, ein- und mehrjährig, einzeln oder gemischt mit anderen Pflanzenarten.

Die Wirkung von Gründüngung wird insgesamt sehr unterschiedlich bewertet. Unstrittig ist, dass sich durch Zwischenfruchtanbau Nährstoffverluste durch Auswaschung reduzieren lassen. Es besteht auch kein Zweifel daran, dass Gründüngung, vor allem der Anbau von Leguminosen, erheblich zur Nährstoffversorgung von Kulturen beitragen kann – aber durchaus auch zur Überdüngung.

Unterschiede gibt es dagegen bei der Beurteilung der Gründüngung im Hinblick auf die Vermehrung von Humus im Boden. Der Grund dafür ist, dass die durch Gründüngung eingebrachte organische Substanz relativ schnell wieder verstoffwechselt wird und deshalb häufig nicht dauerhaft zur Vermehrung des organischen Bodenanteils beiträgt. Von den verschiedenen Varianten der Gründüngung wird vor allem der möglichst mehrjährige Anbau von Leguminosen bzw. Leguminosen-Gras-Gemischen mit ihren ausgedehnten Wurzelsystemen zur Humusbildung empfohlen.[231] Diese Gemische sind im ökologischen Landbau außerordentlich wichtig – und werden meistens als Tierfutter genutzt.

Düngemittel von Tieren

Die Verstoffwechselung von pflanzlichem Futter durch tierische Organismen einschließlich der Menschen führt zu höheren Stickstoff-, Phosphor- und Kalium-Gehalten in ihren Exkrementen als in den pflanzlichen Ausgangsmaterialien. Je nach Art der Tierhaltung liegen die Ausscheidungen der Tiere als Mist, Gülle, Jauche oder harnsäurehaltiger Hühnerkot vor. Alle diese Ausscheidungsprodukte können grundsätzlich als Düngemittel eingesetzt werden. Ihre Zusammensetzung und ihre Nährstoffbereitstellung sind sehr unterschiedlich.

Der Stickstoff in Stallmist liegt nur zu ca. 10 % mineralisiert, also direkt pflanzenverfügbar vor. Nach der Ausbringung werden im ersten Jahr weitere 35 % Stickstoff freigesetzt; ungefähr 50 % des Stickstoffgehaltes werden erst im Folgejahr verfügbar. Wegen seines hohen Gehalts an organischer Substanz wie etwa Stroh wird Stallmist auch heutzutage für die Bodenverbesserung geschätzt. Bei Gülle liegen

[231] Vgl. Drangmeister 2011, S. 11 u. S. 14.

dagegen ungefähr 50 % des Stickstoffs in mineralisierter Form vor, was das Risiko von Nährstoffverlusten in die Umwelt erhöht. Gülle dient vor allem der Nährstofflieferung, während ihr Potenzial zur Anreicherung organischer Substanz im Boden sehr unterschiedlich bewertet wird.[232, 233, 234]

Gülle, Mist und Co

Gülle: Gemisch aus Harn und Kot landwirtschaftlich gehaltener Tiere; entsteht vor allem bei der Tierhaltung auf Spaltenböden und enthält höchstens geringe Mengen Einstreu; wird auch als Flüssigmist bezeichnet.

Stallmist: Gemisch aus Kot, Harn und Einstreu (meistens Stroh); wird auch als Festmist bezeichnet.

Jauche: Gemisch aus Harn, Sickerwasser und abgeschwemmten Kotbestandteilen; wird unter Festmistlagerstätten aufgefangen.

Hühnerkot: relativ trockenes Gemisch aus Kot und Harnsäure, die von Geflügel anstelle von Harn ausgeschieden wird.

Kompost und Mistkompost: verrottete Mischung aus pflanzlichen Reststoffen und gegebenenfalls tierischem Mist. Für den Ab- bzw. Umbau der organischen Materialien benötigen die Mikroorganismen bei der Kompostierung Sauerstoff und etwas Feuchtigkeit. Während des Rotteprozesses erhitzt sich der Kompost. Die Kompostierung erfolgt in dafür angelegten Aufhäufungen, sogenannten Mieten, oder als Flächenkompostierung.

Gülle genießt gesellschaftlich keinen guten Ruf und wird häufig als Problemstoff wahrgenommen. Möglicherweise ist ihr Potenzial, zu einer nachhaltigen Landwirtschaft beizutragen, aber noch nicht ausgeschöpft. Vor allem zwei Eigenschaften der Gülle erweisen sich dabei als hinderlich: ihr hoher Wassergehalt, der erschwert, sie zu nährstoffarmen Pflanzenstandorten zu transportieren, und ihr hoher Anteil an bereits mineralisiertem Stickstoff.

[232] Vgl. Schubert, 2018, S. 199 f.

[233] Vgl. Wessolek et al., 2008, S. 70.

[234] Vgl. Beste, 2016, S. 75.

Die bereits mineralisierten Nährstoffe in Gülle erfordern ein sachkundiges Güllemanagement, sowohl unter Umwelt- und Klimagesichtspunkten wie auch aus pflanzenbaulicher Perspektive. Erstrebenswert wäre, Gülle so aufzubereiten, dass die Mineralisierung gehemmt, die Stickstoffverluste in Form von Nitrat, Ammoniak und Lachgas reduziert und das Potenzial zur Vermehrung organischer Substanz im Boden gesteigert würden. Manche Bestrebungen zur Gülleaufbereitung setzen deshalb auf den Zusatz von Tonmineralien oder Pflanzenkohle.

Zu den kommerziell angebotenen Verfahren, um den Wassergehalt der Gülle zu verringern, zählen Zentrifugen, Pressschnecken, Bandtrocknung, Membranfiltration und Ausflockung. Sehr viel weiter geht ein EU-Verbundprojekt. In einer Modellanlage gelang es, aus Schweinegülle sowohl mineralischen Stickstoff- bzw. Phosphatdünger zu gewinnen als auch organische Biokohle, die der Humusbildung dienen soll. Je nach Bedarf ist es möglich, die Komponenten einzeln oder zusammengesetzt als Düngemittel zu nutzen. Diese Form der Gülleaufbereitung kommt bisher allerdings nur im experimentellen Maßstab zur Anwendung.[235]

Vegan organisch düngen

Immer wieder taucht die Frage auf, wie Düngung mit ausschließlich organischen Düngemitteln in Pflanzenbaubetrieben ohne Tierhaltung zu bewerkstelligen ist. Betroffen sind vor allem tierlose Ökobetriebe und bio-vegan bewirtschaftete Höfe. Ihre Betriebsweise gestaltet sich sehr individuell und muss besonders genau an die Bedingungen des jeweiligen Standorts angepasst werden. Zu den wichtigsten Herausforderungen dieser Betriebe gehören nach wie vor die Stickstoffversorgung der Kulturen und der Unkrautdruck auf den Flächen. Beides liegt begründet in der Fruchtfolge und dem Fehlen von Wirtschaftsdünger.[236] Bei Betrieben ohne Tierhaltung und ausschließlich organischer Düngung ist für die Nährstoffversorgung der Kulturen vor allem der Anbau von Leguminosen entscheidend. Zur Unterstützung der

[235] https://www.igb.fraunhofer.de/de/presse-medien/presseinformationen/2016/guelle-liefert-mineralduenger-und-bodenverbesserer.html, aufgerufen am 1.12.2023.

[236] Vgl. Seipel, 2020, S. 7.

Humusbildung wird ergänzend mit Stroh als Kohlenstoffträger und kompostierten Bioabfällen gedüngt.

Da die Leguminosen bzw. Leguminosen-Gras-Gemische nicht als Futter genutzt werden können, bleibt die oberirdische Pflanzenmasse, der Aufwuchs, auf den Flächen. Allerdings sinkt die Stickstoff-Fixierungsleistung der Leguminosen, wenn das Kleegras nicht abgeerntet, sondern gemulcht wird. Mulchen bedeutet, den Aufwuchs abzuschneiden, zu zerkleinern und auf der Fläche zu verteilen. Bei diesen sogenannten Grünbrachen nimmt außerdem das Risiko von Nährstoffverlusten durch Auswaschung und von Lachgasemissionen zu.[237] Laut einer älteren, aber bislang unwidersprochenen Studie verringert sich darüber hinaus bei den meist weniger lang andauernden Grünbrachen der positive Effekt auf die Humusbildung und Bodenstruktur im Vergleich zum mehrjährigen Feldfutteranbau, d.h. der wiederholten Nutzung von Klee-Gras- oder Luzerne-Gras-Gemischen als Tierfutter.[238]

Insgesamt beurteilen Fachleute die Nachhaltigkeit der Wirtschaftsweise tierloser Ökobetriebe im Vergleich zu tierhaltenden Betrieben zurückhaltend. Gerade im Hinblick auf die Humusbildung wird der Verzicht auf Tierhaltung immer wieder explizit als negativ gewertet.[239, 240] Die Nutzung von Kleegras als Futter und die damit einhergehende Rückführung der Nährstoffe in Form von Mist lässt außerdem in der Regel höhere pflanzliche Erträge bei tierhaltenden Betrieben zu.[241] Um die positiven Effekte der Leguminosen-Gras-Ernte besser zu nutzen, wird tierlosen Ökobetrieben inzwischen geraten, die Pflanzenmasse in speziell dafür konzipierten Biogasanlagen zu nutzen und die Gärreste als aufgewerteten Dünger auszubringen.[242]

Organische Dünger fördern Humusbildung

Häufig wird angenommen, die Vermehrung der Humusvorräte sei ein mehr oder weniger automatischer Effekt der ökologischen Wirtschafts-

237 Vgl. Grieb et al., 2015, S. 34 u. S. 36.
238 Vgl. Schmidt, 2003, S. 36, S. 71, S. 81, S. 91 u. S. 173.
239 Vgl. Leithold, 2008, S. 155.
240 Vgl. Brock u. Leithold, 2013, S. 32.
241 Vgl. Schneider et al., 2013, S. 57.
242 Vgl. Grieb et al., 2015, S. 34.

weise. Diverse Feldversuche und die landwirtschaftliche Praxis kommen allerdings zu anderen Ergebnissen. Im ökologischen wie im konventionellen Landbau hängt die Humusbilanz letztlich ab von der konkreten Ausgestaltung der Betriebsweise einschließlich der Fruchtfolge.[243]

Eindeutig ist immerhin, dass beispielsweise in Böden, die mit Stallmist gedüngt wurden, der Gehalt an organischer Substanz im Durchschnitt höher liegt als in vergleichbaren Böden bei gleicher Stickstoffzufuhr aus Mineraldüngung.[244] Auch der Anbau mehrjähriger Leguminosen mit ihrer umfangreichen Wurzelbildung und der Einsatz von Komposten fördern die Humusbildung.[245] Werden diese Maßnahmen allerdings unsachgemäß eingesetzt und findet keine ausreichende Stabilisierung des Stickstoffs statt, können auch sie zu einer unerwünscht hohen Freisetzung von Nährstoffen beitragen, also der Auswaschung von Nitrat oder der Bildung von Treibhausgasen.

Eine aktuelle Auswertung der Humusentwicklung in 80 langjährig begleiteten Vergleichsbetrieben und Feldversuchen in Deutschland ergab: Die größte Humusanreicherung, durchschnittlich 260 kg zusätzlich gebundener Kohlenstoff pro Hektar und Jahr, erzielten ökologische Milchviehbetriebe. Die Humusmehrung erfolgte in diesen Betrieben überwiegend durch Wirtschaftsdünger aus der Tierhaltung und durch die positiven Effekte des Kleegrasanbaus. Auch in den ökologischen Betrieben ohne Tierhaltung fiel die Humusbilanz im Mittel positiv aus, wobei in diesen Betrieben den Böden organische Substanz überwiegend durch Stroh und Gründüngung zugeführt wurde. In den konventionellen Vergleichsbetrieben entstanden dagegen im Durchschnitt negative Humusbilanzen. Für einige Betriebe wurde deutlich, dass dringender Handlungsbedarf besteht, um Ackerböden besser mit Humus zu versorgen und zu verhindern, dass sich Bodenfunktionen verschlechtern.[246]

Die Studie unterstrich einmal mehr, dass neben der Tierhaltung und dem daraus resultierenden Wirtschaftsdünger der Kleegrasanteil einen positiven Einfluss auf die Humusversorgung von Ackerböden hat. Das gilt sowohl für ökologische wie für konventionelle Betriebe. Aller-

243 Vgl. Brock u. Leithold, 2013, S. 30 u. S. 32.

244 Vgl. Wessolek et al., 2008, S. 36.

245 Vgl. Hülsbergen u. Küstermann, 2007, ohne Seitenangabe.

246 Vgl. Hülsbergen et al., 2023, S. 45 f.

dings zeigte die Variabilität der Ergebnisse auch, dass viele Faktoren die Humusversorgung beeinflussen.[247]

Übersicht zum Potenzial der Kohlenstoff-Bindung in Böden bis zum Erreichen eines neuen Fließgleichgewichts[248]

Maßnahme	**C-Bindung in t pro ha und Jahr**	**Erläuterung**
Umwandlung von Ackerland in Grünland oder begrünte Dauerbrache	> 1,0	dauerhafte Bodenbedeckung und Zufuhr organischer Substanz, fehlende Bodenbearbeitung
Anbau mehrjähriger Leguminosen und deren Gemische mit Gräsern	> 0,5	abhängig von Ertrag, Nutzungsdauer und Bestandszusammensetzung
Düngung mit Stalldung und Komposten	> 0,5	abhängig von Menge und Qualität der organischen Substanz
reduzierte Bodenbearbeitung (pfluglos, Direktsaat)	0–0,25	abhängig von Standort, Fruchtfolge und Düngung
Umstellung auf ökologischen Landbau	0–0,5	abhängig von Vorbewirtschaftung und Art des ökologischen Landbaus

Grasfresser: Zusatzeffekte für die Bodenfruchtbarkeit

Neben den positiven Wirkungen von Tierdung und dem Anbau von Futterleguminosen für die Humuswirtschaft sind weitere Effekte von Tierhaltung zugunsten gesunder Böden bekannt und sollten in den aktuellen Debatten über eine zeitgemäße Landbewirtschaftung angemessen Berücksichtigung finden.

[247] Vgl. Hülsbergen et al., 2023, S. 46.

[248] Vgl. Hülsbergen, 2011, S. 2.

So wird seit einigen Jahren vermehrt über intensiv gemanagte Weidesysteme diskutiert, mit deren Hilfe sich auch stark geschädigte Böden regenerieren lassen. Bei einem wissenschaftlich begleiteten Vorhaben im Südosten der USA gelang es beispielsweise, bis zu 8 t Kohlenstoff pro Hektar und Jahr neu im Boden anzureichern und damit auch die Wasserhaltekapazität des Bodens erheblich zu steigern. Innerhalb eines Jahrzehnts wurde ein Gehalt an organischem Kohlenstoff im Boden erzielt, der nahezu dem von natürlichen Waldböden entspricht. Der entscheidende Schritt bei diesem Vorhaben war, zuvor intensiv genutzte Ackerflächen, beispielsweise Baumwollfelder, in Weideland umzuwandeln. Durch ihr ausgedehntes Wurzelsystem sind Gräser besonders gut in der Lage, viel organische Masse in den Boden zu bringen und zu umfangreichen Bodenschichten mit hohen Kohlenstoffgehalten beizutragen. Die Autoren der Studie empfehlen die Umwandlung von Ackerflächen in Weideland insbesondere für Gebiete, bei denen die Böden schon erhebliche Anteile ihrer ursprünglichen organischen Substanz verloren haben und die Wetterverhältnisse lange Weideperioden begünstigen.[249]

Die geschilderte Umwandlung von intensiv genutzten Ackerflächen verdeutlicht das Potenzial gut geplanter Weidewirtschaft, wenn auch mit Einschränkungen: Zum einen lassen sich die beachtlichen Resultate nicht auf alle Standorte übertragen; zum anderen hält die starke Kohlenstoff-Akkumulation nur über einige Jahre an und ist reversibel.

Der positive Einfluss von Weidetieren kommt vor allem zum Tragen, wenn sich die Beweidung abwechselt mit Regenerationsphasen, in denen Gräser wachsen können. Der Verbiss durch Weidetiere regt das Wurzelwachstum ebenso an wie die Bestockung, also die tiefe Verzweigung von Gräsern. Auf diese Weise gelangt zusätzliche Biomasse in den Boden; gleichzeitig fördert dies eine gute Abdeckung der Bodenoberfläche durch den Bewuchs.[250]

[249] Vgl. Machmuller et al., 2015, S. 2.

[250] https://www.ndsu.edu/agriculture/sites/default/files/2022-10/topic1_volume1_ch3_report2.pdf, aufgerufen am 17.12.2023.

Mob Grazing auf dem Antonihof

Sie kennen den Ablauf: 12 Ammenkühe mit 32 Kälbern und 20 Jungrindern auf den hofnahen Weideflächen eines Bio-Hofes im baden-württembergischen Bad Dürrheim. Dreimal am Tag bekommen sie ein neues Stück Weidefläche zugeteilt. Jeweils ungefähr 1200 m^2. Kaum wird der Zaun versetzt, eilen sie auf die neue Parzelle, um zu fressen, Gras niederzutrampeln und Dung abzusetzen. Mob Grazing, so nennt sich diese Form der Weidewirtschaft, soll das Verhalten von großen Grasfresserherden der Savannen imitieren und zum Humusaufbau auf den beweideten Flächen beitragen. Ganz bewusst nimmt man in Kauf, dass die Tiere einen Teil des Grases niedertrampeln und damit eine Art Mulchschicht erzeugen. Zusammen mit dem nährstoffreichen Kot der Rinder entsteht so eine besonders geeignete Mischung für den Humusaufbau auf den Weideflächen. Zwischen den Beweidungsphasen liegen mindestens acht Wochen Regenerationszeit für die Parzellen.

Auf dem Antonihof von Familie Strohmeier-Trütken macht ungefähr die Hälfte der Rinder beim Mob Grazing mit. Die andere Hälfte dient der Bio-Milcherzeugung. Alle Kälber – ohne die es keine Milch gäbe – werden auf dem Betrieb aufgezogen. Mindestens so bedeutend ist aber, dass die Rinder zur Humusbildung beitragen – und auf diese Weise zur Fixierung von klimaschädlichem CO_2. Mit dem Mob Grazing nimmt der Antonihof am Humusaufbauprogramm der Firma CarboCert GmbH teil. CarboCert lässt den wachsenden Humusgehalt im Boden durch ein unabhängiges Institut über mehrere Jahre prüfen und errechnet dann, wie viel CO_2 gebunden wurde. Anhand dieser Berechnungen werden CO_2-Zertifikate erstellt. Firmen können diese Zertifikate kaufen, um ihren CO_2-Fußabdruck freiwillig zu kompensieren.[251] Für jede nachweislich gebundene Tonne CO_2 erhalten teilnehmende landwirtschaftliche Betriebe ca. 30 Euro Vergütung durch CarboCert.[252]

[251] https://www.carbocert.de/fuer-unterstuetzer/info, aufgerufen am 15.12.2023.

[252] https://www.carbocert.de/fuer-unsere-landwirte-in-de-und-ch, aufgerufen am 15.12.2023.

Abb. 5: Rinder beim Mob Grazing

Die CO_2-Bilanz landwirtschaftlicher Betriebe: mit und ohne Tierhaltung

Die vorgestellten Daten, Studien und Beispiele illustrieren, dass sich Tierhaltung – vor allem grasfressender Tiere – direkt oder indirekt positiv auf die Humusbildung auswirken und damit zur Bodenfruchtbarkeit und Kohlenstoff-Speicherung beitragen kann. Ihr möglicher Beitrag zu einer besseren oder gar ausgeglichenen CO_2-Bilanz landwirtschaftlicher Betriebe sollte in jedem Fall fester Bestandteil der Diskussion sein, wie zukunftsfähige Landbewirtschaftung und nachhaltige Lebensmittelerzeugung zu erreichen sind. Allerdings genügt die vorhandene Datenlage noch nicht für einfache Empfehlungen, weil die meisten Studien Teilprozesse betrachten und selten ganze Betriebe mit ihren unterschiedlichen Betriebszweigen in eine Bilanz einbeziehen.

Die Daten der oben genannten Vergleichsstudie aus Deutschland verdeutlichen, dass die Anbauflächen ökologisch wirtschaftender Betriebe im Mittel eine CO_2-Senke, die Böden konventioneller Vergleichsbetriebe dagegen im Durchschnitt eine CO_2-Quelle darstellen. Sowohl bei den ökologisch wie auch bei den konventionell ausgerichteten Betrieben waren es jeweils diejenigen mit Rinderhaltung, die ein höheres Potenzial für die C-Fixierung in den Böden aufwiesen. Das spiegelte sich auch bei der Treibhausgasbilanz der Betriebe für ihre Pflanzenproduktion wider. Einige der beteiligten ökologischen Betriebe mit positiver Humusbilanz wirtschaften bei der Erzeugung pflanzlicher Produkte mit sehr geringen Treibhausgasemissionen oder sogar CO_2-neutral, d.h. die CO_2-Emissionen durch den Einsatz fossiler Energie und durch die Lachgasemissionen der Böden werden durch die C-Bindung im Humus teilweise oder vollständig kompensiert. Sowohl flächen- als auch produktbezogen waren es tierhaltende Ökobetriebe, die im Durchschnitt die günstigsten Treibhausgasbilanzen für ihre Pflanzenproduktion erreichten. Allerdings waren die Unterschiede zwischen den Betrieben innerhalb einer Gruppe größer als die zwischen den Vergleichsgruppen. Deshalb sind keine simplen Empfehlungen ableitbar, und Optimierungsstrategien müssen betriebs- und standortspezifisch entwickelt werden.[253]

Diese Ergebnisse dürfen zudem nicht darüber hinwegtäuschen, dass die Tierhaltung selbst und ihre Produkte selten klimaneutral sind und schon gar nicht dauerhaft sein können. Im Hinblick auf die Klimabilanz der Tierhaltung und der Erzeugung von Lebensmitteln tierischen Ursprungs zeigte die Vergleichsstudie zwar wie bei der Pflanzenproduktion, dass die umfangreichere C-Fixierung in den Böden von Ökobetrieben im Durchschnitt die Treibhausgasbilanz je Liter Milch gegenüber konventioneller Erzeugung verbesserte.[254] Die Unterschiede innerhalb der Gruppen waren aber auch hier größer als zwischen den Gruppen – und: eine weitgehend oder gar vollständig ausgeglichene Klimabilanz für den Produktionszweig Tierhaltung schildern die Autoren für keinen Betrieb.

Außerdem: Spätestens wenn sich ein standortspezifisches neues Fließgleichgewicht bei der Humuswirtschaft eingestellt hat – mit durchaus insgesamt höherer Kohlenstoffspeicherung im Boden –, bedeutet das für die Rinderhaltung, dass sie wieder zum Netto-Emittenten von klimaschädlichen Gasen wird, vor allem wegen des Methans[255], selbst wenn dessen Bewertung derzeit neu diskutiert wird (S. 133). Den Zeitraum bis dahin – in der Regel mehrere Jahrzehnte – könnte man jedoch konsequenter als bisher dafür nutzen, von Böden als CO_2-Senken

[253] Vgl. Hülsbergen et al., 2023, S. 51 ff.

[254] Vgl. Hülsbergen et al., 2023, S. 56 f.

[255] Vgl. Machmuller et al., 2015, S. 3.

zu profitieren, und damit die Treibhausgasbilanz landwirtschaftlicher Erzeugung zumindest zu verbessern. Tiere können immerhin dazu beitragen.

Kurz zusammengefasst

Der Aufbau von organischer Bodensubstanz, hauptsächlich Humus, liegt nicht nur im Interesse der Landwirtschaft und der Erzeugung pflanzlicher Nahrungsmittel. Er sollte vielmehr ein gesamtgesellschaftliches und globales Ziel darstellen. Dabei gilt es, einerseits die Versorgung der Pflanzen mit Nährstoffen aus organischen Quellen im Auge zu behalten und andererseits eine möglichst langanhaltende Fixierung von Kohlenstoff zur Reduzierung des CO_2-Gehaltes in der Atmosphäre anzustreben. Es ist allerdings bekannt, dass Humusbildung und Humuserhalt von vielen Faktoren abhängen, etwa von der Fruchtfolge und dem Anteil an mehrjährigen Leguminosen-Gras-Gemischen, dem Düngemanagement einschließlich der Rückführung organischer Substanzen in den Boden, der Art der Bodenbearbeitung, den Wettereinflüssen und den Standortgegebenheiten.

Vor allem für Böden, die durch vorherige Nutzung viel organische Bodensubstanz verloren haben, wird international eine Erhöhung des Humusgehaltes empfohlen, um sie einerseits als Kohlenstoffsenke zu nutzen und andererseits ihre Fruchtbarkeit zu erhalten und zu verbessern.

Ökobetriebe, besonders tierhaltende, erreichen durch den meist höheren Anteil von Leguminosen-Gras-Gemischen in den Fruchtfolgen im Durchschnitt eine stärkere Humusbildung im Vergleich zu konventionell wirtschaftenden Höfen. Dies kann die Treibhausgasbilanzen landwirtschaftlicher Betriebe deutlich verbessern.

Durch systematische Weidewirtschaft mit Grasfressern lassen sich geschädigte Böden regenerieren, sodass sie ihre vielfältigen Ökosystemfunktionen – von der Pflanzenernährung bis zur Kohlenstoff- und Wasserspeicherung – wieder besser erfüllen können.

Ohne Wasser kein Leben

Alle Lebewesen benötigen Wasser, meistens Süßwasser. Wir kennen es als Regen, Oberflächen- und Grundwasser. Angesichts des Kreislaufs aus Niederschlag und Verdunstung ist Wasser eigentlich keine Ressource, die tatsächlich verbraucht wird, solange man sie nicht dauerhaft unbrauchbar macht. Es kommt allerdings darauf an, die Nutzung von Wasser sinnvoll in die natürlichen Wasserkreisläufe zu integrieren und die in einer Region verfügbaren Wassermengen angemessen, effektiv, schonend und gerecht einzusetzen. In Anbetracht von 2,1 Milliarden Menschen ohne zuverlässigen Zugang zu sauberem Trinkwasser, ist die Weltgemeinschaft von diesem Ziel offensichtlich weit entfernt. 844 Millionen verfügen nicht einmal über eine elementare Trinkwasserversorgung, einschließlich der 159 Millionen, die ungereinigtes Wasser von Oberflächengewässern trinken müssen.[256] Sauberes Wasser zur Verfügung zu haben, zählt deshalb ebenfalls zu den UN-Zielen für nachhaltige Entwicklung (S. 15). Was unser Speiseplan, auch Lebensmittel aus Tierhaltung, mit der weltweiten Wasserversorgung zu tun hat, beleuchtet dieses Kapitel.

Wasservorkommen und Wasserverbrauch weltweit

Von etwa 1,4 Milliarden km³ Wasser auf der Erde sind nur etwa 2,5 % Süßwasser. Davon sind wiederum mehr als zwei Drittel in Gletschern und ständigen Schnee- und Eisdecken gebunden. Weitere 30 % liegen als Grundwasser unter der Erde und knapp 1 % bilden Bodenfeuchtigkeit, Eis in gefrorenen Böden und Sumpfwasser. Nur etwa 0,3 % der Süßwasservorräte – rund 100.000 km³ – sind relativ leicht für Menschen zugänglich, vor allem in Seen und Flüssen. Hinzu kommen

[256] https://www.weltagrarbericht.de/themen-des-weltagrarberichts/wasser.html, aufgerufen am 8.12.2023.

8.000 km³ aus Staudämmen, die ökologisch nicht immer unproblematisch sind.[257]

Weltweit werden jährlich rund 4.000 km³ Frischwasser entnommen, ca. 1.000 km³ davon aus dem Grundwasser. 72 % der Entnahmen dienen der Landwirtschaft, 16 % benötigen die Haushalte und 12 % die Industrie. Allerdings bestehen große regionale Unterschiede: So liegt der Anteil der Industrie in Nordamerika und in Europa bei rund 50 %, in Westeuropa sogar bei mehr als 70 %.[258,259,260] In Deutschland entfallen mehr als 40 % der Wasserentnahmen allein auf die Energieversorgung. Die öffentliche Wasserversorgung führt zu rund einem Viertel der Entnahmen, während die Landwirtschaft durch eigene Wasserförderung, etwa durch Brunnen, etwas mehr als 2 % entnimmt.[261]

Die globale Wassernutzung, meist als Wasserverbrauch bezeichnet, hat sich zwischen 1930 und 2000 etwa versechsfacht. Verantwortlich dafür sind die Verdreifachung der Weltbevölkerung und die Verdoppelung des durchschnittlichen Wasserverbrauchs pro Kopf. Die FAO geht außerdem davon aus, dass der Wasserbedarf für die Landwirtschaft bis 2050 weltweit um 35 % steigen wird.[262]

Unterirdischer Schatz: Grundwasser

Für die globale Wasserversorgung kommt dem Grundwasser eine besondere Bedeutung zu. Nach Angaben der UN stammt weltweit die Hälfte des Wassers für die häusliche Nutzung aus Grundwasser. Sein Anteil bei der Bewässerung von Anbauflächen beträgt ungefähr 25 %. Insbesondere für kleinbäuerliche Erzeuger, speziell in Subsahara-Afrika

[257] https://www.bpb.de/kurz-knapp/zahlen-und-fakten/globalisierung/52730/wasserverbrauch/, aufgerufen am 7.12.2023.

[258] https://info.bml.gv.at/themen/landwirtschaft/eu-international/fao/welternaehrungstag2023.html, aufgerufen am 7.12.2023.

[259] https://www.bgr.bund.de/DE/Themen/Wasser/grundwasser_node.html, aufgerufen am 14.12.2023.

[260] https://www.bpb.de/kurz-knapp/zahlen-und-fakten/globalisierung/52730/wasserverbrauch/, aufgerufen am 7.12.2023.

[261] Vgl. BMUV, 2023, S. 16.

[262] https://info.bml.gv.at/themen/landwirtschaft/eu-international/fao/welternaehrungstag2023.html, aufgerufen am 7.12.2023.

und Südasien, kann der Zugang zu Grundwasser existenziell wichtig sein.[263] In vielen Ländern erfolgt zudem die Trinkwasserversorgung überwiegend aus Grundwasser, in Deutschland beispielsweise zu gut 70 %.[264]

Die Grundwasservorkommen sind jedoch diversen Gefährdungen ausgesetzt. Das beginnt mit der Übernutzung und schließt Folgen des Klimawandels ein, wie den Anstieg der Meeresspiegel und Starkregenereignisse, die zur Kontamination von Grundwasser führen können, etwa durch Salzwasser und Fäkalien.[265] Weitere Belastungen von Gewässern mit gesundheitsschädlichen Substanzen erschweren die Versorgung mit sauberem Trinkwasser zusätzlich. Neben Fäkalien sind das insbesondere Pestizide, Mikroplastik und Rückstände von Medikamenten oder Reinigungsmitteln. Mehr als 80 % des weltweiten Abwassers gelangen unbehandelt in die Umwelt.[266] Auch die übergroßen Nährstoffmengen in den Stoffkreisläufen landwirtschaftlicher Ökosysteme wirken sich negativ aus (S. 84). Vor allem Stickstoffverbindungen belasten vielerorts das Grundwasser und mindern dessen Qualität und Verfügbarkeit als Trinkwasser. Sauberes Grundwasser erfordert darüber hinaus gesunde Böden als Filter. Auch deshalb ist es problematisch, dass bereits ein Drittel aller Böden weltweit mäßige bis starke Schäden aufweist.[267]

Je nach den lokalen Gegebenheiten und Niederschlagsmengen stellt Grundwasser eine erneuerbare oder eine nicht-erneuerbare Ressource dar. Vor allem in den Trockengebieten der Erde ist Grundwasser von unschätzbarem Wert, da es dort die einzige verlässliche Wasserquelle ist. Allerdings handelt es sich oft um fossiles Grundwasser, das sich kaum oder gar nicht erneuert.[268]

[263] Vgl. UN, 2022, S. 2 ff.

[264] https://www.bgr.bund.de/DE/Themen/Wasser/grundwasser_node.html, aufgerufen am 14.12.2023.

[265] Vgl. UN, 2022, S. 6.

[266] https://info.bml.gv.at/themen/landwirtschaft/eu-international/fao/welternaehrungstag2023.html, aufgerufen am 7.12.2023.

[267] Vgl. FAO u. ITPS, 2015, S. XIX.

[268] https://www.bgr.bund.de/DE/Themen/Wasser/grundwasser_node.html, aufgerufen am 14.12.2023.

Abgesehen von ihrer Funktion als Trinkwasserreserve stehen Grundwasservorkommen auch in engem Austausch mit Oberflächengewässern und anderen grundwasserabhängigen Ökosystemen wie Feuchtwiesen, Auwäldern und Mooren.[269]

Wegen der enormen Bedeutung von Grundwasser für die Zukunft fordern die UN alle Mitgliedstaaten dazu auf, eigene Pläne zum Schutz und zur Wiederauffüllung der Grundwasservorkommen zu entwickeln und zu verwirklichen.[270]

Wasserknappheit

Es darf nicht übersehen werden, dass laut FAO bereits jetzt 10 % der Weltbevölkerung in Gegenden mit hoher Wasserknappheit leben.[271] Anderen Schätzungen zufolge leben sogar 15 %, also 1,2 Milliarden Menschen, in ländlichen Gebieten mit sehr hohem Wasserstress oder sehr häufigen Dürren. In den vergangenen 20 Jahren sind die verfügbaren Süßwasserressourcen pro Person weltweit deutlich zurückgegangen. Dies betraf überproportional weniger entwickelte Länder mit ohnehin geringen Wasservorkommen in Afrika und Asien.[272] Im Jahr 2050 könnten vier Milliarden Menschen in Trockengebieten leben, also in Regionen, in denen die Niederschläge deutlich unter der Verdunstung liegen.[273]

Um zu beurteilen, ob ein Land von Wasserknappheit betroffen ist, berechnet die FAO unter anderem, ob es binnen eines Jahres dem Wasserkreislauf mehr Frischwasser entnimmt als sich erneuert. Zehn Staaten tun dies, darunter so unterschiedlich wohlhabende wie Kuwait, Saudi-Arabien, Ägypten, Libyen und Jemen. Neben teurer Wasserauf-

[269] https://www.nlwkn.niedersachsen.de/wasserrahmenrichtlinie/grundwasser/leitfaden_grundwasser/leitfaden_menge/grundwasserabhangige_landokosysteme/grundwasserabhaengige-landoekosysteme-131177.html, aufgerufen am 14.12.2023.

[270] Vgl. UN, 2022, S. 11.

[271] https://info.bml.gv.at/themen/landwirtschaft/eu-international/fao/welternaehrungstag2023.html, aufgerufen am 7.12.2023.

[272] https://www.welthungerhilfe.de/welternaehrung/rubriken/klima-ressourcen/warum-die-welt-unter-schweren-wasserproblemen-leidet, aufgerufen am 8.12.2023.

[273] Vgl. IPBES, 2018, S. 10.

bereitung müssen diese Länder einen – in manchen Fällen sehr hohen – Teil ihrer Wasserversorgung über das Grundwasser abdecken. Weltweit bildet sich zwar schätzungsweise 13-mal mehr Grundwasser als die entnommene Menge von ca. 1.000 km³. Nach Angaben der UNESCO sind dennoch 21 der 37 größten Aquifere, also Grundwasserleiter und -speicher, ernsthaft übernutzt.[274,275]

Auch in Staaten mit vorteilhafter Bilanz zwischen Frischwasserentnahme und sich erneuernden Wasserressourcen können große regionale Unterschiede im Hinblick auf Wasserknappheit bestehen. In Europa gehören beispielsweise Südspanien und die Grenzregion zwischen der Türkei, Griechenland und Bulgarien zu den Gebieten mit hohem Dürrerisiko. Solche Gegenden sind besonders anfällig für Nutzungskonflikte. Wird dort etwa übermäßig Grund- und Oberflächenwasser für die Landwirtschaft entnommen, kann das zu sinkenden Grundwasserspiegeln und versiegenden Brunnen führen, wodurch Versorgungsengpässe für die Bevölkerung mit Trinkwasser entstehen können. Selbst die Austrocknung von Feuchtgebieten ist zu befürchten.[276]

Ursache für die Übernutzung lokaler Wasserressourcen ist meist nicht der häusliche Wasserverbrauch der ansässigen Bevölkerung, sondern die Produktion von Industrie- und Agrargütern. Häufig werden diese Güter für den Export hergestellt und außerhalb der Herkunftsregion konsumiert.[277]

Länder, die es beispielsweise durch Einnahmen aus dem Ölgeschäft zu Wohlstand gebracht haben und Lebensmittel importieren können, kommen mit Wasserknappheit am ehesten zurecht. Sie können es sich leisten, Meerwasser zu entsalzen, eine kostspielige Methode zur Trinkwassergewinnung. Für arme Länder gilt dies jedoch nicht.[278] Umso wichtiger ist es, Wasser in den natürlichen Kreisläufen und zugleich sauber zu halten.

[274] https://www.bpb.de/kurz-knapp/zahlen-und-fakten/globalisierung/52730/wasserverbrauch/, aufgerufen am 8.12.2023.

[275] https://www.bgr.bund.de/DE/Themen/Wasser/grundwasser_node.html, aufgerufen am 14.12.2023.

[276] Vgl. Dräger de Teran, 2021, S. 17 u. S. 24.

[277] Vgl. Bunsen et al., 2022, S. 17.

[278] https://www.welthungerhilfe.de/welternaehrung/rubriken/klima-ressourcen/warum-die-welt-unter-schweren-wasserproblemen-leidet, aufgerufen am 8.12.2023.

Süßwasser mit großen Unterschieden

Neben dem Süßwasser in Flüssen, Seen, Grundwasser, Eis und Gletschern fallen jährlich 110.000 km³ Wasser als Niederschlag auf die Erde.[279]

Der größte Teil des Regens, der über der Landoberfläche der Erde niedergeht, verdunstet jedoch entweder direkt oder nach der Nutzung durch Pflanzen. Der Anteil des Wassers, der zunächst Pflanzen versorgt und danach verdunstet, macht je nach Weltregion und Walddichte bis zu 80 % des verfügbaren Süßwassers aus. Ziel, Herausforderung und Chance künftiger Wasserbewirtschaftung wird es sein, vor allem dieses sogenannte „grüne Wasser“ im Boden und in den Pflanzen zu nutzen und für die lokalen Wasserkreisläufe zu erhalten.[280] Zugleich gilt es, möglichst wenig auf saubere Reserven an Grund- und Oberflächenwasser zurückzugreifen bzw. Regenwasser verstärkt und möglichst sauber in Form von Grundwasser oder Oberflächengewässern zu bevorraten.

Für Deutschland stellt sich die geografische Herkunft des direkt oder indirekt – über Waren – konsumierten Wassers wie folgt dar: Nur 14 % des Wasserbedarfs wird im Inland gedeckt, 86 % des verbrauchten Wassers stammt dagegen aus dem Ausland. Ursache dafür ist der Import von unterschiedlichen wasserzehrenden Waren, insbesondere Nahrungsmitteln. Der inländische Wasserverbrauch setzt sich zu 75 % aus grünem Wasser, zu 21 % aus grauem Wasser und zu 4 % aus blauem Wasser zusammen. Der Wasserverbrauch Deutschlands im Ausland enthält dagegen 11 % blaues Wasser. Große Mengen des im Ausland verbrauchten Wassers, vor allem des grünen, haben ihre Herkunft in den USA und europäischen Ländern wie Frankreich, Rumänien, Dänemark oder den Niederlanden. Das blaue Wasser kommt dagegen überproportional aus den Regionen Asien und Pazifik, Mittlerer Osten, China und Spanien.[281]

[279] https://www.weltagrarbericht.de/themen-des-weltagrarberichts/wasser.html, aufgerufen am 8.12.2023.

[280] https://www.weltagrarbericht.de/themen-des-weltagrarberichts/wasser.html, aufgerufen am 8.12.2023.

[281] Vgl. Bunsen et al., 2022, S. 18 f. u. S. 81 f.

Die Farben des Wassers[282]

Wasserverbrauch im engeren Sinne ist der Anteil der Wassernutzung, der nach der Nutzung nicht mehr für lokale Akteure oder Ökosysteme im ursprünglichen Wassereinzugsgebiet zur Verfügung steht. Er wird beispielsweise in Konsumgütern aus dem Herkunfts-Einzugsgebiet exportiert oder über Verdunstung in andere Einzugsgebiete transportiert. Eine mögliche Unterteilung ist der Verbrauch von blauem, grauem und grünem Wasser.[283]

Blaues Wasser: Grund- oder Oberflächenwasser, das zur Herstellung eines Produktes genutzt und nicht mehr in ein Gewässer derselben Region zurückgeführt wird. In der Landwirtschaft betrifft dies die künstliche Bewässerung von Feldern für Produkte, die in andere Gebiete verkauft werden.

Grünes Wasser: Natürlich vorkommendes Boden- und Regenwasser, das von Pflanzen aufgenommen und verdunstet wird.

Graues Wasser: Wassermenge, die nötig wäre, um entstehende Gewässerverunreinigungen so weit zu verdünnen, dass die Wasserqualität den gesetzlichen oder vereinbarten Anforderungen entspricht.

Durstige Nahrungsmittel

Lebensmittel benötigen Wasser bei ihrer Erzeugung. Allein aus der Gesamtmenge an Wasser lassen sich aber noch keine Rückschlüsse auf die Umweltauswirkungen ableiten. Maßgeblicher ist, ob Produkte in Regionen erzeugt werden, die bereits unter Wasserknappheit leiden, und welche Art von Wasser aufgewendet werden muss. Als besonders problematisch gilt das blaue Wasser, das nicht mehr in ein Gewässer der Herkunftsregion zurückgeführt wird.[284] Eine Untersuchung zu den Wasser-Fußabdrücken des deutschen Konsumverhaltens im Auftrag des Umweltbundesamtes ergab, dass für Gemüse, Obst und Nüsse besonders viel blaues Wasser verbraucht wird. Dies verstärkt die Wasser-

[282] https://www.umweltbundesamt.de/themen/wasser/wasser-bewirtschaften/wasserfussabdruck#was-ist-der-wasserfussabdruck, aufgerufen am 9.12.2023.

[283] Vgl. Bunsen et al., 2022, S. 15.

[284] Vgl. Dräger de Teran, 2021, S. 20.

knappheit in teilweise weit entfernten Erzeugergebieten.[285] Bekannte Beispiele sind Zitrusfrüchte, Avocados oder Mandeln.

Avocados aus blauem oder grünem Wasser[286]

Avocados wachsen in tropischen, subtropischen und mediterranen Gegenden. In Regionen mit zu wenig Niederschlag wird beim Anbau zusätzlich bewässert („blaues Wasser“), beispielsweise in Zentral-Chile und an der peruanischen Küste. Dies hat zur Folge, dass in diesen Gebieten das Wasser zunehmend knapp wird und Konflikte über die Wassernutzung entstehen. Bereits jetzt hat die Ausweitung des großflächigen Avocado-Anbaus dazu geführt, dass Flüsse und Brunnen in einigen dieser Anbauregionen versiegen und die lokale Bevölkerung mit rationiertem Wasser aus Lastwagen notversorgt wird. Anders ist dagegen die Situation in Anbauregionen mit ausreichend Niederschlag („grünes Wasser“) wie z.B. in Ecuador, wo der Anbau von Avocados nicht zur Verschärfung von Wasserknappheit beiträgt.

Abb. 6: Schwieriges Angebot:
Avocados aus Chile, Israel, Marokko und Spanien

Mit der Frage, wie man sich in Deutschland wasserschonend ernähren kann – und dies innerhalb der Leitplanken der Planetary Health Diet (S. 44) –, hat sich der WWF in einer Studie beschäftigt.

[285] Vgl. Bunsen et al., 2022, S. 19.

[286] Vgl. Dräger de Teran, 2021, S. 21.

Unter anderem stellte sich heraus, dass ökologisch problematische Wassernutzungen oder entsprechende Indikatoren wie der Wasserknappheits-Fußabdruck vor allem im Zusammenhang mit pflanzlichen Nahrungsmitteln relevant werden.[287]

Wasser-Fußabdrücke[288]

Belastbarkeitsgrenze für Wasser: Die Belastbarkeitsgrenze eines (Fluss-)Einzugsgebiets entspricht der Menge Wasser, von der angenommen wird, dass sie über einen bestimmten Zeitraum, etwa monatlich, entnommen werden kann, ohne ökologische Schäden zu verursachen.

Wasser-Fußabdruck: Die gesamte Menge Süßwasser, die für die Herstellung eines Produktes gebraucht wird, und – je nach Konzept – die möglichen Umweltauswirkungen einschließlich Wasserverschmutzung, gemessen über die gesamte Wertschöpfungskette. Analog dazu kann man den Wasser-Fußabdruck für Nationen, Unternehmen oder Verbraucher berechnen.

Wasserknappheits-Fußabdruck: Der knappheitsgewichtete Wasser-Fußabdruck bezieht das Risiko für Wassermangel ein. Zur Berechnung werden in einem ersten Schritt sogenannte Charakterisierungsfaktoren für die Wasserverfügbarkeit in einer Region genutzt. Diese basieren auf der zeitlichen und geografischen Wasserverfügbarkeit in den jeweiligen Wassereinzugsgebieten und geben wieder, ob und in welchem Umfang Wasser verglichen mit dem Weltdurchschnitt in einem Gebiet übrigbleibt, nachdem der Bedarf der ansässigen Menschen und wasserabhängigen Ökosysteme gedeckt ist. Die Spanne der Charakterisierungsfaktoren reicht von 0,1 bis 100, wobei der Wert 1 dem weltweiten Durchschnitt entspricht. Ein Wert von 10 gibt an, dass 10-mal weniger Wasser verfügbar bleibt als im weltweiten Durchschnitt. Der maximale Wert ist 100 und bedeutet, dass in diesen Regionen mindestens 100-mal weniger Wasser im Vergleich zum Weltdurchschnitt übrigbleibt. Im zweiten Schritt wird dieser Faktor mit der Menge an Wasser multipliziert, die zur Bewässerung für das jeweilige Produkt benötigt wird.[289]

[287] Vgl. Dräger de Teran, 2021, S. 25 f.

[288] Vgl. Bunsen et al., 2022, S. 14 ff. u. S. 35.

[289] Vgl. Dräger de Teran, 2021, S. 22.

Der oft problematisch hohe Wasserverbrauch für pflanzliche Lebensmittel ist laut WWF zum einen darauf zurückzuführen, dass nur ein relativ geringer Anteil des in Deutschland konsumierten Obstes und Gemüses hierzulande angebaut wird. Zum anderen stammen Teile des importierten Obstes und Gemüses aus Regionen, in denen ein Wasserknappheitsrisiko besteht. Bei Gemüse lag der deutsche Selbstversorgungsgrad in den vergangenen Jahren bei rund 37 % und für Obst bei knapp 20 %. Bei den Gemüsesorten betrifft diese Unterversorgung besonders die beliebten Tomaten. Der Selbstversorgungsgrad liegt bei nur 4 %; dagegen werden mehr als 700.000 t Tomaten aus dem Ausland eingeführt. Allein aus Spanien wurden 2020 über 380.000 t Tomaten nach Deutschland importiert. Spanien gehört allerdings zu den Gebieten mit Wasserknappheitsrisiko.[290]

Am Wasserknappheits-Fußabdruck der deutschen Verbraucher haben Zitrusfrüchte allein einen Anteil von 37 %. Weitere 11 % entfallen auf Mandeln und 9 % auf Pfirsiche und anderes Steinobst, was insbesondere daran liegt, dass solche Produkte in ohnehin trockenen Regionen wie Spanien, der Türkei oder Kalifornien angebaut werden.[291]

Abb. 7: Notwendig? Himbeeren aus Marokko

Anders dagegen die Situation bei Futtermitteln für die Tierhaltung. Sie sind kaum auf Bewässerung angewiesen und stammen aus Regionen, in denen keine Wasserknappheit herrscht. In Deutschland verursachen

[290] Vgl. Dräger de Teran, 2021, S. 26.

[291] Vgl. Dräger de Teran, 2021, S. 28.

Lebensmittel tierischen Ursprungs nur 18 % des Wasserverbrauchs für künstliche Bewässerung. Beim durchschnittlichen Wasserknappheits-Fußabdruck entfallen sogar nur 4 % auf Futtermittel, 96 % dagegen auf die pflanzlichen Lebensmittel. Der größte Wasserverbrauch und Wasserknappheits-Fußabdruck von Futtermitteln entsteht beim Anbau von Mais, mit großem Abstand gefolgt von Soja.[292]

Irreführend? Der Wasser-Fußabdruck von Fleisch

Häufig wird betont, dass der Wasser-Fußabdruck von Lebensmitteln tierischer Herkunft groß und damit ökologisch problematisch sei. Für ein Kilogramm Rindfleisch wird ein Fußabdruck von 15.000 l Wasser angegeben. Das wirkt erschreckend hoch. Allerdings setzt sich diese Menge aus 93 % grünem, 4 % blauem und 3 % grauem Wasser zusammen. Noch aussagekräftiger wäre der Fußabdruck, wenn die konkrete Fütterung und Haltung des Tieres, von dem das Fleisch stammt, in die Berechnung einbezogen würden.[293] Dann ließen sich ähnliche Produkte aus unterschiedlichen Regionen oder verschiedenen Betriebsweisen miteinander vergleichen. Je größer etwa der Anteil des Futters ist, der ausschließlich mit grünem Wasser aus dem Inland produziert wurde, umso unproblematischer ist dies für die Wasserhaushalte der Erde. Spiegelt ein Wasser-Fußabdruck jedoch lediglich genutztes Wasservolumen wider, dann bleiben alle qualitativen Merkmale wie die Art des Wassers und sein Ursprungsgebiet oder gar die Frage der Wasserknappheit unberücksichtigt. Zum Vergleich: Der Wasser-Fußabdruck von einem Kilogramm Mandeln wird mit 13.000 l beziffert, der von Nüssen mit 5.000 l pro kg.[294] Aber auch bei diesen Produkten sollten die Herkunftsregion und die Art des verbrauchten Wassers Beachtung finden, um die ökologische Bedeutung des Wasserverbrauchs abzuschätzen.

[292] Vgl. Dräger de Teran, 2021, S. 25 f. u. S. 32.

[293] https://www.waterfootprint.org/water-footprint-2/what-is-a-water-footprint/#fact-and-figures, aufgerufen am 31.1.2024.

[294] https://www.nachhaltigleben.ch/food/wasserverbrauch-schweiz-so-viel-kostet-die-produktion-von-lebensmitteln-2848#Wasserverbrauch-Lebensmittel-Tabelle, aufgerufen am 1.2.2024.

Wasserschonend essen

Zusammenfassend lässt sich feststellen, dass hierzulande viel Obst und Gemüse zulasten der Wasserversorgung in anderen Regionen der Welt verzehrt wird, weil der Anbau vieler pflanzlicher Nahrungsmittel dort mit Bewässerung einhergeht.

Die derzeit übliche Ernährungsweise in Deutschland weist deshalb laut WWF den geringsten Wasserverbrauch auf – im Vergleich zu flexitarischen, vegetarischen und veganen Speiseplänen, die sich an den Empfehlungen der Planetary Health Diet orientieren. Bei gleichbleibenden Handels- und Warenströmen bedeuten mehr pflanzliche Lebensmittel im Speiseplan, dass der Wasserverbrauch für die Nahrungsmittel zunimmt. Beim Wasserknappheits-Fußabdruck sind die Unterschiede zulasten der pflanzenbasierten Ernährungsweisen noch markanter.[295]

Die Auswirkungen des deutschen Konsumverhaltens auf Regionen mit bereits bestehender Wasserknappheit unterstreichen: Um künftig 10 Milliarden Menschen gesundheitsförderlich und umweltschonend zu ernähren, müssen sich die Ernährungssysteme weltweit verändern. Diese Transformation muss gerade im Hinblick auf Wasser über die Modernisierung von Anbauverfahren oder -technologien hinausgehen und nicht nur Veränderungen bei der Landnutzung einbeziehen (S. 124), sondern auch die Warenströme und Nahrungsmittelvorlieben. Das beginnt bei einem deutlich umfangreicheren Anbau von Hülsenfrüchten und Nüssen in Mitteleuropa. Zudem gilt es, vorurteilsfrei zu prüfen, welche Flächen sich für mehr heimischen Gemüse- und Obstanbau eignen – um solche Flächen dann auch mit Vorrang für diese Zwecke zu nutzen. Selbstverständlich müssen Gesellschaft und Politik solche Veränderungen durch Förderungen für Anbau, Verarbeitung und Vermarktung unterstützen.

Außerdem kann jeder Einzelne über den eigenen Speiseplan beeinflussen, ob und wie stark er zu Wasserknappheit beiträgt. So kann man beispielsweise heimische Nüsse bevorzugen – und beim Handel einfordern – oder anstelle von Zitrusfrüchten Äpfel und Birnen aus Regionen verzehren, die über ausreichend Wasser verfügen.[296] Für den

[295] Vgl. Dräger de Teran, 2021, S. 33 f.

[296] Vgl. Dräger de Teran, 2021, S. 37.

eigenen Wasserknappheits-Fußabdruck kann es sogar vorteilhaft sein, heimische Lebensmittel tierischen Ursprungs zu verzehren statt pflanzlicher Alternativen, wenn diese aus Regionen mit Wassermangel stammen.

Weitere Wasserziele

Unter feuchten Bedingungen, wenn also mehr Regen fällt als Wasser verdunstet, können Böden Sickerwasser liefern und damit Grundwasserkörper und Quellen speisen. Nach längeren Dürreperioden kann es allerdings teilweise mehrere Jahre dauern, bis sich Boden- und Grundwasserspeicher erholen und wieder gute Ernten ermöglichen.[297]

Für die Regeneration ist entscheidend, ob Wasser in den Boden eindringen kann, wie viel Wasser dort gespeichert wird bzw. ob und wie das Wasser durch die Schichten hindurchsickert. Für diese Prozesse sind wiederum die Poren in den Böden ausschlaggebend. Das Netzwerk der Bodenporen ist zudem die Grundlage für das Herausfiltern von Schadstoffen aus dem durchfließenden Wasser.[298] Welche Bedeutung gesunde, belastungsarme Böden, Humus und eine möglichst dauernde Pflanzendecke für diese Ökosystemleistungen haben, wurde bereits ausführlich dargestellt.

Schon lange ist außerdem bekannt, dass sich Grundwasser am umfangreichsten unter Ackerland neu bildet, gefolgt von Wiesen und schließlich Waldflächen. Im Wald verdunstet viel Niederschlagswasser über die Bäume und gelangt nicht ins Grundwasser. In waldreichen Gebieten mit geringen Jahresniederschlägen kann die verringerte Grundwasserspende deshalb für die Trinkwassergewinnung zum Problem werden.[299] Auch aus diesem Grund ist es notwendig, offene Landschaften zu erhalten und nicht überall Gebüsch und Wald entstehen zu lassen. In Deutschland kann alles in allem mit der Bildung von 80 bis 100 l Grundwasser pro Quadratmeter Fläche und Jahr gerechnet werden.[300]

[297] Vgl. Dräger de Teran, 2021, S. 18.

[298] Vgl. FAO u. ITPS, 2015, S. 21 ff.

[299] Vgl. Berthold u. Toussaint, 2003, S. 29 u. S. 37.

[300] Vgl. Stahr et al., 2020, S. 18.

Allerdings gilt selbst für niederschlagsreiche Regionen wie Mitteleuropa, dass die Neubildung von sauberem Grundwasser kein Selbstläufer ist. Auch hierzulande drohen in den kommenden Jahrzehnten sinkende Grundwasserspiegel als Folge der Klimakrise, und es ist ein erheblich höherer Bewässerungsbedarf zu erwarten.[301, 302] Für Deutschland hat die Bundesregierung mittlerweile eine eigene Wasserstrategie formuliert, die dazu beitragen soll, einen naturnahen Wasserhaushalt wiederherzustellen, Risiken durch Stoffeinträge in die Wassersysteme zu begrenzen und eine nachhaltige Gewässerbewirtschaftung zu erreichen.[303] Sowohl im ländlichen wie im städtischen Raum sollen Flächen gewässerverträglicher genutzt werden. Dazu gehört beispielsweise, Regenwasser zu nutzen, zu speichern und versickern zu lassen, anstatt es durch die Kanalisation abzuleiten.[304]

Ob die angestrebten Maßnahmen und Kooperationen ausreichen, um Wasserknappheit und Dürreperioden auch in Deutschland flächendeckend zu verhindern, muss sich allerdings noch zeigen.

Kurz zusammengefasst

Wasser ist ein unersetzlicher Rohstoff. Ungeheure Mengen davon werden für die Ernährung der Menschen eingesetzt – nicht nur als Trinkwasser im engeren Sinne, sondern insbesondere für die Nahrungsmittelerzeugung. Entscheidend ist, ob es dem Wasserangebot in einer Region entzogen wird oder ob es möglichst sauber in den regionalen Wasserhaushalt zurückkehrt.

Lebensmitteln tierischen Ursprungs wird zwar immer wieder nachgesagt, besonders belastend für die Wasserhaushalte zu sein, betrachtet man aber genauer, welche Art von Wasser bei der Produktion eingesetzt wird und ob ein Produkt Wasserknappheit verstärkt, dann verschiebt sich das Bild zulasten verschiedener beliebter pflanzlicher Nahrungs-

[301] Vgl. BMUV, 2023, S. 17.

[302] https://www.bgr.bund.de/DE/Gemeinsames/Oeffentlichkeitsarbeit/Pressemitteilungen/BGR/bgr-KIT_2022-03-09_KI_klimawandel_grundwasserspiegel.html, aufgerufen am 15.12.2023.

[303] Vgl. BMUV, 2023, S. 15.

[304] Vgl. BMUV, 2023, S. 27 f.

mittel. Einige dieser Produkte werden in wasserarmen Regionen erzeugt, aber in großem Umfang etwa in Deutschland konsumiert. Durch die Nahrungsmittelauswahl lässt sich der sogenannte Wasserknappheits-Fußabdruck eines Menschen beeinflussen.

Vegane Ernährung schneidet im Hinblick auf die globale Wasserversorgung derzeit nicht als umweltschonendste Ernährungsweise ab. Das gilt auch für andere pflanzenbasierte Speisepläne. Um diese Situation zu korrigieren, müssten viele pflanzliche Nahrungsmittel regionaler bzw. in Gegenden mit besserer Wasserverfügbarkeit erzeugt oder bei der Nahrungsmittelauswahl reduziert und ersetzt werden.

Das Gras der Welt: Landnutzung für eine sichere und zukunftsfähige Ernährung

Fast alle Nahrungsmittel für Menschen, nämlich 95 %, entstammen direkt oder indirekt der Nutzung von Böden.[305] Deshalb ist nicht nur deren Fruchtbarkeit und Gesundheit, sondern auch ihre Verteilung und Nutzung für unterschiedliche Ziele ausschlaggebend für eine sichere Ernährung – global, regional und lokal.

Um den Bedarf der Weltbevölkerung im Jahr 2050 zu decken, müssen weltweit voraussichtlich 60 % mehr Lebensmittel als bisher erzeugt werden, in manchen weniger entwickelten Regionen sogar doppelt so viele – schätzt die FAO.[306]

Von veganer Seite wird immer wieder argumentiert, dass die Versorgung der Weltbevölkerung einfach zu sichern wäre, wenn man darauf verzichten könnte, Tiere zu füttern – weil dann genügend Flächen zur Produktion von Nahrungsmitteln für Menschen zur Verfügung stünden. Die Konkurrenz um Flächen und Nahrung soll in diesem Kapitel thematisiert werden. Daran angrenzende Aspekte wie Resteverwertung und Verluste von Nahrungsmitteln werden im anschließenden Kapitel angesprochen.

Flächen werden zudem für andere drängende Probleme benötigt. Insbesondere für den Klimaschutz und den Erhalt biologischer Vielfalt ist der Bedarf so groß, dass diese beiden Nutzungsziele schon jetzt mit der Ernährungssicherung um die vorhandenen Flächen konkurrieren. Der Wissenschaftliche Beirat der Bundesregierung Globale Umweltveränderungen (WBGU) bezeichnet die aktuelle Situation als „Trilemma der Landnutzung“, weil es auf den ersten Blick wirkt, als könne jeweils eine dieser drei Herausforderungen nur auf Kosten der anderen beiden bewältigt werden. Landdegradation, d.h. die Verschlechterung

[305] Vgl. FAO, 2015, S. 1 u. S. 4.

[306] Vgl. FAO, 2015, S. 4.

der Bodenqualität und Bodenverluste, wirkt sich auf alle drei Bereiche kurz- oder langfristig negativ aus.[307]

Noch immer keine Ernährungssicherheit

Man schrieb das Jahr 2000, als sich die internationale Staatengemeinschaft bei der bis dahin größten Versammlung von Staats- und Regierungschefs in New York ehrgeizige Ziele setzte: die Millenniums-Entwicklungsziele.[308] Sie wurden 2015 abgelöst durch die 17 UN-Ziele für nachhaltige Entwicklung, die Sustainable Development Goals, kurz SDGs (S. 15). Zu den SDGs zählt unter anderem, bis zum Jahr 2030 Hunger und Armut auf dieser Welt zu beenden.[309]

Die derzeitige Situation ist allerdings weit von diesem Ziel entfernt und steckt voller Widersprüche: Seit den 1960er Jahren nahm die Menge an weltweit produziertem Getreide um 240 % zu. Pflanzliches Öl und Fleisch, die rechnerisch für jeden Menschen auf der Welt zur Verfügung stehen, haben sich mehr als verdoppelt, und auch die erzeugte Nahrungsenergie pro Kopf stieg um ein Drittel. Zusammen mit Veränderungen beim Konsumverhalten führte dies dazu, dass mittlerweile 2 Milliarden Menschen als übergewichtig oder gar fettleibig gelten.[310] Auch der durchschnittliche Konsum von tierischem Protein pro Kopf der Weltbevölkerung nahm seit 1960 erheblich zu – von 17 auf 27 g pro Tag. Die regionalen Unterschiede sind allerdings groß. Während etwa in Westafrika pro Person und Tag 8 g tierisches Protein zur Verfügung stehen, sind es in Europa 51 g und in Nordamerika 63 g (jeweils ohne Fisch).[311]

Gleichzeitig gehen internationale Organisationen wie die FAO davon aus, dass fast 10 % der Weltbevölkerung in den vergangenen Jahren Hunger litten. Sie prognostizieren auch für das Jahr 2030 noch 600 Millionen chronisch Unterernährte. Nach wie vor sind Frauen und Bewoh-

[307] Vgl. WBGU, 2020, S. 1.

[308] https://de.wikipedia.org/wiki/Millenniums-Entwicklungsziele, aufgerufen am 28.12.2023.

[309] https://unric.org/de/17ziele/, aufgerufen am 14.4.2024.

[310] Vgl. IPCC, 2019, S. 7 f.

[311] Vgl. Van Zanten et al., 2018, S. 4186 u. S. 4189 f.

ner ländlicher Gegenden überproportional von unsicherer Nahrungsmittelversorgung betroffen. Während in den meisten asiatischen Regionen und in Lateinamerika Hunger und Mangelernährung abnahmen, wächst das Problem in Westasien, in der Karibik und besonders in allen Regionen Afrikas.[312] Ein Grund dafür ist die Verschlechterung der Böden in trockenen Regionen. Laut der Zwischenstaatlichen Plattform für Biodiversität und Ökosystemdienstleistungen (IPBES) nahmen die Getreideernten in den Ländern Subsahara-Afrikas deswegen zwischen 1960 und 2005 nicht zu, obwohl das in allen anderen Weltregionen der Fall war.[313]

Besonders gravierende Folgen haben Unter- und Mangelernährung für Kinder. Die Zahl der Kinder unter fünf Jahren, deren Entwicklung aufgrund mangelnder Ernährung beeinträchtigt ist, nimmt global zwar ab, ist aber mit 148 Millionen im Jahr 2022 immer noch viel zu hoch. Erschreckend ist außerdem, dass die Zahl der Kinder in dieser Altersgruppe, die unter Auszehrung leiden, seit mehr als 20 Jahren nicht signifikant gesunken ist: 45 Millionen Kleinkinder sind lebensgefährlich unterernährt, einschließlich der Schwächung ihres Immunsystems und erhöhter Sterblichkeit.[314]

Nach wie vor spielt zudem eine weniger offensichtliche Form der Mangelernährung weltweit eine wichtige Rolle. Sie wird als verborgener Hunger, „hidden hunger", bezeichnet und betrifft ungefähr 2 Milliarden Menschen. Es handelt sich dabei um einen Mangel an Mikronährstoffen wie Vitamin A, Eisen oder Jod, der durch einseitige Ernährung begünstigt wird und auch bei ausreichender Versorgung mit Nahrungsenergie bestehen kann.[315]

Als wichtigste Gründe für Unterernährung gelten die Verschärfung und das Zusammentreffen von Konflikten, Wetterextremen und wirtschaftlichen Abschwüngen, einhergehend mit unerschwinglichen nahrhaften Lebensmitteln und einer zunehmend ungleichen Verteilung von Einkommen und Gütern.[316]

[312] Vgl. FAO et al., 2023, S. 5 u. S. 13.

[313] Vgl. IPBES, 2018, S. 27.

[314] Vgl. FAO et al., 2023, S. 21 f.

[315] https://www.welthungerhilfe.de/informieren/themen/gesunde-ernaehrung-sichern/verborgener-hunger, aufgerufen am 5.1.2024.

[316] Vgl. FAO et al., 2023, S. 8 f. u. S. 12.

Internationale Organisationen wie die FAO und UNICEF weisen darüber hinaus auf mehrere Trends hin, die es bei der Bekämpfung von Hunger, Mangelernährung und unsicherer Nahrungsmittelversorgung zu beachten gilt: Zum einen leben immer mehr Menschen in Städten und deren Umfeld. Damit sind Veränderungen bei den Ernährungsgewohnheiten verbunden. Das Leben in städtischen Bereichen führt häufig zum Konsum stärker verarbeiteter Lebensmittel und zu mehr Fett, Zucker und Salz in der Ernährung. Aufgrund höherer Einkommen und Veränderungen des Lebensstils wächst bei Städtern außerdem der Bedarf an Lebensmitteln tierischen Ursprungs, Obst und Gemüse anstelle von traditionellem Getreide. Zum anderen nimmt auch in ländlichen Gegenden der Kauf von Lebensmitteln zu, anstatt sie selbst zu erzeugen. Insgesamt verflechten sich städtische und ländliche Lebensräume immer stärker miteinander, was als Herausforderung und Chance für eine bezahlbare gesunde Ernährung aller Menschen gewertet wird. Ein Beispiel: Fast überall auf der Welt fehlt es in den Städten insbesondere an Obst und Gemüse für eine gesunde Ernährung. Dies schafft aber auch neue Absatz- und Einkommensmöglichkeiten für die Erzeuger auf dem Land.[317]

Alarmierend ist allerdings, dass sich mehr als 3,1 Milliarden Menschen, ungefähr 40 % der Weltbevölkerung, keine gesunde Ernährung leisten können. Besonders viele davon leben in Asien. Im Hinblick auf den Anteil an der Bevölkerung ist Afrika am stärksten betroffen.[318]

Ernährungssouveränität

Neben dem Ziel der Ernährungssicherheit, deretwegen Nahrungsmittel in großem Umfang global gehandelt, transportiert und verteilt werden, existiert das Konzept der Ernährungssouveränität. Damit ist das Recht aller Völker, Länder und Regionen gemeint, ihre Landwirtschafts- und Ernährungspolitik selbst zu bestimmen. Der Begriff wurde anlässlich der Welternährungskonferenz 1996 von der internationalen Kleinbauern- und Landarbeiterbewegung La Via Campesina geprägt. Leitmodell ist eine kleinbäuerliche Landwirtschaft, die auf nachhaltige Weise vor allem

[317] Vgl. FAO et al., 2023, S. 9 f., S. 12, S. 23 u. S. 26 f.

[318] Vgl. FAO et al., 2023, S. 18 f.

Landgrabbing

Als Landgrabbing werden ungerechtfertigte oder unzulässige Aneignungen von Land, besonders Agrar- und Waldflächen, kritisiert. Oft sind es wirtschaftlich oder politisch starke Akteure wie in- oder ausländische Großkonzerne, Großgrundbesitzer oder staatliche Einrichtungen, die diese Flächen kaufen oder langfristig pachten. Vorrangig geht es um Bodenspekulation oder profitable Agrargeschäfte mit sogenannten Cash-Crops wie Kaffee, Kakao und Bananen, die nicht für den Eigenbedarf bestimmt sind, sondern für den Weltmarkt. Teils ist das Ziel auch der Anbau von Flex-Crops – Produkte, die sich je nach Marktlage als Nahrungs- und Futtermittel oder als Rohstoff für die Treibstoffgewinnung nutzen lassen.[319]

Weltweit sind bis zu 2,5 Milliarden Menschen abhängig von Land, das traditionell Gemeinschaftseigentum ist und nach Gewohnheitsrecht bewirtschaftet wird. Solche Flächen machen global die Hälfte aller Landflächen aus. Die Nutzer sind allerdings nur bei ungefähr einem Fünftel der von ihnen bewirtschafteten Flächen Eigentümer im rechtlichen Sinne. Dies begünstigt Landgrabbing. Im Zusammenhang mit den UN-Nachhaltigkeitszielen hatte sich die internationale Staatengemeinschaft zum Ziel gesetzt, dass indigene und lokale Gemeinschaften mehr Land besitzen sollen. Dies gilt als zentraler Hebel, um die Nachhaltigkeitsziele und die Ziele der Pariser Klimakonvention zu erreichen. Diverse Beispiele belegen, dass die Stärkung der Landrechte indigener Bevölkerungen und lokaler Gemeinschaften tatsächlich diesen Zielen dient und beispielweise Abholzung vermindert.[320]

Nahrung für die lokale Bevölkerung produzieren soll. Selbstversorgung, lokaler und regionaler Handel sollen Vorrang vor Exporten und Welthandel haben.[321] Ernährungssouveränität betont die Rolle der lokalen Landwirte, Viehzüchter, Fischer und sonstiger ansässiger Akteure in den Lebensmittelsystemen. Das Konzept ist nicht als Gegensatz zur Ernährungssicherheit zu verstehen, sondern soll diese ermöglichen.

[319] https://www.weltagrarbericht.de/themen-des-weltagrarberichts/landgrabbing.html, aufgerufen am 19.1.2024.

[320] Vgl. Oxfam et al., 2016, S. 7 u. S. 17 ff.

[321] https://de.wikipedia.org/wiki/Ern%C3%A4hrungssouver%C3%A4nit%C3%A4t, aufgerufen am 30.12.2023.

Zugleich stellt sich die Idee der Ernährungssouveränität gegen den wachsenden Einfluss von Großkonzernen und industrialisierten Agrarunternehmen auf die weltweiten Agrar- und Ernährungssysteme. Ihr ganzheitlicher Anspruch unterscheidet die Ernährungssouveränität von der reinen Ernährungssicherung.[322]

Flächenverteilung und Landnutzung

Die Landoberfläche der Erde beträgt 149,4 Millionen km^2, also 14,9 Milliarden Hektar (ha). Ohne Antarktis sind es 13 Milliarden ha, von denen die Menschheit laut Weltklimarat mehr als 70 % nutzt. Der Rest verteilt sich zu annähernd gleichen Teilen auf bislang weitgehend unberührte bewaldete und nichtbewaldete Ökosysteme oder Ödland, Felsen und Ähnliches. Die Hälfte der eisfreien Landfläche dient laut Weltklimarat (IPPC) der Landwirtschaft, knapp ein Viertel wird forstwirtschaftlich genutzt. Allerdings weisen alle Angaben eine große Spannweite auf.[323]

Flächenverteilung weltweit laut FAO (in Milliarden ha)[324]

Landfläche	14,9
Landfläche ohne Antarktis	13,0
Landwirtschaftlich genutzt davon Ackerflächen Permanente Wiesen und Weiden	4,8 1,6 (ein Drittel) 3,2 (zwei Drittel)
Waldflächen (mit und ohne forstwirtschaftliche Nutzung)	4,1
Andere Flächen (Wüsten, Siedlungen, Infrastruktur u.a.)	4,2

322 https://www.fao.org/family-farming/detail/en/c/877809/, aufgerufen am 30.12. 2023.

323 Vgl. IPCC, 2019, S. 8.

324 Vgl. FAO, 2021a, S. 2 f.

Die FAO gibt dagegen an, dass nur etwa 37 % der Landfläche ohne Antarktis landwirtschaftlich genutzt werden.[325] Bereits diese Daten verdeutlichen, dass die Zuordnung von Flächen zu bestimmten Zwecken nicht einheitlich gehandhabt wird. Das erschwert die Interpretation und weitere Verwendung.

Eine andere Quelle beziffert das gesamte Grasland der Erde mit 3,5 Milliarden ha. Als Grasland werden alle grasbewachsenen Flächen unterschiedlicher Ausprägung zusammengefasst. Laut dieser Studie lassen sich 1,5 Milliarden ha des weltweiten Graslands nicht für Tierhaltung nutzen, weil es sich um Busch oder andere ertragsarme Standorte handelt. Tatsächlich sollen nur etwas mehr als 2 Milliarden ha als Weideflächen und Wiesen der Tierhaltung dienen. 1,3 Milliarden ha davon eignen sich nicht für andere landwirtschaftliche Zwecke; knapp 700 Millionen ha ließen sich zu Ackerland umwandeln.[326]

Ungefähr drei Viertel der landwirtschaftlich genutzten Flächen in Afrika, Asien und Lateinamerika sind dauerhafte Wiesen und Weideflächen. Im Gegensatz dazu macht in Europa Dauergrünland nur ein Drittel der Agrarflächen aus und in Nordamerika gibt es etwas weniger Äcker als Wiesen und Weiden.[327]

Für die zentrale Frage, wie man Landfläche nutzen sollte, um die Menschheit zu ernähren und zugleich negative Umweltwirkungen zu vermeiden, reichen solche Übersichtsdaten zur Landnutzung allerdings nicht aus. Detailliertere Daten und insbesondere Veränderungen und Verschiebungen, die bereits stattfinden oder zu erwarten sind, müssen ebenfalls berücksichtigt werden, um neue Konzepte zu begründen oder zu prüfen.

[325] Vgl. FAO, 2021a, S. 3.

[326] Vgl. Mottet et al., 2017, S. 5.

[327] Vgl. FAO, 2021a, S. 6.

Trends und Prognosen

Im Verlauf von knapp dreißig Jahren – zwischen 1990 und 2019 – hat die landwirtschaftlich genutzte Fläche weltweit um ein Prozent abgenommen, nachdem sie bis zu den frühen 2000er Jahren zunächst zunahm. Bei den Wäldern ist ein Verlust von 4 % zu verzeichnen.[328]

Die Art der Flächennutzung veränderte sich zwischen 1990 und 2019 zum Teil deutlich. So haben beispielsweise in den USA, Russland und Kanada Ackerflächen abgenommen. Auch in Indien und China nahmen diese nicht oder nur geringfügig zu. Dagegen fanden erhebliche Ausweitungen der beackerten Flächen in Ländern wie Indonesien, Nigeria, Argentinien und Brasilien statt.[329] Verantwortlich dafür ist unter anderem der Anbau von Soja für Futtermittel.

Bis 2050 ist nicht nur mit einer größeren, sondern auch mit einer wohlhabenderen und städtischeren Weltbevölkerung zu rechnen. Das hat Veränderungen beim Konsumverhalten zur Folge. Die FAO erwartet bis dahin eine doppelt so starke Zunahme beim Bedarf an Lebensmitteln tierischen Ursprungs verglichen mit den pflanzlichen Nahrungsmitteln. Die Ausweitung der Landwirtschaft einschließlich der Erzeugung von Biotreibstoffen wird wahrscheinlich auch künftig zu Abholzungen von Wäldern führen – und Bodenverschlechterungen, Umweltverschmutzungen und Klimagasemissionen nach sich ziehen.[330] Nach Einschätzung von OECD und FAO sollen die erforderlichen Zunahmen bei den globalen Ernten bis 2032 zu 79 % auf höhere Erträge zurückzuführen sein, zu 6 % auf eine höhere Zahl an Ernten und zu 15 % auf zusätzliche Ackerflächen. Die Organisationen geben allerdings nicht an, wie viele zusätzliche Flächen dies tatsächlich erfordert bzw. wie und wo sie zustande kommen sollen.[331]

Anderen Prognosen zufolge werden im Jahr 2050 für die Ernährung der Menschheit bis zu 600 Millionen ha zusätzliche Agrarflächen benötigt, die voraussichtlich durch Abholzung von Waldflächen und Umbruch von Grasland und Savannen entstehen.[332] Erschwerend kommt

[328] Vgl. FAO, 2021a, S. 4.

[329] Vgl. FAO, 2021a, S. 8 ff.

[330] Vgl. FAO u. ITPS, 2015, S. 94.

[331] Vgl. OECD u. FAO, 2023, S. 18

[332] Vgl. Nationale Akademie der Wissenschaften Leopoldina, 2020, S. 11 f.

hinzu, dass wegen der Klimakrise und der Degradierung der Böden die Ernten weltweit um durchschnittlich 10 % zurückgehen könnten, in manchen Regionen um bis zu 50 %.[333]

Flächenbedarf für Nahrung

Zurzeit stehen für jeden Menschen auf der Welt durchschnittlich 0,6 ha landwirtschaftlich genutzte Fläche zur Verfügung, ein Drittel davon, das heißt 2000 m^2, als Ackerland. Dies bedeutet – nicht zuletzt wegen der Zunahme der Bevölkerung – einen Rückgang um 30 % von 1990 bis 2019.[334] Die regionalen Unterschiede sind beträchtlich. In Nordamerika gibt es pro Kopf der Bevölkerung 1,3 ha landwirtschaftliche Nutzfläche und damit mehr als etwa in Lateinamerika (1,1 ha), Afrika (0,9 ha), Europa (0,6 ha) und Asien (0,4 ha).[335] Allerdings sagt die rechnerisch verfügbare Fläche allein noch nichts darüber aus, was und wie viel darauf wächst.

Weltacker[336]

Das umweltpädagogische Projekt „Weltacker" veranschaulicht, was man auf 2000 m^2 anbauen kann. Auf dem Weltacker, der zuerst in Berlin-Pankow und inzwischen an weiteren Orten angelegt wurde, wächst, was jeden einzelnen Menschen ernährt und versorgt: Weizen, Kartoffeln, Kohl und Karotten, dazu Mais und Soja als Futterpflanzen für die Tiere, aber auch Zuckerrüben für den Zucker im Tee oder Kaffee, Baumwolle für T-Shirts, Sonnenblumen für Speiseöl und Raps für Biodiesel. Schon in Berlin-Pankow bauten die Initiatoren auf dem Weltacker die Kulturen in demselben Verhältnis an, wie sie auf den Feldern weltweit wachsen. Das Ziel ist, die Aufteilung der weltweit verfügbaren Fläche begreifbarer zu machen, nicht konkret einen einzelnen Menschen mit den Erträgen dieses Weltackers zu ernähren.

333 Vgl. IPBES, 2018, S. 10.

334 Vgl. FAO, 2021a, S. 4 f.

335 Vgl. FAO, 2021a, S. 6 ff.

336 https://www.2000m2.eu/de/, aufgerufen am 3.1.2024.

Wissenschaftlichen Einschätzungen zufolge, werden im Jahr 2050 nur noch 0,16 ha Ackerfläche pro Kopf der Weltbevölkerung verfügbar sein. Allein diese Zahl weist darauf hin, dass sich unsere Lebensmittelerzeugung stark verändern muss. Um die Nahrungsmittel für eine vegane Ernährung zu erzeugen, sind durchschnittlich 0,14 ha Ackerland pro Kopf nötig. Dies legt zunächst den Schluss nahe, eine weltweite vegane Ernährungsweise passe gut zu den vorhandenen Ackerflächen.[337] Allerdings bleibt dann wenig Fläche für den Anbau von Faserpflanzen wie Baumwolle, Lein und Hanf übrig. Dasselbe gilt für Energiepflanzen und Gründüngung. Auch für Missernten oder Ertragsrückgänge bestünden kaum Reserven.

Da die Menschheit nicht nur nach Nahrung verlangt, sondern auch nach Kleidung und erneuerbaren Energieträgern, könnte man – ausgehend von den englischen Begriffen – von einer Konkurrenz der vier „F" um landwirtschaftlich nutzbare Flächen sprechen: food, feed, fuel, fibre – also Lebensmittel, Futter, Treibstoffe und Fasern. In den folgenden Abschnitten dieses Kapitels soll weiter verdeutlicht werden, dass die Konkurrenz um Flächen die Schlüsselfrage für eine zukunftsfähige Entwicklung ist. Eine problemübergreifende, ausgleichende Lösung ist erforderlicher denn je – und durchaus denkbar (S. 178).

Konkurrenz: Flächenbedarf für Tierfutter

Etwas mehr als die Hälfte der landwirtschaftlich genutzten Flächen auf der Welt dienen der Tierhaltung. Das bedeutet aber keineswegs, dass alle diese Flächen für die Ernährung von Menschen genutzt werden könnten, wenn man auf Tierhaltung verzichtete. Von den etwa 2,5 Milliarden ha, die zurzeit der Tierhaltung dienen, sind 560 Millionen ha Ackerflächen und 2 Milliarden ha Grasland. Zwei Drittel dieses Graslandes eignen sich nicht für Ackerbau. Die für Tierhaltungszwecke genutzten Anbauflächen entsprechen etwa 40 % aller Ackerflächen.[338] Diese Flächennutzung gilt es genauer zu beleuchten und festzustellen, welche Zwecke in Konkurrenz zur menschlichen Ernährung stehen.

[337] Vgl. Van Zanten et al., 2016, S. 547.

[338] Vgl. Mottet et al., 2017, S. 5.

Getreide stellt seit der Neolithischen Revolution die entscheidende Grundlage für die Ernährung der Menschheit dar. Mengenmäßig sind heutzutage Weizen und Reis am bedeutendsten. Große Teile der Weltbevölkerung ernähren sich direkt von Getreide ohne den Umweg über Nahrungsmittel von Tieren.[339] Zuletzt war laut der Nationalen Akademie der Wissenschaften Leopoldina die weltweit an Tiere verfütterte Getreidemenge fast ebenso groß wie die Menge, die direkt der menschlichen Ernährung diente.[340] Andere Quellen gehen davon aus, dass ein Drittel der weltweiten Getreideernte für Tierfutter eingesetzt wird und weitere 20 % für Treibstoffe bzw. andere Industriezwecke.[341, 342]

Ackerflächen für die Futtermittelerzeugung[343]

Futtermittel	**Fläche in Millionen Hektar**
Getreide für alle Tierarten davon für Monogastrier (Schweine, Geflügel)	210,5 138
Futterrüben, Silagen	66
Ölsaaten und Ölkuchen	131
Nebenprodukte aus sonstiger Verarbeitung	33
Ernterückstände (Stroh, Zuckerrohrspitzen u. Ä.)	126

Die Flächen, auf denen Nebenprodukte und Ernterückstände entstehen, sind in Wirklichkeit größer. Die hier aufgeführten Größen spiegeln den Anteil der Anbauflächen wider, der sich rechnerisch den Nebenprodukten und Ernterückständen zuordnen lässt. Wie bei der Ölgewinnung und den Ernterückständen dienen weitere Flächen teilweise der Futtermittelgewinnung. Auch den Resten der Mehl-, Zucker-, Biotreibstoff- oder Alkoholgewinnung lassen sich deshalb Flächen zurechnen (33 Millionen ha).

339 Vgl. Leitzmann, 2018, S. 29.

340 Vgl. Nationale Akademie der Wissenschaften Leopoldina, 2020, S. 12.

341 Vgl. Mottet et al., 2017, S. 4.

342 Vgl. Zukunftsstiftung Landwirtschaft, 2013, S. 4.

343 Vgl. Mottet et al., 2017, S. 2 u. S. 5.

Nebenprodukte, etwa Ölkuchen, wurden in der hier zitierten Studie nicht als Nahrungskonkurrenz gewertet, wenn die Kulturen hauptsächlich der Ernährung von Menschen dienen. Auf den Sojaanbau trifft das nicht zu, weil sein Hauptzweck die Futtermittelgewinnung ist – der Sojaextraktionsschrot, auch wenn dieser sich für die menschliche Ernährung nicht eignet.

Direkte Konkurrenz für die Versorgung der Menschen stellen in erster Linie diejenigen Ackerflächen dar, die ausschließlich oder hauptsächlich für die Futtermittelgewinnung genutzt werden. Das betrifft knapp 280 Millionen ha für den Anbau von Futtergetreide, Futterrüben und Silagen. Wegen des Sojaanbaus kommt ein großer, in der hier zugrunde liegenden Studie nicht näher bezifferter Anteil der Ackerflächen für Ölpflanzen hinzu. Unabhängig davon, wie erfolgreich auf diesen Flächen Futtermittel produziert werden, wäre es effizienter, dort direkt pflanzliche Nahrung für Menschen anzubauen.[344] Besonders gravierend ist, wenn mit den Futtermitteln solcher Ackerflächen nicht einmal die Tiere der ansässigen Bevölkerung versorgt werden, sondern solche in weit entfernten Regionen. Beispielsweise beanspruchen allein die 2017 in Deutschland verwendeten Futtermittel mehr als 2,5 Millionen ha Anbaufläche im Ausland.[345]

Eine zusätzliche Dimension erhält das Problem der Flächenkonkurrenz, wenn dem Futtermittelanbau Landnutzungsänderungen vorausgehen oder das gewählte Anbauverfahren nicht nachhaltig ist. Dies gilt etwa für den Anbau von Soja als Monokultur auf dafür umgebrochenem Weideland oder gerodeten Waldflächen, aber auch für den Anbau von Silomais auf Grünlandstandorten, Moorböden und andere vergleichbare Veränderungen.

Auch im Hinblick auf die weltweiten Graslandflächen, die theoretisch in Ackerland umgewandelt werden könnten, raten Fachleute von einer solchen Nutzungsänderung dringend ab. Dadurch würden große Mengen Humus abgebaut und damit CO_2 freigesetzt.[346, 347]

344 Vgl. Van Zanten et al., 2018, S. 4186 f.

345 Vgl. Statistisches Bundesamt, 2019, S. 187.

346 Vgl. IPCC, 2019, S. 21.

347 Vgl. Van Zanten et al., 2018, S. 4187.

Vom Futter zum Fleisch

An die Flächenkonkurrenz zwischen Nahrungs- und Futtermittelerzeugung schließt sich unmittelbar die Frage an, wie effektiv Tiere Futter in Lebensmittel verwandeln. Oft wiederholte Angaben sind, dass für 1 kg Schweinefleisch 3 kg getreidebasierte Futtermischung eingesetzt werden und für dieselbe Menge Masthühnerfleisch etwa 1,6 kg Mischung. Wiederkäuer werden nicht ausschließlich mit solchen Mischungen gefüttert. Hier reichen die Angaben je nach Art der Fütterung von 6 bis 20 kg Futter pro Kilogramm Fleisch.[348]

Diese Art zu vergleichen hat allerdings einen großen Nachteil: Sie berücksichtigt nicht, welcher Anteil der eingesetzten Futtermittel zur menschlichen Ernährung genutzt werden kann oder sich nicht verzehren lässt. Wiederkäuer können dank ihres besonderen Verdauungsapparates aus Pflanzenmasse, die für Menschen nicht verwertbar ist, hochwertiges Protein bilden. Diese spezielle Fähigkeit wird regelmäßig unterbewertet, ist aber relevant für die Einschätzung der Tierhaltung bzw. der Flächen- und Nahrungskonkurrenz.

Eine vielbeachtete Studie von FAO-Experten beschäftigte sich unter anderem mit der Frage, inwiefern Menschen die verschiedenen Futtermittel nutzen können. Das Ergebnis: Die Tiere der Welt verzehren zwar riesige Mengen Futter, bei fast der Hälfte davon handelt es sich aber um Gras und Laub. Weitere 20 % entfallen auf Erntereste wie Stroh, Strünke und Ähnliches. Im globalen Maßstab bestehen Futterrationen für Tiere demnach zu 14 % aus Substanzen, die für Menschen essbar sind, und zu 86 % aus nicht Genießbarem. Vor allem bei Wiederkäuern, die Weidegang hatten und keiner intensiven Nutzung dienten, bestand das Futter zu 90 % aus Raufutter, das Menschen nicht verwerten können. Zu den Bestandteilen der weltweiten Futterrationen, die Menschen nicht verzehren können, zählen allerdings auch Sojaextraktionsschrot (4 %) und andere Futtermittel, etwa Silagen (8 %). Wie bereits dargestellt, bedeutet deren Anbau durchaus Konkurrenz zur Produktion von Nahrungsmitteln für Menschen.[349]

[348] https://sz-magazin.sueddeutsche.de/tiere-pflanzen/der-ueberflieger-77730, aufgerufen am 12.1.2024.

[349] Vgl. Mottet et al., 2017, S. 4 u. S. 7.

Monogastrier, also Schweine und Geflügel, können im Vergleich zu Wiederkäuern Futter effizienter in Nahrungsprotein umwandeln. Allerdings haben sie höhere Ansprüche an die Futterqualität. Bezieht man die Unterscheidung, ob Futtermittel für Menschen essbar sind oder nicht, in die Berechnungen ein, dann verschieben sich die Verhältnisse deutlich zugunsten der Wiederkäuer, weil sie viele Futtermittel nutzen können, die für Menschen unverdaulich sind: Um 1 kg Fleisch zu erzeugen, werden bei Wiederkäuern im weltweiten Durchschnitt zwar 2,8 kg Futter eingesetzt, das auch für Menschen nutzbar wäre. Bei Schweinen und Mastgeflügel ist es aber mehr, nämlich durchschnittlich 3,2 kg und in industrialisierten Haltungssystemen bis zu 4 kg.[350]

Die Vorteile der Wiederkäuerverdauung schlagen noch deutlicher zu Buche, wenn man nur auf die Erzeugung von tierischem Protein blickt: Um dieselbe Menge Nahrungsprotein zu bilden, benötigen Wiederkäuer im weltweiten Durchschnitt verglichen mit Schweinen und Hühnern nur rund ein Drittel der Futtermittelmengen, die auch von Menschen verzehrt werden könnten. Betrachtet man noch spezieller den Proteingehalt in der Futterration, der auch für Menschen essbar wäre, erweisen sich vor allem Wiederkäuer und sogenannte Hinterhof-, also extensive Kleinsttierhaltungen als überlegen. Wiederkäuer benötigen durchschnittlich – trotz hochproblematischer Mastsysteme wie den Feedlots – nur 0,6 kg von Menschen verzehrbares Protein, um 1 kg Nahrungsprotein zu bilden. Bei den Monogastriern sind die Unterschiede dagegen sehr groß. Um 1 kg Nahrungsprotein zu erzeugen, benötigen Schweine und Hühner in Hinterhofhaltungen nur 0,1 kg Futterprotein mit Konkurrenzpotenzial, weil ein beträchtlicher Anteil des Futters aus Abfällen und Resten besteht. Im Gegensatz dazu erfordert die Produktion von 1 kg Nahrungsprotein durch Monogastrier in industrialisierten Tierhaltungen 2,9 bis 5,2 kg Futterprotein, das auch der menschlichen Ernährung dienen könnte. Unterm Strich ist also die Nahrungskonkurrenz von Wiederkäuern und von Hinterhof-Schweinen oder -Hühnern wesentlich geringer, als häufig unterstellt wird. Solche Tierhaltungen können sogar zu einer Zunahme der Proteinmengen beitragen, die für Menschen geeignet sind.[351] Unter bestimm-

[350] Vgl. Mottet et al., 2017, S. 3 f. u. S. 7.

[351] Vgl. Mottet et al., 2017, S. 4.

ten Bedingungen, wie ausschließliche Raufutter- und Restefütterung, kann ihre Nahrungskonkurrenz gegen Null gehen.

Land zeitgemäß nutzen und Konkurrenz vermeiden

Land gibt es nicht im Überfluss, weder Ackerflächen noch Grasland und Wald. Allerdings wird der Flächenbedarf der wachsenden Weltbevölkerung wohl noch deutlich zunehmen. Wie bereits erwähnt, könnten hunderte Millionen ha zusätzlicher landwirtschaftlicher Nutzflächen für die Ernährung der Menschheit nötig werden. Hinzu kommen Flächen für Siedlungen, Infrastruktur, Biotreibstoffe und die Gewinnung von Rohstoffen für Textilien. Der Druck auf die verbliebenen unberührten Landflächen nimmt immer mehr zu. Es ist zu befürchten, dass künftig auch wenig fruchtbare oder derzeit bewaldete Flächen genutzt werden könnten – oder solche, die bisher unter Schutz stehen. Fachkreise sind sich immerhin weitgehend einig, die genutzten Flächen nicht noch mehr zulasten unberührter Gegenden auszuweiten.[352]

Diverse Lösungsansätze stehen zur Verfügung. Manche könnten positive Wirkungen für mehrere Problemfelder entfalten – und zugleich für eine nachhaltige Entwicklung insgesamt: Der Weltklimarat nennt etwa eine höhere Produktivität der Nahrungsmittelsysteme in Verbindung mit geringeren Nahrungsmittelverlusten und -verschwendungen, Aufforstungen und Agroforst-Systeme, ein besseres Management der Acker- und Weideflächen, insbesondere im Hinblick auf die Kohlenstoffspeicherung im Boden, Veränderungen bei den landwirtschaftlichen Tieren – und Anpassungen beim Ernährungsverhalten.[353] Damit sind zwar Prioritäten benannt, aber die Ausgestaltung bleibt bislang vage. Änderungen bei der Landnutzung befürwortet der Weltklimarat im Übrigen nur in begrenztem Umfang, um CO_2 zu speichern – beispielsweise durch Aufforstung – oder um Biokraftstoffe zu erzeugen.[354]

[352] Vgl. Van Kernebeek et al., 2016, S. 678.

[353] Vgl. IPCC, 2019, S. 20 ff. u. S. 26.

[354] Vgl. IPCC, 2019, S. 21.

Konkretere Vorschläge existieren dagegen, um die Flächenkonkurrenz bzw. die Konkurrenz zwischen Nahrungs- und Futtermitteln zu entschärfen. Die öffentliche Debatte fokussiert sich derzeit vor allem auf zwei Lösungsansätze: Der eine befürwortet eine nachhaltige Intensivierung der Tierhaltung, um die wachsende Nachfrage nach tierischen Produkten zu befriedigen und dabei der Umwelt möglichst wenig zu schaden. Der andere schlägt vor, den Konsum von Lebensmitteln tierischen Ursprungs einzuschränken, um Ressourcen zu sparen. Beide Wege setzen letztlich auf schnell wachsende Monogastrier mit vergleichsweise günstiger Klimabilanz, die allerdings mit getreidebasiertem Futter aufgezogen werden. Damit würde die Konkurrenz um Flächen für Nahrungs- oder Futtermittel teilweise erhalten bleiben oder sogar verschärft.[355]

Seit einiger Zeit gewinnt deshalb ein dritter Vorschlag mehr Aufmerksamkeit. Ihm zufolge müssen sich Art und Umfang der Tierhaltung daran ausrichten, inwiefern eine Fütterung möglich ist, die nicht in Konkurrenz zur Ernährung des Menschen steht. Neuere Berechnungen verdeutlichen, dass diese dritten Variante viel Land, insbesondere Ackerflächen, einsparen und zugleich zur Ernährungssicherung beitragen kann.[356]

Die dritte Variante: Tierhaltung ohne Konkurrenz

Im Zentrum entsprechender Vorschläge und Berechnungen stehen Tiere, die Gras verdauen können bzw. sich mit all dem füttern lassen, was wir Menschen nicht selbst verzehren können oder wollen: Raufutter, Erntereste, Nebenprodukte und Reste der Nahrungsmittelverarbeitung bzw. -herstellung und Lebensmittelabfälle. Tierhaltungen, deren Fütterung vollständig aus Gras und solchen sogenannten „leftovers“ als Futter besteht, werden als „low-cost livestock“, bezeichnet, also als kostengünstige Tierhaltung. Der Umfang von Low-Cost-Tierhaltungen – auf globaler, regionaler oder lokaler Ebene – ist abhängig davon, wie viel Gras und wie viele Nebenprodukte, Reste oder Lebensmittelabfälle zur Verfügung stehen.

[355] Vgl. Van Zanten et al., 2018, S. 4186 f.

[356] Vgl. Van Zanten et al., 2018, S. 4185 u. S. 4187.

Mehrere Studien zeigen, dass sich mit konkurrenzfreier Tierfütterung bis zu einem Drittel der täglich benötigten Proteinmenge für Menschen erzeugen lässt, also ungefähr 20 g. Ernährungsweisen, die begrenzte Mengen Protein aus Low-Cost-Tierhaltungen einschließen, benötigen weniger Ackerland als herkömmliche Speisepläne und bemerkenswerterweise sogar weniger Ackerfläche als vegane Ernährung. Im Vergleich zu veganer Kost könnten bis zu einem Viertel der Ackerflächen für andere Zwecke frei werden. Der Grund dafür: Im veganen System werden große Mengen an Biomasse wie Gras und Erntereste nicht durch Tiere zu Lebensmitteln aufbereitet. Erntereste etwa verbleiben als Dünger auf den Feldern und Nebenprodukte aus der Wertschöpfungskette werden in Biogasanlagen verwertet. Die entgangenen Lebensmittelmengen müssten im veganen System deshalb zusätzlich angebaut werden, was Fläche erfordert.[357]

Dass ein Speiseplan mit einer kleinen Menge Lebensmittel tierischen Ursprungs im Hinblick auf Landnutzung und Nahrungskonkurrenz günstiger abschneidet als vegane Ernährung, lässt sich außerdem dadurch erklären, dass nicht alle Nutzflächen für den Anbau von Nahrungsmitteln geeignet sind. Bei tierloser Landnutzung könnten sie nicht direkt für die Nahrungsmittelproduktion erschlossen werden.[358]

Anhand von Modellberechnungen für unterschiedliche Ernährungsweisen zeigten niederländische Wissenschaftler, dass menschliche Ernährung am wenigsten Land – in dieser Studie Ackerflächen und Grünland – benötigt, wenn 12 % des Proteinanteils in der Nahrung (ca. 7 g pro Person und Tag) aus Low-Cost-Tierhaltungen stammt. Dabei handelt es sich hauptsächlich um Eiweiß aus Milch und Rindfleisch. Bei höheren Anteilen von tierischem Protein im Speiseplan ist der zusätzliche Anbau von Futtermitteln notwendig. Bei geringeren Anteilen oder veganer Ernährung bleiben dagegen Produkte ungenutzt, die sich auf dem Umweg über Tiere für die Lebensmittelerzeugung einsetzen lassen. Beides erfordert mehr landwirtschaftliche Nutzfläche. Hinzu kommt: Wo Bevölkerungen wachsen, müssen immer mehr ertragsschwache Flächen für die Nahrungsmittelgewinnung herangezogen werden. Diese lassen sich allerdings häufig nicht als Acker, sondern nur durch Tiere nutzen. In solchen Situationen nimmt trotz konkurrenz-

[357] Vgl. Van Zanten et al., 2018, S. 4185 u. S. 4187 ff.

[358] Vgl. Van Kernebeek et al., 2016, S. 685.

freier Fütterung der Tiere die benötigte Fläche für die Ernährung der Menschen zu. Gleichzeitig steigt der Anteil an tierischem Protein in der Nahrung und eine allgemeine vegane Ernährung wird unrealistischer. Anders formuliert: Nehmen Bevölkerungen in Gegenden mit ertragsschwachen Flächen zu, dann führt dies dazu, dass die Ernährung der Menschen mit Lebensmitteln aus der Region nur möglich ist mit einem höheren Anteil an tierischem Protein.[359]

Kritik am Modell der Low-Cost-Tierhaltung entzündet sich unter anderem an der Frage, inwieweit die Nutzung von Grasland Chancen für die Biodiversität einschränkt. Es muss deshalb eine Diskussion darüber stattfinden, wie sich Grasland aller Art nachhaltiger nutzen lässt – und welche Flächen, die derzeit als Weiden oder durch Mahd genutzt werden, aus der Low-Cost-Tierhaltung ausgegliedert werden müssten, um sie anders zu nutzen, etwa für den Schutz der Artenvielfalt.

Das Methan-Problem und die Wiederkäuer

Weitere Kritik an Low-Cost-Tierhaltung betrifft vor allem die Klimagasemissionen, weil bei diesem Konzept Wiederkäuer eine wichtige Rolle spielen – und damit deren Methanbildung. Zwei Argumente können diese Kritik jedoch zumindest abmildern. Zum einen nähmen die Gesamttierzahl, die benötigten Ackerflächen, Stickstoffüberschüsse und Landnutzungsänderungen bei vollständig konkurrenzloser Tierfütterung ab. Trotz vieler Wiederkäuer wäre deshalb mit weniger emittierten Treibhausgasen zu rechnen.[360] Zum anderen findet gerade eine Neubewertung des Wiederkäuer-Methans durch internationale Klimaexperten statt.

Methan trägt als Treibhausgas – bezogen auf 100 Jahre – ungefähr 25- bis 28-mal stärker als dieselbe Menge CO_2 zur Erderwärmung bei. Die deutliche Reduktion der Methanemissionen wurde deshalb stets als außerordentlich wichtig angesehen. Den Wiederkäuern werden annähernd 30 % der durch menschliche Aktivitäten ausgelösten Methanemissionen zugerechnet und etwas mehr als 10 % dem Nass-

[359] Vgl. Van Kernebeek et al., 2016, S. 677 u. S. 681 ff.
[360] Vgl. Schader et al., 2015, S. 5.

Reisanbau.[361, 362] Inzwischen hat sich allerdings gezeigt, dass manche Methanemissionen unvermeidbar sind. Das betrifft vor allem Methan aus biotischen Prozessen, etwa aus bakteriellen Stoffwechselprozessen bei der Wiederkäuer-Verdauung oder aus verfaulenden Pflanzen.

Globale Treibhausgasemissionen laut aktuellem Synthesebericht des Weltklimarates[363]

Die Zunahme der Treibhausgase in der Atmosphäre seit der Industrialisierung geht eindeutig auf menschliche Aktivitäten zurück. Etwas mehr als die Hälfte dieser Zunahme entstand in der Zeit von 1850 bis 1989. Mehr als 40 % des Anstiegs von CO_2, Methan und Lachgas in der Atmosphäre stammen aus dem relativ kurzen Zeitraum von 1990-2019. Im Jahr 2019 war die Konzentration von CO_2 in der Atmosphäre höher als jemals zuvor während mindestens zwei Millionen Jahren. Methan und Lachgas erreichten ebenfalls höhere Konzentrationen als zu jedem anderen Zeitpunkt innerhalb der vergangenen 800.000 Jahre. Die globalen Netto-Emissionen von Treibhausgasen in einem Jahr betrugen 2019 insgesamt 59 ± 6,6 Gt CO_2-Äquivalente – ungefähr 12 % mehr als 2010 und 54 % mehr als 1990. Die globale Erwärmung hat inzwischen 1,1° Celsius erreicht im Vergleich zum Zeitraum der Jahre 1850-1900. Als Ursache für ungefähr ein halbes Grad Celsius der bisher festgestellten Erderwärmung gilt die Zunahme von Methan in der Atmosphäre. Modellrechnungen zufolge sollten die Methanemissionen bis 2030 um ein Drittel im Vergleich zu 2019 sinken, um die Pariser Klimaziele noch erreichen zu können.

Bei der Bewertung von Methanquellen spielt mittlerweile auch eine Rolle, woraus das Gas entsteht und ob es Bestandteil des oberirdischen CO_2-Methan-Kreislaufs ist: Methan im Agrarbereich wird aus Kohlenstoff gebildet, der zuvor durch die Photosynthese in Pflanzenmasse gebunden wurde. Insofern handelt es sich beim Wiederkäuer-Methan nicht um zusätzliche Treibhausgase in der Atmosphäre, son-

361 Vgl. Lynch, 2019, S. 5.

362 Vgl. Lynch et al., 2020, S. 12 f.

363 Vgl. IPCC, 2023, S. 4 u. S. 21 ff.

dern um einen Teil des Kohlenstoffkreislaufs. Davon zu unterscheiden sind Methanemissionen, die im Zusammenhang mit dem Abbau von Kohle, Öl und Erdgas entstehen. Solches Methan aus fossilen Quellen, das für sehr lange Zeit im Untergrund gespeichert war, gelangt zusätzlich in die Atmosphäre und war bis dahin nicht Teil des oberirdischen Kohlenstoffkreislaufs.[364]

Wichtig ist außerdem, dass Methan im Unterschied zu CO_2 in der Atmosphäre relativ schnell abgebaut wird. Fast das gesamte Methan wird innerhalb von 10 Jahren zu CO_2 umgewandelt. Deshalb kommt es viel weniger zu einer Akkumulation, das heißt zu einem Aufsummieren der Emissionen als beim langlebigeren CO_2. Das gilt besonders für Methan, das über lange Zeiträume in gleichbleibendem Umfang – beispielsweise von einer konstanten Zahl an Wiederkäuern – emittiert, parallel dazu aber fortlaufend abgebaut wird. Solche Emissionen führen zu einer stabilen Methangaskonzentration, die – solange unverändert – keine zusätzliche Erderwärmung auslöst. Ansteigende Konzentrationen wirken sich allerdings klimaschädigend aus. Sie entstehen dann, wenn beispielsweise die Zahl der Wiederkäuer zunimmt oder weitere Methanquellen ins Spiel kommen.[365]

Diese Erwägungen führen dazu, dass für Methan anders als beim atmosphärisch akkumulierenden CO_2 keine Netto-Null bei den Emissionen gefordert wird.[366,367] Trotzdem: Weil beim Methan die Veränderungen der Gaskonzentration in der Atmosphäre für die Klimawirkung ausschlaggebend sind, darf es keine Zunahme der Methanemissionen geben und eine Verringerung wäre vorteilhaft. Dazu sollten aber auch die unbelebten Methanquellen stärker beitragen und in den Debatten mehr Beachtung finden.

Wachsende Konkurrenz? Bioenergie und Fasern

Neben der Tierfütterung tragen zwei weitere flächenzehrende menschliche Aktivitäten zur Konkurrenz um Ackerflächen bei: der Anbau

[364] Vgl. Lynch, 2019, S. 6.
[365] Vgl. Lynch, 2019, S. 9 f.
[366] Vgl. Lynch et al., 2020, S. 8.
[367] Vgl. IPCC, 2023, S. 21 ff.

von Bioenergiepflanzen einschließlich der Speicherung und Lagerung von CO_2 im Untergrund (BECCS – Bioenergy with Carbon Capture and Storage) und die Kultivierung von Faserpflanzen, um Textilien herzustellen.

Grundsätzlich gilt Energie aus Pflanzen und Resten der Lebensmittelerzeugung als erneuerbare Energie mit ausgeglichener Kohlenstoffbilanz. CO_2, das bei der Nutzung von Biotreibstoffen entsteht, wurde kurz zuvor während des Pflanzenwachstums aus der Atmosphäre gebunden. Es trägt deshalb im Prinzip nicht zu einer Vergrößerung der oberirdisch zirkulierenden Kohlenstoffmenge bei. Kommen allerdings beim Anbau der Energiepflanzen – von Zuckerrohr über Raps bis zu schnellwachsenden Gehölzen – fossile Energieträger zum Einsatz, etwa für Maschinen und Transport, dann entsteht auch bei Biotreibstoff ein CO_2-Fußabdruck. Außerdem ist zu berücksichtigen, ob der Anbau direkt oder indirekt Landnutzungsänderungen verursacht, was zusätzliche Emissionen von längerfristig gespeichertem Kohlenstoff bewirkt. Unabhängig von seiner CO_2-Bilanz ist der Anbau von Energiepflanzen Teil der Konkurrenz um Ackerflächen.

Derzeit werden global ungefähr 83 Millionen ha Fläche genutzt, um Biokraftstoffe zu erzeugen.[368] Das entspricht ungefähr 5 % der Ackerflächen weltweit. Um die Pariser Klimaziele zu erreichen, hält der Weltklimarat allerdings den Anbau von Energiepflanzen auf bis zu 700 Millionen ha Fläche für notwendig.[369] Das wäre ein Anteil von mehr als 40 % der jetzigen Ackerflächen. Gleichzeitig geht er davon aus, dass Flächen für Energiepflanzen einschließlich Flächen für die Speicherung von CO_2 ab einem Umfang von 10-100 Millionen ha zu Risiken für die Ernährungssicherheit, die Bodenqualität und zu Wasserknappheit in trockenen Gebieten führen könnten.[370] Im Moment ist unklar, ob, wie und mit welchen Nebenwirkungen sich der Energiepflanzensektor entwickeln wird.

Pflanzliche Fasern spielen für die Flächenkonkurrenz global eine geringere Rolle, auch wenn sich regional oder lokal ein anderes Bild ergeben kann (S. 163). Baumwolle wird weltweit auf etwas mehr als

368 https://www.ufop.de/presse/aktuelle-pressemitteilungen/globaler-flaechen anspruch-durch-biokraftstoffe-gering/, aufgerufen am 30.1.2024.

369 Vgl. IPCC, 2019, S. 24.

370 Vgl. IPCC, 2019, S. 21.

30 Millionen ha produziert, d.h. auf ungefähr 2 % der weltweiten Ackerflächen.[371] Kaum ins Gewicht fällt dagegen der Anbau von Flachs, also Faserlein, auf 0,01 % der Ackerflächen.[372]

Kleinbauern und Gemischtbetriebe

Schätzungen zufolge existieren mehr als 600 Millionen Bauernhöfe auf der Welt, 90 % davon werden von Familien betrieben. Fast 85 % aller Höfe bewirtschaften kleinbäuerlich weniger als 2 ha Land. Obwohl sie zusammen nur 12 % der Agrarflächen weltweit nutzen, erzeugen sie beachtliche 35 % aller Nahrungsmittel. Weitere 10 % der Höfe haben eine Größe von 2 bis 5 ha und nutzen 6 % der Flächen. Betriebe mit mehr als 50 ha Fläche machen nur 1 % der Höfe aus, bewirtschaften aber mehr als 70 % der landwirtschaftlichen Flächen auf der Welt. In einkommensschwächeren Ländern sind die Höfe ganz überwiegend sehr klein, während in wohlhabenderen – mit Ausnahme von China – die Größe der Betriebe und der von ihnen genutzte Anteil der Landwirtschaftsflächen zunimmt.[373]

Viele Kleinbauern gehören zu den ärmsten Menschen auf der Welt und sind von Hunger betroffen. Die kleinen Höfe können zwar gute Erträge pro Flächeneinheit erwirtschaften, aber die Arbeit ist anstrengend, und die Erträge sind insgesamt durch die geringe Größe begrenzt. Deshalb bleibt das Einkommen der Kleinstbetriebe niedrig, weshalb jüngere Menschen in die Städte abwandern, um dort höhere Einkünfte zu erzielen.[374]

Zahlreiche Forschungsergebnisse verdeutlichen, dass kleinbäuerliche Betriebe eine wichtige Rolle spielen für die Anpassungsfähigkeit an den Klimawandel, den Erhalt der Biodiversität, die Ernährungssicherheit und weitere sozioökonomische Aspekte. Sie sollten deshalb weiterhin besondere Beachtung finden und gestärkt werden, wie es

[371] https://www.transgen.de/datenbank/1941.baumwolle.html, aufgerufen am 30.1.2024.

[372] https://www.2000m2.eu/de/blog/2020/11/06/die-pflanze-der-woche-faserlein/, aufgerufen am 30.1.2024.

[373] Vgl. Lowder et al., 2021, S. 4 u. S. 7.

[374] Vgl. Ritchie, 2021, ohne Seitenangabe.

auch die Nachhaltigkeitsziele der UN und die Dekade der bäuerlichen Kleinstbetriebe (S. 14) vorsehen. Vielfach belegt ist beispielsweise, dass kleine Höfe höhere Erträge pro Flächeneinheit erwirtschaften als größere, sowohl bei den Erntemengen als auch beim Wert der Produkte. Dazu kommt, dass kleine Farmen für eine höhere Biodiversität sorgen – bei ihren Erträgen, aber auch auf den von ihnen genutzten Flächen. Außerdem tragen sie zu einer vielfältigeren Landschaft bei. Größenabhängige Unterschiede bei den Treibhausgasemissionen, beim Einsatz von Technik oder bei anderen Ressourcen lassen sich dagegen nicht sicher belegen. Große Farmen sind demnach nicht wie häufig dargestellt klimafreundlicher oder effizienter beim Einsatz von Maschinen und Ähnlichem. Vor diesem Hintergrund plädieren viele Experten und Politiker für die Umverteilung von Land zugunsten der kleinen Betriebe. Die positiven Wirkungen kleinbäuerlicher Landwirtschaft sollten die Geberländer motivieren, die notwendigen Mittel für den Unterpunkt 2.3 der UN-Nachhaltigkeitsziele zu investieren: die Verdopplung des Einkommens und der Produktivität von Kleinbauern bis zum Jahr 2030.[375]

Bemerkenswert ist zudem: Ländliche Haushalte in einkommensschwächeren Ländern bestreiten 70 % ihres Einkommens mit landwirtschaftlichen Mischformen. Dabei werden einjährige Kulturen, Dauerkulturen, Tierhaltung, Waldbewirtschaftung oder Fischfang innerhalb eines Betriebes miteinander kombiniert und verzahnt, also integriert. Solche Mischsysteme sind breit aufgestellt, sowohl beim Pflanzenbau wie in der Tierhaltung, und wirtschaften mit Stoffkreisläufen. Ganz allgemein gilt, dass Mischformen verschiedene Einnahmemöglichkeiten bieten und die Ernährungssicherheit sowie die Nahrungsmittelerzeugung je Flächeneinheit steigern. Diversifizierung hilft dabei, die Risiken des Klimawandels abzufedern – aber auch Preisschwankungen. Außerdem können Mischbetriebe mit Pflanzenbau und weidebasierter Tierhaltung auch in halbtrockenen Regionen zum Funktionieren der Ökosystemleistungen von Böden beitragen, indem sie organischen Kohlenstoff anreichern und stabilisieren.[376] Darüber hinaus ermöglicht Tierhaltung in Mischbetrieben nicht nur eine vorteilhafte Düngung der pflanzlichen Kulturen, sondern begünstigt selbst in trockenen Gebie-

[375] Vgl. Ricciardi et al., 2021, S. 1 f. u. S. 4.
[376] Vgl. Baker et al., 2023, S. 1 f.

ten wie in Teilen Afrikas oder dem südlichen Mittelmeerraum eine effiziente Wassernutzung, wie etwa Daten aus Marokko verdeutlichen. Als Grund wird angeführt, dass die Landwirte für die Futtergewinnung und die Erzeugung von tierischen Lebensmitteln nahezu kein Grundwasser, sondern hauptsächlich Regenwasser nutzen – im Unterschied zum ansonsten profitableren Obst- und Gemüseanbau. Dort wird in wesentlich größerem Umfang Grundwasser zur Bewässerung eingesetzt.[377]

Frauen, Landbesitz und Tiere

Frauen haben eine Schlüsselrolle in der Landwirtschaft. Sie stellen weltweit mehr als 40 % der Arbeitskräfte in diesem Bereich und sind für die Hälfte der Lebensmittelerzeugung verantwortlich; in Ländern mit niedrigem Einkommensniveau produzieren sie sogar 60 bis 80 % der Lebensmittel. Allerdings besitzen Frauen nach wie vor weniger Land, und ihnen stehen kleinere Flächen mit schlechteren Böden zur Verfügung als Männern. Auch die FAO kommt zu dem Schluss, dass der Zugang von Frauen zu Land und der gesicherte Besitz positiven Einfluss auf die Produktivität der Farmen, die Ernährungssicherheit und das Haushaltseinkommen haben. Vor allem in Nordafrika und Westasien machen Frauen weniger als 5 % der Landbesitzer aus, in Subsahara-Afrika sind es durchschnittlich 15 %, mit großen regionalen Unterschieden.[378]

Wenn Frauen Tiere halten, trägt das nicht nur zur Geschlechtergerechtigkeit bei, sondern verbessert auch die Gesundheit, die Ernährungssicherheit in ihren Haushalten und die Bildung ihrer Kinder.[379] Vor allem Frauen nutzen und versorgen Tierrassen, die an die lokalen Verhältnisse angepasst sind. Sie schützen damit diese Vielfalt und spielen eine Hauptrolle bei der Haltung, Verarbeitung und Vermarktung von kleinen landwirtschaftlich genutzten Tieren und deren Produkten.[380]

[377] Vgl. Sraïri et al., 2021, S. 67, S. 75 u. S. 78.

[378] Vgl. FAO u. ITPS, 2015, S. 91.

[379] https://www.ilri.org/womens-empowerment-livestock-index-weli, aufgerufen am 25.1.2024.

[380] https://www.fao.org/gender/learning-center/thematic-areas/gender-and-livestock/1/, aufgerufen am 25.1.2024.

Auch für gemäßigtere Klimaverhältnisse sind bei Mischbetrieben, die Pflanzenbau und Tierhaltung kombinieren, günstige Wechselwirkungen zwischen den Betriebszweigen zu erwarten. Sie müssen weniger synthetische Düngemittel einsetzen, haben einen geringeren Bedarf an Pestiziden wegen der breiteren Furchtfolgen und erreichen eine höhere Bodenfruchtbarkeit. Auch für Mischbetriebe in Mitteleuropa ist insgesamt davon auszugehen, dass sie Ressourcen besser nutzen und widerstandsfähiger gegenüber Krisen sind als Höfe mit vollständig getrennten Betriebszweigen.[381] Anhand von Modellen errechneten französische Wissenschaftler bei Mischbetrieben sogar leicht verminderte Treibhausgasemissionen und ausgeglichenere Stickstoffbilanzen, vor allem dann, wenn hofeigener organischer Dünger für den Pflanzenbau genutzt wird.[382]

Pastoralismus

Ungefähr 40 % der globalen Landoberfläche sind Trockengebiete. In etwas mehr als der Hälfte dieser Gebiete leben ungefähr 3 Milliarden Menschen, häufig armutsanfällige Kleinbauern und Pastoralisten, deren Existenz stark gefährdet ist, weil sich ihre Umwelt erheblich verändert.[383, 384]

Die Lebens- und Wirtschaftsweise der Pastoralisten galt lange Zeit als ineffizient und belastend für Naturräume. Inzwischen wird diese Art der Landnutzung aber vielfach positiv bewertet, gerade in ökologischer Hinsicht. Pastoralisten nutzen mit ihren Tieren – Rinder, Schafe, Ziegen, Kamele, Lamas, Alpakas, Yaks, Pferde, Esel und Rentiere – natürliche Weiden und leben ganz oder teilweise nomadisch.

Knapp 200 Millionen Menschen halten Tiere in pastoralen oder agropastoralen Verfahren. Sie leben von und mit ihren umherziehenden Herden und bewirtschaften teilweise etwas Ackerland. Mit ihren Tieren beweiden sie Flächen in kalten und warmen Regionen der Erde, die sich nicht anders nutzen lassen, meistens in Trockengebieten oder

381 Vgl. Mosnier et al., 2022, S. 312.

382 Vgl. Mosnier et al., 2022, S. 321.

383 https://de.statista.com/statistik/daten/studie/1180900/umfrage/anteil-von-trockengebiete-an-der-gesamtflaeche-der-weltregionen/, aufgerufen am 16.4.2024.

384 Vgl. IPBES, 2018, S. 26.

Gebirgen. Die natürlichen Weideflächen, so wie sie durch den Pastoralismus geprägt sind, gelten als wichtige globale Ressource für die Biodiversität und für die Speicherung von organischem Kohlenstoff. Das UN-Umweltprogamm UNEP teilt inzwischen die Ansicht, dass Pastoralismus eines der nachhaltigsten lebensmittelliefernden Systeme ist.[385, 386]

Dafür gibt es eine ganze Reihe von Gründen: Pastoralismus basiert auf einer Vielfalt von Tierarten, Rassen und Pflanzen. Er nutzt positive Wechselwirkungen zwischen Grasfressern und Weideland. Die Mobilität der Tiere lässt eine Anpassung an Niederschläge und Futteraufwuchs zu, was die Widerstandsfähigkeit des Systems erhöht. Tierdung, Raufutter und Erntereste bilden Stoffkreisläufe, sodass sich mit einem Minimum an Ressourcen qualitativ hochwertige Nahrungsmittel erzeugen lassen. Außerdem hat Pastoralismus eine lange kulturelle Tradition und ermöglicht regionale Wertschöpfung.[387] Darüber hinaus hat sich gezeigt, dass pastorale Wirtschaft klimaneutral sein kann, wenn man die entstehenden Treibhausgase mit der Fixierung von Kohlenstoff im beweideten Boden, den Bäumen auf den Weideflächen und den Tieren selbst verrechnet.[388]

Tatsächlich sieht die FAO Pastoralismus als beispielgebendes Modell, das auf Schwankungen der Umweltbedingungen mit starker Veränderlichkeit reagieren kann. Das gilt besonders für Trockengebiete und Gebirge, aber auch darüber hinaus. Die hohe Variabilität der Wirtschaftsweise sichert stabile Erträge und trotzt bis zu einem gewissen Grad den Schwankungen und Unsicherheiten wegen des Klimawandels.[389] Neben der Klimakrise setzen den Pastoralisten allerdings das Bevölkerungswachstum und die zunehmende Sesshaftigkeit in manchen Regionen zu und vermehren Landnutzungskonflikte.[390]

385 Vgl. Oxfam et al., 2016, S. 21 f.

386 Vgl. FAO, 2021b, S. 1.

387 Vgl. FAO, 2021b, S. 4.

388 Vgl. Assouma et al., 2019, S. 2.

389 Vgl. FAO, 2021b, S. 2.

390 https://www.dandc.eu/de/article/uganda-konkurrieren-wildtiere-mit-viehzucht-und-landwirtschaft-um-ressourcen-bessere, aufgerufen am 16.4.2024.

Perspektiven für Grasland und Weidewirtschaft

Große Anteile der eisfreien Landfläche sind Grasland, also permanent mit Gras bedeckte Flächen wie Wiesen und Weiden. In den Trockengebieten der Welt werden sehr viele Flächen beweidet.[391] Trotz des Konkurrenzdrucks wird eine Umwandlung dieser Flächen in Ackerland – falls überhaupt möglich – aus mehreren ökologischen Gründen kritisch bewertet (S. 126). Zugleich stellt sich die Frage, wie sich das Management von Grasland aller Art so weiterentwickeln lässt, dass von einer nachhaltigen Nutzung gesprochen werden kann.

Viele Vorschläge und Praktiken versuchen, sich am Weideverhalten von natürlich oder ursprünglich vorkommenden Wildwiederkäuern zu orientieren. Im Ergebnis sollen die beweideten Flächen offengehalten werden und mosaikartige Strukturen zugunsten der Biodiversität entstehen. Der Verbiss durch die Tiere muss einerseits so intensiv sein, dass er das Wachstum des Grases einschließlich seiner Wurzeln anregt. So wird Biomasse vermehrt – oberirdisch als Futter und Bodenbedeckung, unterirdisch zur Kohlenstoffbindung (S. 75). Andererseits darf keine zu intensive Beweidung, also Überweidung, stattfinden, weil dies die Grasnarbe zerstört, Erosion begünstigt und die Kohlenstoffspeicherung vermindert. Durch Überweidung geschädigte Flächen sind vor allem außerhalb der gemäßigten Klimazone ein weit verbreitetes Problem.[392]

Zwei Elemente haben sich weltweit für ein nachhaltiges Grün- bzw. Graslandmanagement besonders bewährt. Zum einen ist dies ein extensiver Tierbesatz, der je nach Region, Niederschlägen und Futteraufwuchs variiert. In niederschlagsreichen Regionen Europas werden 0,2 bis 1 Großvieheinheit (GV) pro ha im Jahresdurchschnitt als extensiv betrachtet, während in Trockengebieten häufig sehr viel mehr Fläche, etwa 6 ha pro GV, zur Verfügung stehen muss.[393, 394] Zum anderen spielt eine bedeutende Rolle, dass sich für den Bewuchs der Grasflächen Nutzungs- und Ruhephasen abwechseln, etwa durch Rotation. Dabei ist die Beweidung einer Fläche zeitlich begrenzt und

391 Vgl. IPBES, 2019, S. 31.

392 Vgl. Don et al., 2018, S. 5.

393 Vgl. Metzner et al., 2010, S. 358.

394 Vgl. Mokhesengoane et al., 2021, S. 19.

die Tiere werden nach der Nutzung auf eine andere Fläche umgetrieben. Rotationen lassen sich erweitern durch verschiedene Tierarten mit unterschiedlichem Fressverhalten, was der Weidepflege dient und den Parasitendruck reduziert.[395] Letzteres ermöglicht, weniger ökologisch problematische Antiparasitika einzusetzen. Entweder grasen die Spezies gemeinsam während der Nutzungsphasen oder zu unterschiedlichen Zeiten. Gut angepasste traditionelle pastorale Weidesysteme enthalten diese Elemente – extensiven Besatz und wechselnde Nutzung – ebenfalls.

Vermehrte Beachtung in der Fachwelt erfahren seit einiger Zeit Formen des Weidemanagements, die das Verhalten der Wildwiederkäuerherden noch stärker nachahmen sollen als extensive Beweidung. Sie lösen aber auch kontroverse Debatten aus, und die Resultate bei der Umsetzung sind uneinheitlich. Das sogenannte „high density grazing“ ähnelt dem „Mob Grazing“ (S. 94): Viele an die Futtergrundlage angepasste Tiere werden für kurze Zeit auf relativ kleine Flächen gebracht, um dort den Aufwuchs gleichmäßig abzuweiden und Dung abzusetzen. Anschließend folgt eine lange Ruhephase für die Vegetation.[396]

Andere Weidesysteme, die als nachhaltig gelten, beziehen Baumbewuchs als Schattenspender, Nahrungsquelle und Kohlenstoffspeicher in ihr Konzept ein: Agroforstsysteme kombinieren beispielsweise Obstbäume mit einer Beweidung des Standorts durch Schafe oder Rinder; und Waldweiden haben auch in Europa eine lange Tradition, werden aber nur noch selten praktiziert.[397]

Kurz zusammengefasst

Die Landflächen auf der Erde sind begrenzt und von unterschiedlicher Qualität. Sie sollen nicht nur Nahrungs- und Futtermittel, Fasern für Kleidung und Brennstoffe liefern, sondern möglichst gleichzeitig Raum für Biodiversität bieten und dem Klimaschutz dienen, etwa als CO_2-Senken.

[395] Vgl. Mosnier, 2022, S. 312.

[396] Vgl. Franke u. Kotzé, 2022, S. 69.

[397] Vgl. Baker et al., 2023, S. 3.

Ein Siebtel der Futtermittel für Tiere könnten Menschen verzehren. Die Konkurrenz um Flächen wird zudem verschärft durch den Anbau von Futterrüben, Silagen und Soja, das überwiegend als Futtermittel genutzt wird. Durch Verzicht auf solche Futtermittel ließe sich mindestens ein Fünftel aller Ackerflächen weltweit für andere Zwecke einsetzen, etwa zur Nahrungsmittelerzeugung. Eine konkurrenzfreie Tierfütterung zu etablieren – und nicht vollständig auf Tierhaltung zu verzichten, wie es der Veganismus fordert –, würde ermöglichen, von den positiven Nebeneffekten der Tierhaltung zu profitieren. Dazu zählen die organische Düngung und die Landschaftspflege im Rahmen einer nachhaltigen Landbewirtschaftung – aber auch eine möglichst effiziente Nutzung landwirtschaftlicher Flächen.

Der Bedarf an Ackerflächen ist am niedrigsten bei einer Ernährung mit einem geringen Anteil an Protein tierischer Herkunft. Die Lebensmittel tierischen Ursprungs müssen dafür allerdings aus Tierhaltungen stammen, in denen die Tiere ausschließlich Futter erhalten, das Menschen nicht nutzen können oder wollen, also konkurrenzfrei gefüttert werden.

Tiere, vor allem Wiederkäuer, können Gras und diverse für Menschen nicht genießbare Futtermittel aufschließen und zu hochwertigen Nahrungsmitteln umwandeln, insbesondere im Hinblick auf Proteine und Mikronährstoffe. Gras- und resteverwertende Tiere tragen deshalb zur Ernährungssicherung bei, vor allem in Regionen mit einseitiger Ernährung oder stark eingeschränkten Anbaumöglichkeiten für pflanzliche Nahrungsmittel. Auch kleinbäuerliche Betriebe oder traditionelle Lebensformen wie der Pastoralismus nutzen das Potenzial von Tieren, Gras und Reste zu Nahrungsmitteln aufzuwerten.

Die Diskussion um die Klimaschädlichkeit von Tierhaltung, insbesondere von Wiederkäuern, erhält durch eine Neubewertung von Methan aus lebenden Quellen einen neuen Anstoß. Bei globaler Umsetzung konkurrenzfreier Tierfütterung entstünden durch die freiwerdenden Flächen zudem weitere Chancen für den Klima- und Biodiversitätsschutz.

Verluste, Reste und Stoffkreisläufe

Menschen hungern, Ackerflächen sind knapp, die Lebensmittelproduktion belastet das Klima und unberührte Lebensräume stehen unter hohem Konkurrenzdruck. Trotzdem leistet sich das globale Ernährungssystem riesige Verluste auf dem Weg von den Äckern bis zu den Tellern – und darüber hinaus. Internationalen Schätzungen zufolge kommen 25 bis 30 % der globalen Ernten nicht dort an, wo sie gebraucht werden, oder erfüllen nicht, wofür sie produziert wurden.[398] Ernteverluste, Lebensmittelabfälle und ungenügende Resteverwertung stellen eine Vergeudung wertvoller Ressourcen dar. Hinzu kommen Nährstoffströme, die nicht zum Kreislauf geschlossen werden. Sie tragen wie unsichtbare Lecks zur Verschwendung bei und verursachen Umweltbelastungen. Zum Schutz von Klima und Umwelt – aber auch für eine bessere Wirtschaftlichkeit – gilt es, alle Varianten von Verlusten und Vergeudung in den Ernährungssystemen zu minimieren. Dafür gibt es viele Vorschläge, und manche basieren auf Tieren in der Landwirtschaft.

Ausmaß und Folgen der Verluste

Die internationalen Organisationen unterscheiden zwischen Lebensmittelverlusten und Lebensmittelabfällen. Erstere entstehen ab der Ernte bzw. ab der Schlachtung entlang der gesamten Wertschöpfungskette bis vor die Stufe des Einzelhandels. Lebensmittelabfälle hingegen treten beim Lebensmitteleinzelhandel auf und bei Endverbrauchern wie Haushalten oder Gastronomie.[399]

Die UN-Nachhaltigkeitsziele sehen in Unterpunkt 12.3 eine Halbierung der Lebensmittelabfälle bis zum Jahr 2030 vor sowie eine nicht näher quantifizierte Verringerung der Lebensmittelverluste.[400] Lebens-

[398] Vgl. IPCC, 2019, S. 24.

[399] Vgl. UNEP, 2021, S. 9 u. S. 19.

[400] https://sdg-indikatoren.de/12/, aufgerufen am 12.4.2024.

mittelabfälle und -verluste verursachen zusammen geschätzte 8 bis 10 % der globalen Treibhausgasemissionen. Bei einer erfolgreichen Halbierung der Abfälle und der Verluste würden im Jahr 2050 14 % weniger Ackerflächen benötigt, stellten Experten des Weltklimarates fest.[401]

Verluste auf vielen Ebenen

Genau betrachtet beginnen die Verluste bereits vor der Ernte, nämlich ab der Aussaat oder dem Ausbringen von Knollen und Stecklingen auf den Feldern. Ursachen dafür sind mangelnde oder übermäßige Niederschläge, ungünstige Bodenverhältnisse, fehlende Nährstoffe, ungeeignete Sorten, Pflanzenkrankheiten, Schädlingsbefall und vieles mehr. Auf diese Weise entstehen Ertragslücken, also Differenzen zwischen erwarteter und tatsächlicher Erntemenge, die sich negativ auf die Ernährungssicherheit auswirken.

Lebensmittelverluste im engeren Sinne treten erst ab der Ernte oder Schlachtung auf; sie führen zum Verlust von 14 % der Nahrungsmittel entlang der Wertschöpfungskette bis vor die Stufe des Lebensmitteleinzelhandels.[402] Immerhin sind die Anteile von Fleisch (3 %) und Milchprodukten (5 %) an diesen Verlusten vergleichsweise gering.[403] Je nach Region und Art der Lebensmittel unterscheiden sich die Verlustraten deutlich. Vor allem bei leicht verderblichen Nahrungsmitteln wie Obst oder Fisch können sie sehr hoch sein. Für Obst und Gemüse summieren sich die Verluste ab der Ernte, bei der Verarbeitung und beim Vertrieb in Europa auf 15 %, während es in Subsahara-Afrika 35 % sind.[404]

Neben der Unterscheidung zwischen Verlusten vor und nach der Ernte lässt sich auch zwischen quantitativen und qualitativen Verlusten differenzieren. Erstere bezeichnen den mengenmäßigen Schwund entlang der Lebensmittelkette. Qualitative Verluste bedeuten dagegen,

[401] Vgl. Mbow et al., 2019, S. 492.

[402] Vgl. UNEP, 2021, S. 71.

[403] https://www.mckinsey.com/industries/consumer-packaged-goods/our-insights/reducing-food-loss-what-grocery-retailers-and-manufacturers-can-do, aufgerufen am 16.2.2024.

[404] Vgl. FAO et al., 2022, S. 80.

dass Produkte nicht mehr als Nahrungsmittel für Menschen geeignet sind, aber noch andere Zwecke erfüllen, etwa als Tierfutter oder Rohstoff für Bioenergie. Qualitative Verluste entstehen zum Beispiel durch Verschmutzungen oder Schädlingsbefall während der Lagerung der Ernte. Auch kommt es vor, dass Produkte den Qualitätsanforderungen der verarbeitenden Betriebe nicht entsprechen und deshalb aussortiert werden.

Lebensmittelabfälle weltweit

Lebensmitteleinzelhandel, Haushalte und andere Endverbraucher wie die Gastronomie warfen weltweit bislang jährlich mehr als 900 Millionen t Lebensmittel weg.[405] Das entspricht nach Einschätzung des UN-Umweltprogramms UNEP 17 % aller Lebensmittel. Diese Abfälle belasten Klima und Umwelt in besonderem Maße, wenn sie bei Verbrauchern anfallen, weil sie dann in der Regel bereits mehrere Verarbeitungsschritte durchlaufen haben sowie verpackt und transportiert wurden. Privathaushalte sind global für annähernd zwei Drittel der Lebensmittelabfälle verantwortlich.[406]

Laut den Hochrechnungen von UNEP landen in den privaten Haushalten weltweit im Durchschnitt 76 bis 91 kg Lebensmittel pro Person und Jahr im Abfall. Einschränkend ist allerdings hinzuzufügen, dass die Daten zu Ländern mit niedrigen Einkommen nicht ausreichten, um in die Berechnung einzufließen. Vorhandene Hinweise lassen dort aber ähnlich große Abfallmengen erwarten. In Ländern mit hohen Einkommen fallen zusätzlich pro Person und Jahr 13 kg Lebensmittelabfälle im Einzelhandel und 26 kg in der Außer-Haus-Verpflegung an, z. B. in der Gastronomie. Für Länder mit mittleren oder niedrigen Einkommen lagen für diese Bereiche keine auswertbaren Daten vor.[407]

Anders als lange angenommen, spielt das Einkommensniveau in unterschiedlichen Regionen keine ausschlaggebende Rolle für die Abfallmenge. Zwar gibt es die Vermutung, dass der Anteil nicht-verzehrbarer Lebensmittelabfälle in Ländern mit geringeren Einkünften wegen

[405] Vgl. WHO, 2022, S. 12.

[406] Vgl. UNEP, 2021, S. 8 u. S. 20.

[407] Vgl. UNEP, 2021, S. 55.

anderer Kochgewohnheiten höher ist als in wohlhabenden Regionen, gleichwohl ist die gesamte Menge an Lebensmittelabfällen in diesen Ländern so groß, dass Ansätze wie Kreislaufwirtschaft und andere Verwertungsstrategien auch dort Bedeutung erlangen. Die Menge an Lebensmittelabfällen weltweit ist nach aktuellen Angaben mehr als doppelt so groß verglichen mit früheren Schätzungen.[408]

Verluste durch Überernährung und Tierfütterung

Überernährung birgt erhebliche Risiken für die menschliche Gesundheit, die gut erforscht und Teil öffentlicher Diskussionen sind. Weniger präsent ist, dass Überernährung als eine Form von Lebensmittelverlust betrachtet werden kann und ebenfalls zu unnötigen Treibhausgasemissionen entlang der Wertschöpfungskette führt.[409] Berechnungen legen nahe, dass die Verluste im Ernährungssystem durch Überernährung mindestens so umfangreich sind wie die Lebensmittelabfälle von Verbrauchern, mit vergleichbaren negativen Auswirkungen.[410]

Als weitere Lebensmittelverluste können die Bestandteile in Tierfutter betrachtet werden, die auch für Menschen essbar wären. Je nach Methode und Einordnung der Futtermittel im Hinblick auf Nahrungskonkurrenz variiert der Ernteanteil, der durch Tierfütterung für die menschliche Ernährung verloren geht (S. 125f.).

Vergeudung vermeiden, Verluste verringern

Verallgemeinernd gilt die Einschätzung, dass sich etwas mehr als die Hälfte aller Verluste entlang der gesamten Lebensmittelwertschöpfungskette vermeiden ließe.[411] Dafür gibt es viele Möglichkeiten. Gerade bei den Lebensmittelabfällen aus privaten Haushalten sind alle Konsumenten aufgefordert, ihr eigenes Verhalten kritisch zu hinterfragen. Denn: Insbesondere das Einkaufsverhalten beeinflusst die

[408] Vgl. UNEP, 2021, S. 8 u. S. 56 f.

[409] Vgl. Mbow et al., 2019, S. 492.

[410] Vgl. Alexander et al., 2017, S. 197 f.

[411] Schmidt et al., 2019, S. XVIII.

Abfallmenge. Um Ressourcen und Geld zu sparen, raten deshalb unterschiedlichste Organisationen dazu, Lebensmitteleinkäufe vorausschauend zu planen und nicht spontan einzukaufen. Weitere Empfehlungen lauten, ältere Lebensmittel etwa im Kühlschrank vorn zu lagern, um sie früher zu verzehren, und beim Kochen auf Resteverwertung zu achten.[412]

Lebensmittelabfälle in Deutschland[413]

Die Mitgliedstaaten berichten der EU in regelmäßigen Abständen über Lebensmittelabfälle. In Deutschland kamen im Jahr 2020 knapp 11 Millionen t zustande. Dazu gehörten neben Speiseresten und nicht verkauften Lebensmitteln auch nicht essbare Bestandteile wie Schalen, Strünke, Blätter, Kaffeesatz und Knochen. Der Großteil der Lebensmittelabfälle entsteht auch hierzulande in Privathaushalten (59 %); jeder Verbraucher wirft etwa 78 kg Lebensmittel im Jahr weg. Auf die Lebensmittelverarbeitung entfallen 15 % der Abfälle, auf den Handel 7 % und auf die Außer-Haus-Verpflegung 17 %.

Zur Verringerung der Verluste, die weltweit während und nach der Ernte entstehen, gibt es zahlreiche relativ unumstrittene Vorschläge und Strategien. Sie schließen häufig Infrastrukturprojekte ein und reichen von Verbesserungen bei der Erntetechnik, über die sichere Lagerung von Produkten einschließlich Kühlmöglichkeiten bis zu Lösungen für logistische Probleme wie fehlende Transportmittel oder Verbindungswege. Darüber hinaus müssen Produzenten und Verarbeiter passende Absatzmöglichkeiten und Zugang zu Märkten haben. Alle diese Bereiche können zum Verderb und Schwund von Ernten und Erträgen beitragen. Als ausschlaggebend gilt zudem eine bessere Abstimmung aller Beteiligten entlang der Wertschöpfungskette, damit

[412] https://www.fao.org/fao-stories/article/en/c/1309609/, aufgerufen am 14.2.2024.

[413] https://www.bmel.de/DE/themen/ernaehrung/lebensmittelverschwendung/studie-lebensmittelabfaelle-deutschland.html, aufgerufen am 14.2.2024.

Erzeuger und Verarbeiter quantitativ und qualitativ herstellen, was tatsächlich benötigt wird.[414, 415]

Ertragslücken verkleinern

Kontroverser verläuft dagegen die Debatte über geeignete Strategien gegen Lebensmittelverluste vor der Ernte, die sogenannten Ertragslücken. Die Notwendigkeit, solche Lücken zu verkleinern, lässt sich kaum bezweifeln. Für die Ernährung der künftigen Weltbevölkerung muss die Landbewirtschaftung in vielen Regionen der Welt intensiviert werden – nicht zuletzt, um die Ausdehnung von Agrarflächen zu bremsen. Umstritten ist allerdings, wie sich Ertragslücken auf nachhaltige Art und Weise im Sinne der UN-Entwicklungsziele schließen lassen – ohne weitere Zerstörungen an den Ökosystemen und mit einer gerechteren Verteilung von Gütern und Einkommen.

Vor allem zwei Aspekte führen zu gegensätzlichen Einschätzungen. Zum einen geht es um die zusätzlichen Pflanzennährstoffe, die für höhere Erträge notwendig sind, einschließlich ihrer Herkunft – synthetisch, mineralisch oder organisch (S. 82). Zum anderen wird debattiert, wie die Bekämpfung von Pflanzenkrankheiten und Schädlingsbefall erfolgen soll: durch chemisch-synthetische Pestizide, auch in Kombination mit gentechnisch veränderten Pflanzen, oder bevorzugt durch Pflanzenextrakte, Mischkulturen und vielfältige Fruchtfolgen in Verbindung mit lokal angepassten Pflanzenvarietäten und Sorten. Die Debatte gewinnt an Bedeutung angesichts bereits eingetretener negativer Auswirkungen intensiver Agrarsysteme, wie etwa der Überdüngung von Gewässern in vielen Gebieten Mitteleuropas.

[414] Vgl. FAO, 2022, S. 24 f. u. S. 27.

[415] https://www.mckinsey.com/industries/consumer-packaged-goods/our-insights/reducing-food-loss-what-grocery-retailers-and-manufacturers-can-do, aufgerufen am 16.2.2024.

Landwirtschaft nachhaltig intensivieren[416]

Unter einer nachhaltigen Intensivierung verstehen viele Experten und Akteure eine höhere Produktivität der Landwirtschaft verbunden mit einer Verringerung der negativen Auswirkungen auf die Umwelt. Die Hauptaufgabe bei diesem Ansatz ist, mehr Nahrungsmittel zu produzieren und dafür weniger Ressourcen einzusetzen, um auf diese Weise den ökologischen Fußabdruck so klein wie möglich zu halten. Vor allem in von Armut geprägten Regionen herrscht diese produktivitätsorientierte Vorstellung einer nachhaltigen Intensivierung vor.

Inzwischen mehren sich aber die Stimmen, die eine umgekehrte Herangehensweise empfehlen: Nachhaltige Intensivierung der Landwirtschaft müsse bei Prinzipien wie der Einhaltung planetarer Grenzen beginnen. Die Stabilität der Erde wäre dann der Ausgangspunkt und nicht Folge oder Nebeneffekt nachhaltiger Intensivierung. Das Ziel müssten multifunktionale Agrar-Ökosysteme sein, die von der natürlichen Umgebung unterstützt werden und durch nachhaltige Praktiken wiederum zu ihrem Erhalt beitragen. Ökologische Prozesse wie etwa die Kohlenstoffbindung in Böden und Biomasse ließen sich dann nutzen, um die Produktivität zu erhöhen und zum Lebensunterhalt der Menschen beizutragen.

Dass ökologische, international auch als organisch bezeichnete Wirtschaftsweisen im Vergleich zu konventioneller Landwirtschaft weniger schädlich für Umwelt und Klima sind, haben bereits viele Untersuchungen verdeutlicht. Ursachen dafür sind insbesondere der geringere Einsatz von Pestiziden und reduzierte Stickstoff-Überschüsse. Der Ökolandbau sieht sich gleichwohl seit Langem mit der Kritik konfrontiert, zu geringe Erträge pro Flächeneinheit zu erzielen, Ertragslücken also nicht ausreichend schließen zu können, und zu viel Fläche zu benötigen.[417]

Berechnungen eines internationalen Teams zeigen aber, dass sich die Menschheit bei einer weltweiten Umstellung auf ökologische Landwirtschaft auch künftig ernähren kann – vorausgesetzt, andere not-

416 Vgl. Rockström et al., 2017, S. 5 f. u. S. 9.

417 Vgl. Muller et al., 2017, S. 2 f.

wendige Veränderungen in den Ernährungssystemen treten gleichzeitig ein. Dazu zählen die konsequente Verringerung der Lebensmittelverluste und -abfälle sowie Veränderungen bei der Tierfütterung und beim Ernährungsverhalten. Insgesamt würden nicht mehr, sondern weniger Ackerflächen beansprucht als bei einer Fortsetzung der bisherigen Praktiken.[418]

Diese Ergebnisse unterstreichen: Sowohl im Ökolandbau als auch in der konventionellen Landwirtschaft sind vermeidbare Verluste von Nahrungsmitteln und Nährstoffen ebenso wichtig zu verhindern wie andauernde Schäden an Ökosystemleistungen.

Reste verwerten

Verluste von Lebensmitteln zu vermeiden, mindert die Konkurrenz um Anbauflächen und schont die Umwelt. Entlang der Wertschöpfungskette für Nahrungsmittel entstehen allerdings auch nicht oder schwer vermeidbare Verluste in Form von Ernteresten und Nebenprodukten aus lebensmittelverarbeitenden Betrieben.

Ein Teil dieser Nebenprodukte dient der menschlichen Ernährung, wie etwa Molkenpulver in Proteinshakes oder Kleie in Knäckebrot. Viele eignen sich jedoch nicht für den Verzehr durch Menschen oder fallen in zu großen Mengen an, um sie vollständig als Nahrungsmittel zu verwenden. Sie können aber wichtige Bestandteile einer konkurrenzfreien Tierfütterung sein. Durch Verfüttern lassen sie sich indirekt für die menschliche Ernährung nutzen und in den Nährstoffkreisläufen halten.

Weltweit machen Erntereste und Nebenprodukte der Lebensmittelerzeugung fast 30 % aller eingesetzten Futtermittel aus.[419] Je stärker die Reste bzw. Nebenprodukte verarbeitet sind, umso eher eignen sie sich als Futter für Monogastrier, vor allem Schweine. Nebenprodukte aus der Backwarenindustrie oder der Nudelherstellung können beispielsweise Getreide im Schweinefutter teilweise ersetzen.[420]

[418] Vgl. Muller et al., 2017, S. 3 u. S. 6.

[419] Vgl. Mottet et al., 2017, S. 5.

[420] Vgl. Pinotti et al., 2021, S. 9.

Beispiele für Erntereste und Nebenprodukte aus der Lebensmittelverarbeitung

Zu den Ernteresten zählen Stroh, Blätter und Stängel von Maispflanzen, Zuckerrübenblätter, Strünke und andere Pflanzenreste. Bei Nebenprodukten aus der Lebensmittelverarbeitung handelt es sich häufig um sogenannte Pülpen.

Pülpe: feuchte oder nasse pflanzliche Reste nach dem Auspressen oder der Extraktion von bestimmten Bestandteilen wie Stärke oder Öl. Ein bekanntes Beispiel ist die Kartoffelpülpe. Zu den Pülpen zählt auch Obsttrester aus der Saftgewinnung. Häufig werden spezifischere Bezeichnungen verwendet.

Ölkuchen: feste Reste nach dem Abpressen von Pflanzenöl aus Ölsaaten wie Raps oder Sonnenblumen. Sie finden als proteinreiche Futterkomponenten Verwendung.

Extraktionsschrote: Reste nach dem Heißpressen oder der Extraktion von Pflanzenöl, z. B. Rapsextraktionsschrot. Zu beachten ist: Sojaextraktionsschrot, kurz Sojaschrot, wird in der Regel nicht als Rest oder Nebenprodukt eingestuft, weil Soja hauptsächlich angebaut wird, um den Schrot als Tierfutter zu gewinnen.[421]

Kleie: Sammelbegriff für Reste der Getreidekörner nach dem Absieben des Mehls.

Molke: Restflüssigkeit aus Milch nach der Käseherstellung. Enthält Milchzucker und Proteine. Wird häufig getrocknet angeboten.

Schlempe: pflanzliche Reste im Brennkessel nach der Gewinnung von Alkohol aus Getreide.

Zuckerrübenschnitzel: faserreiches Futtermittel aus der Zuckergewinnung.

Abb. 8: Nebenprodukte aus einer Mühle: Kleie, aussortierte Linsen und sogenanntes Ausputzgetreide

[421] Vgl. Mottet et al., 2017, S. 2.

Alternativ zur Nutzung als Tierfutter können Erntereste häufig direkt als organischer Dünger in den Ackerboden eingearbeitet werden. Reste und Nebenprodukte aus der Lebensmittelverarbeitung lassen sich dagegen wie Lebensmittelabfälle in Biogasanlagen verwerten, deren Gärreste auch als Dünger zum Einsatz kommen. Beide Wege führen die Nährstoffe zwar ebenfalls in die Kreisläufe zurück, allerdings findet keine Aufwertung, kein Upcycling zu Lebensmitteln statt. Außerdem lassen sich durch das Verfüttern der Reste oder Abfälle an Tiere mehr Treibhausgasemissionen einsparen als durch die Verwertung in Biogasanlagen.[422] Das liegt vor allem an den freiwerdenden Ackerflächen, die etwa aufgeforstet werden könnten.[423] Lebensmittelabfälle als Ersatz für konventionelles Tierfutter zu nutzen, entlastet die Umwelt auch in mehreren anderen Bereichen stärker als die Entsorgung über Biogasanlagen.[424]

Am wenigsten nachhaltig ist es, Nebenprodukte und Reste aus der Lebensmittelverarbeitung oder Lebensmittelabfälle über Deponien zu entsorgen und dort Methanemissionen zu verursachen.[425] Auch deshalb haben sich mittlerweile Firmen darauf spezialisiert, die sogenannten „leftovers“ zu Futtermitteln aufzubereiten und damit die Umweltbilanz der Lebensmittelwertschöpfungskette zu verbessern.[426]

Lebensmittelabfälle dienen auch heute noch in vielen Ländern der Fütterung von Tieren, die – vor allem in Form der sogenannten Hinterhofhaltungen – einen wichtigen Beitrag zur Ernährungssicherung leisten (S. 128). In vielen industrialisierten Ländern findet das Verfüttern von Essensresten allerdings kaum mehr statt oder ist aus seuchenrechtlichen Gründen sogar verboten. Die Reste landen dann in Biogas- oder Kompostierungsanlagen, zum Teil auch in der Müllverbrennung und auf Deponien. Im Zuge der Debatte über Tierhaltung ohne Nahrungskonkurrenz könnte sich das ändern.

422 Vgl. Feedback, 2021, S. 3.

423 Vgl. Feedback, 2020, S. 48.

424 Vgl. Salemdeeb et al., 2017, S. 875 f.

425 Vgl. Salemdeeb et al., 2017, S. 871.

426 https://gfsolutions.com/project/bob-evans-farms/, aufgerufen am 24.2.2024.

Stoffkreisläufe schließen

Die Zukunft der Menschen hängt nicht nur vom Kohlenstoffkreislauf ab, sondern auch vom Stickstoffkreislauf, weil Pflanzenwachstum auf Stickstoff angewiesen ist. Um Ertragslücken zu verkleinern, ist in vielen Teilen der Welt mehr Stickstoffdüngung nötig. Diese birgt aber auch Umweltrisiken, weil es zu Nährstoffverlusten in die Umgebung kommen kann. Solche Verluste sind in Form von Lachgas klimaschädlich und in Form von Nitrat gewässerbelastend.[427] Deshalb ist die Frage entscheidend, wie sich solche umweltbelastenden Verluste bestmöglich verhindern lassen – bei gleichzeitig ausreichender Nährstoffversorgung der pflanzlichen Kulturen.

Global stammen derzeit ungefähr gleich große Stickstoffmengen für die Düngung aus synthetischen Prozessen und aus Tierhaltungen, zusammen ungefähr 230 Millionen t pro Jahr.[428] Wie sich herausgestellt hat, werden im Durchschnitt nur etwas mehr als 40 % des zur Düngung ausgebrachten Stickstoffs in pflanzlichen Ertrag umgewandelt.[429] Mehr als die Hälfte stellt einen Nährstoffüberschuss dar und geht in die Umwelt verloren. Diese umweltbelastenden Stickstoffverluste sind global ungefähr gleich groß wie die Menge an synthetisch hergestelltem Stickstoffdünger.[430] Nachhaltige Landwirtschaft benötigt vor diesem Hintergrund dringend Strategien für eine effiziente Stickstoffnutzung durch Pflanzen und geringere Verluste in die Umgebung.

Eine Möglichkeit besteht darin, synthetische Stickstoffdüngemittel noch viel gezielter als bisher und entsprechend dem tatsächlichen Bedarf der Pflanzenkulturen einzusetzen.[431] Da die Nährstoffe mineralisiert, also pflanzenverfügbar vorliegen, können die Pflanzen sie schnell aufnehmen und für ihr Wachstum nutzen. Die hohe Pflanzenverfügbarkeit stellt jedoch zugleich ein Risiko dar, weil solche Nährstoffe leicht ausgewaschen oder schnell zu klimaschädlichem Lachgas umgewandelt werden. Außerdem erfordert die Herstellung synthetischer Düngemittel viel Energie (S. 83), und sie müssen teilweise über

[427] Vgl. Smerald et al., 2022, S. 2.

[428] Vgl. Gao u. Cabrera Serrenho, 2023, S. 171.

[429] Vgl. Zhang et al., 2015, S. 5.

[430] Vgl. Gu et al., 2023, S. 77.

[431] Vgl. Gu et al., 2023, S. 78.

weite Strecken transportiert werden. Darüber hinaus müssen die Landwirte synthetischen Dünger bezahlen, was sich gerade kleinbäuerliche Erzeuger oft kaum leisten können.

Eine Alternative ist, verstärkt auf tierische Exkremente zu setzen und damit Nährstoffkreisläufe wenigstens teilweise zu schließen. Auf dem Umweg über die Verdauung von Tieren lassen sich Nährstoffe aus dem Futter konzentrieren und den Anbauflächen wieder zuführen. Die Verdauung der Wiederkäuer macht es sogar möglich, Gras nicht nur in hochwertiges Nahrungsprotein (S. 128) umzuwandeln, sondern auch in Dünger. Allerdings sind die Nährstoffe aus tierischen Düngern unterschiedlich gut pflanzenverfügbar. Dies kann zur Unterversorgung von Kulturen führen und deshalb zu Ertragslücken beitragen. Außerdem lassen sich Verluste in die Umgebung durch Auswaschung oder in Form von Lachgasemissionen ebenfalls nicht ausschließen. Hinzu kommt: Nur knapp die Hälfte des Stickstoffs aus den Tierhaltungen kommt derzeit gezielt als Düngemittel zum Einsatz. Die andere Hälfte verteilt sich auf den weltweiten Weideflächen oder geht – umweltbelastend – bei der Lagerung und Handhabung des Dungs verloren.[432]

Dennoch empfiehlt es sich, diesen tiergestützten Nährstoffkreislauf konsequent zu nutzen. Damit ließe sich nicht nur teurer, energieintensiver Kunstdünger einsparen, sondern vor allem die Menge an zusätzlichem reaktivem Stickstoff in den Nährstoffhaushalten begrenzen (S. 83). Denn: Dem Konzept der planetaren Grenzen zufolge können die weltweiten Ökosysteme pro Jahr nur etwa 35 Millionen t an neu fixiertem, reaktivem Stickstoff verkraften[433] – eine Menge, die möglicherweise zur Ernährungssicherung nicht ausreicht und sogar als willkürlich kritisiert wird.[434] Allein die synthetischen Düngemittel tragen mit über 100 Millionen t bereits wesentlich mehr bei. Hinzu kommt noch die Stickstoff-Fixierung durch Leguminosen (S. 86), die als Futter- und Nahrungsmittel sowie zur Düngung angebaut werden. Sie gelten dennoch als wichtiger Bestandteil eines nachhaltigen Stickstoffmanagements.[435,436]

[432] Vgl. Gao u. Cabrera Serrenho, 2023, S. 171.

[433] Vgl. Rockström et al., 2009, S. 473.

[434] Vgl. Bodirsky et al. 2014, S. 4.

[435] Vgl. Gu et al., 2023, S. 78.

[436] Vgl. Gao u. Cabrera Serrenho, 2023, S. 174.

Über den Verdauungstrakt von Tieren lässt sich nicht nur der Stickstoffkreislauf schließen, sondern auch der von Phosphor und Kalium, weiteren wichtigen Pflanzennährstoffen. Sind sie nicht als organische Düngemittel verfügbar, müssen sie bergbaulich gewonnen werden oder stammen aus Industrieprozessen.

Naheliegend wäre, auch menschliche Exkremente stärker in die Nährstoffkreisläufe einzubeziehen. Die Möglichkeiten dafür sind allerdings begrenzt, insbesondere durch Rückstände von Arzneimitteln und Ähnlichem in Klärschlamm bzw. durch Hygienerisiken bei nicht aufbereiteten Abwässern.

Kurz zusammengefasst

In der Fachwelt besteht weitgehende Einigkeit darüber, Lebensmittelabfälle und -verluste ab der Ernte so weit wie möglich zu reduzieren – um der Ernährungssicherheit willen, um Ressourcen zu sparen und um Treibhausgasemissionen zu vermeiden.

Bereits hinsichtlich der Ertragslücken unterscheiden sich die vorgeschlagenen Strategien jedoch deutlich. Während die einen auf Intensivierung im Pflanzenbau setzen – durch synthetische Düngemittel, konsequenten Einsatz von Pestiziden und gentechnisch veränderte Pflanzen –, bevorzugen andere lokal angepasste Sorten, Mischkulturen und geschlossene Stoffkreisläufe bei der Nahrungsmittelerzeugung.

Tiere in der Landwirtschaft können dazu beitragen, Nebenprodukte aus dem Pflanzenbau und der Lebensmittelverarbeitung sowie Lebensmittelabfälle – vermeidbare wie unvermeidbare – zu rezyklieren und so für das Ernährungssystem zu erhalten. In der Regel ist damit ein Upcycling zu wertvollem Protein verbunden. Außerdem werden Nährstoffe aus dem Futter in den Ausscheidungen der Tiere konzentriert. Diese sollten noch gezielter als bisher zur Düngung eingesetzt werden, um auf diese Weise Stoffkreisläufe zu schließen und Umweltbelastungen zu vermeiden.

Wertvoll: Wolle und mehr

Nicht nur bei Lebensmitteln müssen wir uns immer wieder entscheiden, welche Auswahl wir verantworten können. Auch beim Kauf von Textilien stehen wir vor der Frage, woraus sie bestehen und wie sie entstanden sind.

Zwischen 2010 und 2020 hat sich die globale Faserproduktion nahezu verdoppelt.[437] Die Produktion von Textilfasern – etwa für Kleidung, Heimtextilien oder diverse Anwendungen in der Industrie – betrug 2022 weltweit rund 114 Millionen t. Davon waren rund 88 Millionen t, also ungefähr drei Viertel, chemische Fasern.[438] Der Rest besteht hauptsächlich aus Baumwolle und geringen Mengen Wolle. Jährlich entstehen weltweit allerdings 92 Millionen t Müll bei der Produktion und Entsorgung von Modeartikeln.[439] Außerdem wird die Textilindustrie für bis zu 8 % der globalen Treibhausgasemissionen verantwortlich gemacht.[440] Es liegt also auf der Hand: Die Textilbranche muss um Nachhaltigkeit ringen.

Dieses Kapitel soll beleuchten, welche Materialien sich als nachhaltig einstufen lassen und wirft einen Blick auf Fasern chemischen, pflanzlichen und tierischen Ursprungs. Es thematisiert außerdem, ob eine andere verbreitete Dienstleistung verzichtbar wäre: die Bestäubung von Pflanzen durch Honigbienen.

[437] Vgl. Leal Filho et al., 2022, S. 2.

[438] https://de.statista.com/statistik/daten/studie/6331/umfrage/weltweite-produktionsmenge-von-textilfasern-seit-1975/, aufgerufen am 29.2.2024.

[439] https://www.swrfernsehen.de/marktcheck/oekochecker/wie-nachhaltig-ist-funktionskleidung-100.html, aufgerufen am 2.3.2024.

[440] https://www.unep.org/news-and-stories/story/putting-brakes-fast-fashion, aufgerufen am 3.3.2024.

Chemiefasern: fossil oder nachwachsend

Als Chemiefasern gelten alle durch chemisch-technische Verfahren hergestellten Fasern – unabhängig vom Rohstoff.[441]

Zu den Fasern, die synthetisch aus Erdölbestandteilen hergestellt werden und damit auf fossilen Rohstoffen basieren, zählen etwa Polyester, Polyacryl, Polyamid, Nylon oder Elasthan. Solche synthetischen Fasern machen mehr als zwei Drittel der Chemiefasern aus; der weitaus größte Anteil entfällt auf Polyester. Kleidung besteht häufig aus synthetischen Fasern. Sie sind meist günstig, pflegeleicht, formstabil und vielseitig einsetzbar. Zum Teil werden synthetische Fasern als Mischung, auch mit Naturfasern wie Baumwolle oder Wolle, zu Textilien verarbeitet. Was für den Verbraucher vorteilhaft klingt, erweist sich aber oft als wenig nachhaltig.[442]

Zum einen belastet schon die Förderung des Rohstoffs Öl die Umwelt. Die weltweite Produktion von Chemiefasern benötigt knapp 1 % des geförderten Rohöls.[443] Zum anderen setzen Kunstfasern beim Waschen kleine Plastikpartikel unter 5 mm Größe frei, sogenanntes primäres Mikroplastik. Anders als sekundäres Mikroplastik entsteht es nicht erst durch Zersetzung von großem Plastikmüll wie etwa Flaschen oder Verpackungen. Weltweit fallen aus verschiedenen Quellen jährlich schätzungsweise mehr als 3 Millionen t primäres Mikroplastik an. Ungefähr die Hälfte davon wird in die Ozeane gespült – 1,5 Millionen t oder ungefähr 200 g pro Person. Die andere Hälfte kontaminiert Böden und Klärschlamm. Bis zu 30 % des Plastiks in den Meeren könnten Schätzungen zufolge primäres Mikroplastik sein. Davon lassen sich 35 % auf das Waschen von Kleidung aus synthetischen Fasern zurückführen. Das ist mehr, als einer weiteren wichtigen Quelle von primärem Mikroplastik in den Ozeanen zugeschrieben wird, dem Abrieb von Autoreifen (28 %).[444] Besonders leicht wäscht sich Mikroplastik

[441] https://www.idn.uni-hannover.de/fileadmin/idn/Forschung/Didaktik_der_Chemie/Informationen/Lehrer/Textilien/NiU-184-7-Material_3.pdf, aufgerufen am 1.3.2024.

[442] https://utopia.de/ratgeber/nachhaltige-stoffe-kleidung-wolle-synthetik-kunstfaser-baumwolle_246679/, aufgerufen am 29.2.2024.

[443] https://www.ivc-ev.de/de/erd%C3%B6lbedarf, aufgerufen am 1.3.2024.

[444] Vgl. Boucher u. Friot, 2017, S. 5, S. 9 u. S. 19 ff.

wegen der Textilstruktur aus Fleece-Kleidung aus.[445] Je nach Zusammensetzung der Wäsche werden pro Waschgang 3.000 bis 700.000 Partikel freigesetzt.[446]

Obwohl bereits unterschiedlichste Effekte von Mikroplastik auf Wasserorganismen und Menschen bekannt sind, lässt sich seine Wirkung bislang nicht hinreichend bewerten, vor allem weil Langzeitstudien fehlen. Beobachtet wurden etwa Gewebeschäden, entzündungsartige Reaktionen und Verhaltensänderungen bei Wasserorganismen. Mikroplastik reichert sich außerdem in der Nahrungskette und der Umwelt an, weil sein Abbau teilweise lange dauert. Darüber hinaus kann es diverse Giftstoffe enthalten oder an seiner Oberfläche binden, von denen einige als krebserregend gelten oder hormonell wirksam sein können. Möglicherweise lösen Mikroplastikpartikel auch bei Menschen toxische Wirkungen, Gewebeschäden und Veränderungen an Schleimhäuten oder Organen aus.[447]

Schwierigkeiten entstehen nicht nur bei der Pflege von Textilien aus synthetischen Fasern, sondern auch bei ihrer Entsorgung. Zum einen sind die verarbeiteten Materialien schlecht bis gar nicht biologisch abbaubar, weshalb eine Kompostierung nicht möglich ist. Zum anderen lassen sie sich häufig nur schwer recyceln, weil in Kleidungsstücken oft Mischungen unterschiedlicher Fasern verarbeitet werden. Nach aktuellem Stand lässt sich aus Mischfaserprodukten lediglich eine der Fasern qualitativ hochwertig herauslösen und wiederverwenden.[448]

Neben ölbasierten Chemiefasern hat die Textilbranche Kunstfasern aus nachwachsenden Rohstoffen wie Holz, Milch oder Sojabohnen entwickelt. Dazu zählen auch Fasern aus Zellstoff wie herkömmliche Viskose oder deren Weiterentwicklungen, etwa Modal und Lyocell.[449] Für die Umweltverträglichkeit solcher Fasern ist entscheidend, welche

445 https://www.swrfernsehen.de/marktcheck/oekochecker/wie-nachhaltig-ist-funktionskleidung-100.html, aufgerufen am 2.3.2024.

446 https://utopia.de/ratgeber/nachhaltige-stoffe-kleidung-wolle-synthetik-kunst faser-baumwolle_246679/, aufgerufen am 2.3.2024.

447 Vgl. Bhuyan, 2022, S. 4 ff.

448 https://www.swrfernsehen.de/marktcheck/oekochecker/wie-nachhaltig-ist-funktionskleidung-100.html, aufgerufen am 2.3.2024.

449 https://www.hessnatur.com/magazin/textillexikon/kunstfasern/, aufgerufen am 27.2.2024.

Holzarten und wie viel Energie für die Zellulosegewinnung zum Einsatz kommen und ob die verwendeten Chemikalien die Umgebung belasten.[450] Ein großer Vorteil vieler solcher sogenannter Regeneratfasern ist ihre biologische Abbaubarkeit.[451]

Pflanzliche Naturfasern: Problemzone Baumwolle

Menschen nutzen seit Urzeiten natürliche Fasern pflanzlichen Ursprungs für unterschiedliche Zwecke: zur Herstellung von Kleidung, Seilen, Netzen, Taschen und vielen anderen Gebrauchsgegenständen. Zu den Pflanzenfasern zählen nicht nur weltweit bekannte Vertreter wie Baumwolle, Leinen und Hanf, sondern auch Jute, Kapok, Kenaf und Sisal.[452]

Die global größte Bedeutung unter den pflanzlichen Naturfasern hat allerdings Baumwolle mit einem Anteil von 22 % der Weltfaserproduktion.[453] Der Baumwollanbau erstreckt sich weltweit auf etwas mehr als 30 Millionen ha Ackerland[454] und damit auf ca. 2 % aller Ackerflächen. Indien hat von den mehr als 80 Baumwoll-Erzeugerländern insgesamt die größte Anbaufläche, gefolgt von den USA, China und Pakistan. Die globalen Erntemengen haben sich bei annähernd gleichbleibender Fläche in den zurückliegenden 60 Jahren fast vervierfacht.[455] Dieser Anstieg ist nicht zuletzt zurückzuführen auf den umfangreichen Einsatz von Pestiziden und Düngemitteln. Der Anbau von Baumwollpflanzen findet zudem häufig in großflächigen Monokulturen statt und

[450] https://utopia.de/ratgeber/pflanzliche-fasern-alle-stoffe-ohne-tier-und-ohne-plastik-erklaert_307954/, aufgerufen am 6.3.2024.

[451] https://www.textilglossar.com/artikel/regeneratfasern.html, aufgerufen am 6.3.2024.

[452] https://utopia.de/ratgeber/pflanzliche-fasern-alle-stoffe-ohne-tier-und-ohne-plastik-erklaert_307954/, aufgerufen am 6.3.2024.

[453] https://de.statista.com/statistik/daten/studie/967838/umfrage/verteilung-der-faserproduktion-weltweit-nach-faserart/ aufgerufen am 27.3.2024.

[454] https://de.statista.com/themen/2542/baumwolle/#topicOverview, aufgerufen am 17.3.2024.

[455] https://www.proplanta.de/statistik/baumwolle_anbaufl%C3%A4che_weltweit-uebersicht_chart1696952100.html, aufgerufen am 17.3.2024.

verbraucht enorme Mengen Wasser. Konventionelle Baumwollproduktion gilt deshalb als wenig nachhaltig.

Obwohl der Baumwollanbau nur ungefähr 2 % des globalen Ackerlandes beansprucht, ist er für 6 % des Pestizideinsatzes verantwortlich – und für 16 % der verwendeten Insektizide, also der gegen Insekten gerichteten Pestizide. Pestiziden länger ausgesetzt zu sein, steht mit einer Vielzahl von gesundheitlichen Problemen bei den Anwendern in Verbindung. Außerdem gehen Umweltschäden wie etwa Biodiversitätsverluste und die Kontamination von Wasser auf den Einsatz solcher Agrochemikalien zurück.[456]

Große Ökosysteme wie der Aralsee oder das Indus-Delta leiden erheblich unter der Baumwollproduktion und -verarbeitung, vor allem, weil diese große Mengen Wasser aus ihrem Einzugsgebiet entnehmen und verunreinigen. Der Baumwollanbau verschlechtert außerdem die Qualität der Böden deutlich und verursacht als Folge davon die Umwandlung natürlicher Lebensräume zu neuen landwirtschaftlichen Flächen.[457]

Ein weiterer Kritikpunkt an konventionell erzeugter Baumwolle lautet: Knapp zwei Drittel der weltweiten Baumwollproduktion stammen von gentechnisch veränderten Pflanzen.[458] Der Flächenanteil dieser Pflanzen gegenüber nicht veränderten liegt sogar bei fast 80 %.[459] Die Veränderungen des Erbguts dienen vor allem Ertragssteigerungen, etwa durch genetisch verankerte Toleranz gegenüber bestimmten Pestiziden. Solche Veränderungen begünstigen allerdings den Einsatz entsprechender Agrochemikalien – einschließlich der möglichen negativen Auswirkungen auf Biodiversität, menschliche Gesundheit und die Qualität von Boden und Wasser. Andere gentechnisch veränderte Baumwollpflanzen enthalten Gene für bestimmte Bakterienproteine, die als Fraßgifte schädigende Insekten abtöten und so die angebaute Pflanze widerstandsfähiger gegenüber Schädlingen machen. Die Bewertung der Langzeitfolgen des Anbaus solcher Sorten fällt sehr unter-

456 https://sustainfashion.info/de/die-schmutzigste-pflanze-der-welt-pestizideinsatz-im-baumwollanbau/, aufgerufen am 17.3.2024.

457 https://www.worldwildlife.org/industries/cotton, aufgerufen am 16.3.2024.

458 https://www.ivc-ev.de/de/weltfaserbedarf, aufgerufen am 1.3.2024.

459 https://www.transgen.de/datenbank/1941.baumwolle.html, aufgerufen am 16.3.2024.

schiedlich aus.[460] Eine Auswirkung ist jedenfalls, dass manche Schadinsekten innerhalb weniger Jahre Resistenzen gegen die Bakterienproteine entwickeln.[461,462] Zudem enthalten Pflanzenreste weiterhin dieses Gift. Mit welchen Effekten langfristig durch gentechnisch veränderte Baumwollpflanzen zu rechnen ist – etwa bei anderen Insekten und Pflanzen oder im Hinblick auf die Biodiversität im Boden –, ist nicht abschließend geklärt.

Um einige der erwähnten ökologischen Risiken der Baumwolle zu vermeiden, bietet sich an, auf Bio-Baumwolle auszuweichen. Bei ihrem Anbau sind weder gentechnisch veränderte Pflanzen noch Pestizide erlaubt. Allerdings hat es wiederholt systematischen Betrug mit angeblicher Bio-Baumwolle gegeben.[463] Ökologisch erzeugte Baumwolle macht derzeit weniger als 2 % der weltweiten Baumwollproduktion aus.[464]

Naturfasern von Tieren: Wolle

Unter Wolle versteht man vor allem die Fasern vom Fell der Hausschafe. Aber auch andere Tierarten liefern Wolle, das heißt spinnfähige Haare, die sich meist durch Scheren, manchmal auch durch Kämmen gewinnen lassen: Kaschmir- und Angoraziegen, Lamas und Alpakas, Angorakaninchen, Trampeltiere und Yaks. In den vergangenen Jahrzehnten hat die Produktion von Rohwolle weltweit um ungefähr ein Drittel abgenommen.[465]

Wolle ist vielseitig einsetzbar und verfügt über viele positive Eigenschaften. Sie wärmt und kühlt, ist wasser- und schmutzabweisend, schwer entflammbar und biologisch abbaubar. Dennoch liegt ihr An-

460 https://knowablemagazine.org/content/article/food-environment/2023/bt-crops-successes-failures, aufgerufen am 18.3.2024.

461 https://www.transgen.de/anbau/1463.gentechnik-resistente-schaedlinge.html, aufgerufen am 16.3.2024.

462 Vgl. Tabashnik et al., 2023, S. 298 f.

463 https://www.itfits.de/newsletter/journal-11-20/bio-baumwollbetrug/, aufgerufen am 17.3.2024.

464 https://www.textilbuendnis.com/ocmr2022/, aufgerufen am 17.3.2024.

465 https://de.statista.com/statistik/daten/studie/280622/umfrage/produktion-von-rohwolle-weltweit/#statisticContainer, aufgerufen am 20.3.2024.

teil an der Weltfaserproduktion aktuell nur bei etwa 1 %.[466] Wolle ist eine arbeitsaufwendige Faser; das macht Produkte aus Wolle vergleichsweise teuer. Dabei ist die Bezahlung für Rohwolle in einigen Regionen der Welt, etwa in Deutschland, so schlecht, dass sich die Kosten für das Scheren der Tiere häufig nicht durch den Wollertrag decken lassen.[467] In früheren Jahrhunderten erbrachte die Wolle dagegen den Großteil der Einnahmen aus der Schafhaltung, deutlich mehr als der Verkauf des Fleisches.[468]

Komplex: Die Bewertung von Wolle

Neben den hohen Preisen für Kleidung und andere Produkte aus Wolle sorgen weitere Aspekte für Kritik an dieser traditionsreichen Alternative zu synthetischen Fasern. Hier ist das sogenannte Mulesing zu nennen, ein in Australien weit verbreiteter Eingriff an Merinoschafen. Die eigentlichen Merinos – nicht identisch mit den in Deutschland weit verbreiteten Merinolandschafen – werden vor allem in Australien und in weit geringerem Umfang in Neuseeland, Südafrika und Argentinien gehalten. Ihre Wolle ist besonders fein und wird für die Herstellung von hochwertigen Garnen und Wollstoffen geschätzt. Der Anteil von Merinowolle an der globalen Wollproduktion beläuft sich auf 40 %.[469] Mehr als 80 % davon stammen aus Australien.[470] Um den Wollertrag zu steigern, haben Züchter die Ausprägung von Hautfalten bei den Merinos verstärkt. Beim umstrittenen Mulesing entfernen die Schafhalter den Merinolämmern allerdings eine Hautfalte am Schwanzansatz, häufig ohne Betäubung. Das Ziel ist, den Befall dieser Körperpartie durch Fliegenmaden und damit verbundene schwere Verletzungen und

466 https://www.textilwirtschaft.de/business/news/weltweite-faserproduktion-faserproduktion-steigt-anteil-von-naturfasern-sinkt-214329, aufgerufen am 20.3. 2024.

467 https://greenup-magazin.de/ist_schurwolle_aus_deutschland_nichts_mehr_wert/, aufgerufen am 20.3.2024.

468 Vgl. Troßbach, 2016c, S. 106.

469 https://de.wikipedia.org/wiki/Merinoschaf, aufgerufen am 21.3.2024.

470 https://de.statista.com/statistik/daten/studie/971802/umfrage/verteilung-der-produktion-von-merinowolle-weltweit-nach-laendern/, aufgerufen am 21.3.2024.

Infektionen zu verhindern. Anders als Australien hat Neuseeland das Mulesing 2018 verboten.[471] In Argentinien und Südafrika ist der Eingriff aus mehreren Gründen nicht üblich, vor allem, weil eine besonders gefürchtete Fliegenart nicht vorkommt und die Tiere zuchtbedingt weniger Hautfalten bilden.

Ein weiterer Kritikpunkt an der Naturfaser Wolle lautet: Schon während des Wollwachstums kommen in großem Umfang umweltschädigende Chemikalien zum Einsatz, etwa beim sogenannten Sheep Dipping, Tauchbädern gegen Parasitenbefall.[472]

Auch die Klimabilanz von Wolle gibt Anlass zu Kritik, denn wie immer, wenn Wiederkäuer beteiligt sind, entsteht klimaschädliches Methan im Verdauungsapparat der Tiere. Allerdings betonen die Befürworter von Wolle, dass auch Schafe Teil des oberirdischen Kohlenstoffkreislaufs sind (S. 133) und Wolle zudem – anders als synthetische Fasern – organischen Kohlenstoff speichert.[473] Außerdem sind Produkte aus Wolle in der Regel langlebiger und verursachen während ihrer Nutzung weniger Emissionen und Umweltwirkungen als viele Alternativen – etwa durch selteneres und kühleres Waschen.[474] Solche Aspekte fehlten allerdings lange in etablierten Bewertungsverfahren für die Umweltauswirkungen von Textilien. Sie befassten sich häufig nur mit der Herstellung.[475]

Als weiteres Argument gegen Wolle wird der Flächenbedarf angeführt. Um eine Tonne Fasern zu produzieren, sind 180 ha Weideland erforderlich – auf den ersten Blick deutlich mehr, als dieselbe Menge Baumwolle (0,8 ha Acker) und Viskose (0,7 ha Wald) benötigt. Einer modernen Regeneratfaser wie Lyocell genügen sogar 0,2 ha Baumplantage.[476] Bei solchen Angaben kommt es allerdings zu einem Vergleich sehr unterschiedlicher Arten von Flächen. Dabei bleibt offen, ob es sich etwa um schutzbedürftige Flächen handelt, ob sie sich für

[471] https://www.farmonline.com.au/story/5635654/new-zealand-bans-mulesing/, aufgerufen am 21.3.2024.

[472] https://utopia.de/ratgeber/nachhaltige-wolle_79858/, aufgerufen am 21.3.2024.

[473] https://iwto.org/sustainability/, aufgerufen am 23.3.2024.

[474] https://iwto.org/wp-content/uploads/2020/04/IWTO_Wool-Climate-Impact.pdf, aufgerufen am 23.3.2024.

[475] Vgl. Laitala et al., 2018, S. 1 f. u. S. 15 ff.

[476] https://www.ivc-ev.de/de/fl%C3%A4chenbedarf, aufgerufen am 20.3.2024.

andere Zwecke nutzen ließen und wie sich die Faserproduktion auf die Flächen auswirkt. Das Holz für Viskose etwa, dieser älteren zellulosebasierten Faser, stammt zu knapp einem Drittel aus alten und gefährdeten Waldgebieten.[477]

Bei der Beurteilung der Nachhaltigkeit von Wolle ist es außerdem notwendig zu prüfen, welchen Zwecken die Schafherden neben der Wollproduktion dienen.[478] Häufig geht es in erster Linie um die Nutzung von Weideflächen zur Nahrungserzeugung, das heißt um Fleisch und Milch, sowie um Landschaftspflege oder die Bereitstellung von Dung. Treibhausgasemissionen, Chemikalieneinsatz und Ressourcenverbrauch müssen dann anteilig den verschiedenen Zwecken und Produkten zugerechnet werden. Bewertungssysteme für Nachhaltigkeit, sogenannte „life cycle assessments" oder Ökobilanzen, unterscheiden sich teilweise erheblich darin, welche Umweltwirkungen sie berücksichtigen, wie sie diese aufteilen und gewichten und inwiefern sie alle Stufen im sogenannten Lebenszyklus eines Produkts einbeziehen, einschließlich dessen Verarbeitung, Nutzung und Entsorgung. Dadurch kommen gerade bei Wolle sehr unterschiedliche Einschätzungen zustande.[479] Es lohnt sich also, genauer hinzusehen, was eine Ökobilanz tatsächlich abbildet – ganz ähnlich wie beim Wasser-Fußabdruck (S. 107). Der relativ bekannte Higg-Index für Textilien etwa enthält inzwischen ein Modul zur Nutzungsphase von Bekleidung einschließlich der Entsorgung.[480]

Für Wolle aus Deutschland gilt ohnehin – ähnlich wie für britische Wolle –, dass sie in der Regel ein schlecht bezahltes, wirtschaftlich uninteressantes Nebenprodukt ist und sich zudem nicht ohne Weiteres entsorgen lässt. Wolle entsteht zwangsläufig, weil Schafe zu ihrem Wohlbefinden jedes Jahr geschoren werden müssen. Die Ökobilanz von solchen nicht vermeidbaren, aber unrentablen Kuppelprodukten sollte deutlich günstiger ausfallen als von gleichartigen Produkten aus Regionen, deren Schafhalter die Wollproduktion als relevantes Ziel ver-

477 Vgl. Leal Filho et al., 2022, S. 2.

478 Vgl. Devaux, 2019, S. 12 f.

479 Vgl. Devaux, 2019, S. 20 ff. u. S. 39 f.

480 https://fashionunited.de/nachrichten/business/der-higg-index-chancen-und-grenzen-der-messung-von-nachhaltigkeit-in-der-modebranche/2021110843632, aufgerufen am 24.3.2024.

Mode aus regionaler Wolle

Die Schwäbische Alb ist ein vergleichsweise wenig bewaldetes Mittelgebirge in Süddeutschland. Kennzeichnend für die Hochfläche der Alb sind magere Wiesen und Ackerflächen – eine eher karge, seit Jahrhunderten durch Schafhaltung geprägte Landschaft. Als Besonderheit gelten die charakteristischen Wacholderheiden, die von Schafen beweidet und auf diese Weise offengehalten werden. Diese Ökosysteme beheimaten ein besonderes Spektrum an Pflanzen und Tieren, und Schafe sind unverzichtbar für ihren Erhalt.

Ausgehend von einem ehemaligen Truppenübungsplatz bei Münsingen hat sich das Biosphärengebiet Schwäbische Alb entwickelt. Dort kooperieren seit einigen Jahren eine Schäferei und eine Textilmanufaktur im Projekt albmerino®. Die Verarbeitung der Wolle einer Schafherde aus dem Biosphärengebiet zu Kleidung aus reiner Schurwolle findet fast vollständig innerhalb der Region statt. Inzwischen gibt es Jacken, Pullover, Mäntel, Kleider, Socken, Mützen und Schals. Das Projekt soll auch dazu beitragen, das Wissen rund um die Wollverarbeitung zu bündeln und die komplette Produktionskette auf der Schwäbischen Alb zu erhalten bzw. wiederzubeleben.[481]

Abb. 9: Mode aus regionaler Wolle von Landschaftspflegeschafen

[481] https://albmerino.de/, aufgerufen am 14.3.2024.

folgen, wenn auch meistens nicht als ausschließliches. Je nach Methode können Ökobilanzen solche Unterschiede bei den Ausgangssituationen zwar berücksichtigen,[482] Verbraucher haben aber derzeit wenig Möglichkeiten, sich ohne größeren Aufwand über solche Unterschiede zu informieren und sie in ihre Kaufentscheidungen einzubeziehen.

Neben Wolle ist auch Seide eine von Tieren – den Raupen bestimmter Schmetterlinge – erzeugte Naturfaser. Auf eine Darstellung dieses Themas wird hier aus Platzgründen verzichtet.

Schnelle Mode oder „slow fashion"

Seit dem Jahr 2000 hat sich die weltweite Kleiderproduktion verdoppelt. Hauptgründe dafür sind die wachsende Weltbevölkerung und die Urbanisierung. Auch sogenannte „fast fashion" nahm zu – „schnelle Mode" mit kurzlebigen Kollektionen aus billig hergestellter Kleidung von geringer Qualität, die rasch ersetzt wird und dem Ziel dient, sich stets modisch zu kleiden. „Fast fashion" trägt dazu bei, dass die Modeindustrie bis 2050 für ein Viertel der weltweiten Treibhausgasemissionen verantwortlich sein könnte. Mode wird überwiegend in Ländern wie China, Indien oder Bangladesch hergestellt, deren Energieversorgung noch stark auf fossilen Brennstoffen, etwa Kohle, basiert. Zur schlechten Klimabilanz von „fast fashion" tragen nicht nur die Herstellung und die vielen langen Transportwege bei, sondern auch die schnelle Entsorgung über Müllverbrennung und Deponien.[483] Schätzungen zufolge erwerben etwa EU-Bürger jährlich 6 kg Kleidung, 6 kg Haushaltstextilien wie Handtücher und Bettwäsche und fast 3 kg Schuhe – pro Person. Vieles davon endet auf riesigen Deponien außerhalb der EU.[484]

Wegen der negativen Auswirkungen der schnellen Mode legen manche Konsumenten inzwischen Wert auf nachhaltig produzierte Kleidungsstücke, gelegentlich als „slow fashion" bezeichnet. Wichtige Elemente von „slow fashion" sind Veränderungen beim Kaufverhalten, Langlebigkeit der Produkte, kurze Wege bei der Herstellung, regio-

[482] Vgl. Wiedemann et al., 2015, S. 469 f.

[483] Vgl. Leal Filho et al., 2022, S. 2 ff.

[484] Vgl. Šajn, 2022, S. 2 u. S. 5.

nal produzierte oder wiederverwertete Materialien und Second-Hand-Kleidung.

Erheblicher Spielraum für mehr Nachhaltigkeit bei Bekleidung besteht laut Experten der EU beim Recycling. Weniger als 1 % des Materials von Altkleidern wird zu neuen Kleidungsstücken verarbeitet. Als Grund führen Fachleute an, dass erst jetzt Technologien etabliert würden, um aus Altkleidern reine Fasern zur Herstellung neuer Textilien zu gewinnen. Große Mengen von Alttextilien landen lediglich in der mechanischen Aufbereitung und Verarbeitung zu Dämm- und Füllstoffen.[485] Angesichts der negativen Auswirkungen der rasant wachsenden Bekleidungsindustrie hat die EU eine eigene Strategie für nachhaltige und kreislauffähige Textilien aufgesetzt. Deren Ziele sind durchaus ambitioniert. Unter anderem sollen ab 2030 alle in der EU vermarkteten Kleidungsstücke langlebig und wiederverwertbar sein, sich reparieren lassen und zu einem großen Teil aus recycelten Fasern bestehen.[486]

Damit Verbraucher nachhaltig erzeugte Textilien erkennen können, existieren mittlerweile diverse Kennzeichnungs- und Zertifizierungssysteme, kurz Label oder Siegel.[487] Allerdings ist es – ähnlich wie bei Lebensmitteln – nicht ganz einfach, den Überblick über die unterschiedlichen Kriterien der Kennzeichnungen zu behalten. Außerdem kann für kleine Firmen und Produktlinien eine Zertifizierung unerschwinglich sein.

Bestäubung: Die Rolle der Honigbienen

Seit mehreren Jahrtausenden halten und pflegen Menschen Bienen, um an ihre süßen Vorräte zu gelangen, den Honig. Lange Zeit gehörte Honig zu den wenigen verfügbaren Süßungsmitteln und war deshalb begehrt.

[485] Vgl. Šajn, 2022, S. 1 u. S. 6.

[486] https://environment.ec.europa.eu/strategy/textiles-strategy_en, aufgerufen am 23.3.2024.

[487] https://www.siegelklarheit.de/siegelverzeichnis#/sort:rating_desc, aufgerufen am 22.3.2024.

Die FAO schätzt, dass es 2021 etwas mehr als 100 Millionen Bienenvölker in Menschenhand gab, eine Zunahme um nahezu 50 % seit 1990. Fast die Hälfte der Völker befindet sich in Asien. Im Jahr 2021 wurden ungefähr 1,8 Millionen t Honig produziert, ein Viertel davon allein in China.[488] Neben der starken Zunahme an betreuten Bienenvölkern liefern neuere Hochrechnungen Hinweise auf weitere 280 Millionen wilde bzw. verwilderte Honigbienenvölker weltweit. Vor allem in Afrika, Ozeanien, Latein- und Nordamerika, nicht jedoch in Europa übertrifft deren Verbreitung die der betreuten Völker bei Weitem. Insbesondere in Afrika werden auch wilde Völker traditionell zur Honiggewinnung genutzt.[489]

Honigbienen gelten nach wie vor als wichtige Bestäuber für zahlreiche Pflanzen, deren Erträge der menschlichen Ernährung dienen. Nach Einschätzung der FAO beruht ein Drittel der weltweiten Lebensmittelproduktion auf der Bestäubung durch Honigbienen und unzähligen wilden Bienenarten.[490] Allerdings wird der Beitrag von Honigbienen zur Ernährungssicherung zunehmend differenziert betrachtet und hinterfragt, ob bzw. wie sich die große Zahl an Bienenvölkern mit jeweils Tausenden von Individuen auf andere Insektenpopulationen und die Biodiversität auswirkt.

Das Weltwirtschaftsforum kommt außerdem zu dem Schluss, dass nicht die gesamte, durch Honigbienen begünstigte Erntemenge wegfiele, wenn es keine bestäubenden Insekten gäbe. Die globalen Ernten würden sich nach Einschätzung dieser Wirtschaftsexperten um 10 % verringern – wobei Grundnahrungsmittel kaum betroffen wären. Der Grund dafür ist, dass Nutzpflanzen und ihre Erträge in unterschiedlichem Maße auf die Bestäubung durch Insekten angewiesen sind. Stark hängen davon die Erträge vieler Obstarten ab, darunter Äpfel, Birnen, Stein- und Beerenobst. Auch die Erntemengen von Kürbissen, Avocados und manchen Nüssen, etwa Mandeln, nehmen erheblich ab oder fallen nahezu vollständig aus, wenn die Bestäubung der Blüten durch Insekten unterbleibt. Ganz anders dagegen die Situation bei Getreide,

[488] https://www.destatis.de/EN/Themes/Countries-Regions/International-Statistics/Data-Topic/AgricultureForestryFisheries/Bees.html, aufgerufen am 9.3.2024.

[489] Vgl. Visick u. Ratnieks, 2023, S. 10 u. S. 12.

[490] https://www.unep.org/news-and-stories/story/why-bees-are-essential-people-and-planet, aufgerufen am 9.3.2024.

Kartoffeln, manchen Hülsenfrüchten, Oliven und einigen Gemüsearten. Diese Pflanzen sind nicht auf bestäubende Insekten angewiesen. Eine Zwischenposition nehmen Sojabohnen und Ölsaaten wie Raps und Sesam ein. Ihre Erträge weisen eine mäßige Abhängigkeit von Insektenbestäubung auf. Dennoch empfiehlt das Weltwirtschaftsforum ausdrücklich eine insektenschonende Intensivierung der Landwirtschaft. Andernfalls, das heißt bei einem Rückgang von bestäubenden Insekten, würden wichtige Einkommensmöglichkeiten wegfallen, gerade für einkommensschwache Erzeuger von landwirtschaftlichen Produkten im globalen Süden. Außerdem entstünden bei manchen Kulturen Ertragslücken, die durch zusätzliche Nutzflächen kompensiert würden.[491] Vor dem Hintergrund der bestehenden Konkurrenz um Flächen ist dies nicht erstrebenswert (S. 124).

Ertragslücken zu vermeiden, ist gegenwärtig eine wichtige Aufgabe der Honigbienenhaltung. Anders als verwilderte Honigbienen oder Wildbienen lassen sich betreute Honigbienenvölker gezielt in der Nähe von bestimmten Kulturen aufstellen. Sonnenblumen und andere Ölsaaten, aber auch Nuss- und Obstplantagen können beispielsweise höhere Erträge liefern, wenn Insekten die Blüten bestäuben. Honigbienenhaltung ermöglicht insofern, den Rückgang von wilden Bestäubern teilweise zu kompensieren.[492]

In vielen Regionen der Welt nehmen Insekten einschließlich Wildbienenarten ab – wegen der Intensivierung der Landwirtschaft und des daraus folgenden Mangels an geeigneten Habitaten, wegen des Rückgangs spezieller Wildpflanzen und wegen des Pestizideinsatzes (S. 50). Daneben gibt es Hinweise, dass in der Nähe von betreuten Honigbienenvölkern weniger Wildbienen leben, wobei die Daten, Entfernungen und Erklärungen uneinheitlich sind.[493,494] Trotz wirtschaftlicher Vorteile, der Verkleinerung von Ertragslücken und möglicher kompensatorischer Bestäubungsleistungen durch betreute Bienenvölker darf also nicht übersehen werden, dass Honigbienen Nahrungskonkurrenz für Wildbienen verursachen können, vor allem in Zeiten und Ge-

491 https://www.weforum.org/agenda/2021/08/how-essential-are-pollinators-for-global-food-security/, aufgerufen am 9.3.2024.

492 Vgl. Devkota et al., 2016, S. 1 f. u. S. 4 f.

493 Vgl. Lima et al., 2022, S. 1 f.

494 Vgl. Demeter et al., 2021, S. 5 ff.

bieten mit geringem Futterangebot. Durch diese Konkurrenz tragen Honigbienen möglicherweise zum Rückgang von Wildbienen bei.

Für einen nachhaltigen Honigbieneneinsatz zur Verbesserung von Erträgen bedeutet dies vor allem, nicht zu viele Honigbienenvölker gleichzeitig in einem Gebiet aufzustellen, um ausreichend Raum und damit Nahrung für Wildbienen verfügbar zu halten. Die konkreten Empfehlungen zur Aufstellung von Völkern variieren allerdings je nach Futterangebot, Vielfalt möglicher Futterquellen und dem Vorkommen bedrohter Wildbienenspezies. Eine häufig zitierte Studie empfiehlt Abstände von mindestens 2,2 km zwischen Honigbienenständen mit variabler Völkerzahl und ein Umfeld von jeweils knapp 4 km^2. Damit ließe sich zumindest unter den spezifischen geografischen und botanischen Bedingungen der Studie Konkurrenz zwischen den Honigbienen untereinander und mit Wildbienen vermeiden, argumentierten die Wissenschaftler.[495]

Andere Fachleute plädieren dafür, in Naturschutzgebieten überhaupt keine Honigbienenvölker mehr zuzulassen.[496] In jedem Fall empfiehlt es sich, Abstand zu bekannten oder vermuteten Standorten gefährdeter Wildbienenarten zu halten.[497] Darüber hinaus gehört zu nachhaltiger Bienenhaltung dazu, natürliche Nachzucht bei Honigbienen und damit eine Anpassung an lokale Gegebenheiten zuzulassen, anstatt züchterisch übermäßig stark und womöglich zu einseitig einzugreifen.[498]

Kurz zusammengefasst

Synthetische oder natürliche Fasern – es bleibt die Qual der Wahl. Jedes Material hat Stärken und Schwächen bei Herstellung, Verwendung und Entsorgung.

Synthetische Fasern basieren auf Rohöl. Sie verursachen Mikroplastik und ihre Entsorgung ist problematisch. Natürliche Fasern von

[495] Vgl. Henry u. Rodet, 2018, S. 3.

[496] Vgl. Demeter et al., 2021, S. 2.

[497] https://bee-safe.eu/articles/bee-series/bee-conservation-with-or-without-honey-bees/, aufgerufen am 11.3.2024.

[498] Vgl. Panziera et al., 2022, S. 4 f.

Pflanzen oder Tieren sind dagegen abbaubar, verursachen aber ebenfalls teils erhebliche Umweltbelastungen. In besonderem Maße gilt das für Baumwolle wegen des enormen Wasserbedarfs und des umfangreichen Pestizideinsatzes beim Anbau. Bei Wolle als tierbasierter Faser verderben Treibhausgasemissionen die ökologische Bilanz – wie immer, wenn Wiederkäuer ins Spiel kommen. Dies gilt zumindest dann, wenn etwa Schafe hauptsächlich für die Wollproduktion gehalten werden. Dienen die Wolle liefernden Tiere jedoch vorrangig anderen Zwecken – von der Landschaftspflege bis zur Ernährungssicherung –, schneidet Wolle als wertvolles Nebenprodukt gut ab. Vor allem, wenn die hochwertigen Fasern nicht verschleudert, sondern als „slow fashion" mit Langlebigkeit und regionaler Herkunft punkten können, verbessert das die Ökobilanz von Wollprodukten.

Honigbienen können dazu beitragen, Ertragslücken zu vermeiden, und so landwirtschaftliche Nutzfläche zu sparen. Für eine nachhaltige Bestäubungsleistung durch Honigbienen bei der Nahrungsmittelproduktion gilt es jedoch auch, ihren möglichen Einfluss auf Wildbienenpopulationen zu berücksichtigen.

Zwischenbilanz

Seit Jahrtausenden halten Menschen Tiere. Ohne sie hätte sich die Menschheit anders entwickelt und vermutlich viel weniger vermehrt und ausgebreitet. Die Tiere dienten den Menschen als Quelle für Milch, Eier und Fleisch und ergänzten so eine häufig getreidedominierte Ernährung. Daneben stellten sie lebende Vorräte dar für Zeiten, in denen es nichts zu ernten gab. Außerdem halfen sie als Zug- und Tragtiere bei körperlich anstrengenden Tätigkeiten wie Feldbewirtschaftung, Brennholzsammeln und Warentransport für den Handel. Darüber hinaus lieferten sie Leder, Felle und Wolle. Vor allem in den kühleren Regionen der Erde konnten die Menschen auf diesen Beitrag zur Herstellung von Kleidung nicht verzichten. Ganz besonders wichtig war aber, dass die Tiere Dung spendeten – und damit Nährstoffe für das Pflanzenwachstum. Lange blieben die Ernten auf den Feldern begrenzt durch einen chronischen Mangel an Düngemitteln – von Stallmist bis Kalk.[499]

Trotz ihrer Bedeutung fand Tierhaltung in Europa lange Zeit überwiegend als unsystematischer Nebeneffekt der Landbewirtschaftung statt. Hirten trieben die Tiere auf die meist wenigen Wiesen, in den Wald, auf die Brachen und – falls vorhanden – die Allmendflächen, den gemeinschaftlichen Besitz, wo sie ihre Nahrung suchten und nebenbei Dung verteilten. Grünland befand sich häufig in schlechtem Zustand und war knapp bemessen, vor allem in getreidehungrigen Zeiten, wenn die Bevölkerungen stark zunahmen und mehr Äcker benötigten. Futtergewinnung, wie etwa Heu für die Winterfütterung, fand nur in geringem Umfang statt.[500] Bis ins 19. Jahrhundert hinein bestand Rinderfutter im Sommer hauptsächlich aus Weidegras. Zugefüttert wurde höchstens Grünfutter von gut erreichbaren Wiesen und sogenannten Grasgärten, außerdem verschwindend geringe Mengen an Getreide-

[499] Vgl. Troßbach, 2016a, S. 67 ff.

[500] Vgl. Troßbach, 2016b, S. 85.

schrot.[501] Auch Schweine lebten als Weidetiere und ernährten sich von Gras, Wurzeln, Ernte- und Essensresten. In Waldgebieten spielte außerdem im Herbst und Frühwinter die Waldmast eine bedeutende Rolle für die Schweinehaltung. Allerdings war Waldmast schwer kalkulierbar, weil das Futterangebot – vor allem Eicheln und Bucheckern – von Jahr zu Jahr stark schwanken konnte. Lange Zeit erhielten nur trächtige Sauen Getreide, meist Gerste, als Futter.[502]

Diese extensiven Tierhaltungsformen, die auf nahezu ganzjährigem Weidegang der Tiere beruhten, wurden ab dem 18. Jahrhundert mehr und mehr verdrängt durch intensivere Fruchtfolgen ohne Brachen auf den Ackerflächen, vermehrten Futteranbau und Stallhaltung. Ab der zweiten Hälfte des 19. Jahrhunderts wirkten sich schließlich die großen gesellschaftlichen Veränderungen der industriellen Revolution immer mehr auch auf die Tierhaltung aus. Die Bevölkerung nahm stark zu, die Städte wurden immer größer und die Arbeitseinkommen stiegen. Das führte zu einer wachsenden Nachfrage nach Fleisch und Lebensmitteln tierischen Ursprungs. Zudem hatte das Wissen über Ackerbau und Tierzucht zugenommen und neue Transportmittel und Kühlmöglichkeiten erlaubten den Handel von Waren über größere Strecken. All dies setzte eine Intensivierung der Tierhaltung in Gang, die sich von der örtlichen Futtergrundlage löste und deren weitere Entwicklung als industrialisierte Tierhaltung heute in der Kritik steht.[503]

Viele Milliarden Tiere

Die Tierhaltung unserer Zeit muss sich dem begründeten Vorwurf stellen, zu verschiedenen globalen Missständen beizutragen, etwa zum Artensterben, zur Überdüngung von Gewässern, zur Abholzung von Regenwäldern, zur Überweidung sensibler Ökosysteme, zum Klimawandel und zur Nahrungskonkurrenz. Viele negative Effekte sind der schieren Zahl von Rindern, Schweinen, Hühnern und Puten geschuldet, deren Nutzung die weltweit immer noch wachsende Nachfrage nach Fleisch, Milchprodukten und Eiern decken soll. Internationale

[501] Vgl. Troßbach, 2016c, S. 100 f.

[502] Vgl. Troßbach, 2016c, S. 102 f.

[503] Vgl. Mahlerwein, 2016, S. 84 ff u. S. 153 ff.

Experten gehen davon aus, dass sich zwischen 2000 und 2050 die Menge an Nahrungsmitteln tierischen Ursprungs verdoppeln wird.[504]

Tierhaltung weltweit im Jahr 2021 und im Vergleich zu 2001[505]

Tierart	**2021 in Milliarden**	**Veränderung 2001-2021 in Prozent**
Hühner	25,9	+ 79,0
Rinder	1,5	+ 15,8
Schafe	1,3	+ 23,1
Enten	1,1	+ 13,9
Ziegen	1,1	+ 44,1
Schweine	1,0	+ 10,6

Alleine in Deutschland lebten im November 2023 trotz sinkender Zahlen mehr als 21 Millionen Schweine und knapp 11 Millionen Rinder, davon 3,7 Millionen Milchkühe.[506] Außerdem gibt es hierzulande mindestens 45 Millionen Legehennen, die jährlich mehr als 13 Milliarden Eier liefern.[507] Hinzu kommen gut 600 Millionen geschlachtete Masthühner und rund 30 Millionen geschlachtete Puten im Jahr.[508] Die weit überwiegende Zahl dieser Tiere dient nahezu ausschließlich der Nahrungsmittelgewinnung, obwohl sie diverse andere Leistungen erbringen könnten, wenn man sie ließe, wie die vorigen Kapitel verdeutlicht haben.

504 Vgl. IPBES, 2018, S. 27.

505 https://www.destatis.de/DE/Themen/Laender-Regionen/Internationales/Thema/landwirtschaft-fischerei/tierhaltung-fleischkonsum/_inhalt.html, aufgerufen am 25.12.2023.

506 https://www.destatis.de/DE/Presse/Pressemitteilungen/2023/12/PD23_491_413.html, aufgerufen am 25.12.2023.

507 https://www-genesis.destatis.de/genesis/online?sequenz=tabelleErgebnis&&selectionname=41323-0001#abreadcrumb, aufgerufen am 25.12.2023.

508 https://www-genesis.destatis.de/genesis/online?sequenz=tabelleErgebnis&&selectionname=41323-0001#abreadcrumb, aufgerufen am 25.12.2023.

Multifunktionale Tierhaltung

Landwirtschaftliche Tierhaltung hat unzweifelhaft große Stärken. Tiere eignen sich als wertvolle Helfer in der Landschaftspflege und für den Erhalt der Biodiversität. Sie können über die Humusbildung zur Bodenverbesserung beitragen und dem fortschreitenden Bodenverlust entgegenwirken. Auch heutzutage liefern sie hochwertigen Pflanzendünger, den es mit Sachverstand zu verteilen und einzusetzen gilt. Hinzu kommt, dass Tiere Gras in Lebensmittel verwandeln und Reste gut verwerten können. Sie ermöglichen lebensnotwendiges Einkommen, stellen Materialien für Textilien bereit und liefern gerade in weniger entwickelten Regionen dieser Erde wichtige Bausteine für eine ausgewogene Ernährung. Dieses vielfältige Potenzial, diese Multifunktionalität von Tierhaltung gilt es konsequenter in den Blick zu nehmen und bewusst einzusetzen, um landwirtschaftlich misshandelte Flächen zu regenerieren und um globale, regionale und lokale Stoffkreisläufe zu schließen. Landwirtschaftliche Tierhaltung bedeutet nicht nur Risiken, sondern auch Chancen.

Auswirkungen der globalen Tierhaltung

Fast 15% aller von Menschen verursachten Treibhausgasemissionen entfallen auf die weltweite Tierhaltung.[509] Methan hat daran einen Anteil von 44%. Dieses Methan stammt ganz überwiegend aus dem Verdauungssystem von Wiederkäuern.[510]

Die derzeitige Tierhaltung hat außerdem große Auswirkungen auf die Biodiversität, weil ungefähr 30% der eisfreien Landfläche als Weideflächen und Ackerland für die Futtermittelerzeugung genutzt werden. Viele, aber nicht alle dieser Auswirkungen sind negativ.[511]

Gegenwärtig verursacht die Haltung von Tieren in der Landwirtschaft allerdings auch Konkurrenz um Ressourcen, vor allem um Flächen und Nahrung, die auf diesen Flächen produziert werden kann, für die

[509] Vgl. Gerber et al., 2013, S. xii.

[510] Vgl. Lynch et al., 2020, S. 12 f.

[511] https://www.fao.org/3/ca4960en/ca4960en.pdf, aufgerufen am 22.1.2024.

Menschen wie für die Tiere. Diese Konkurrenz ließe sich aufheben durch eine Tierhaltung, die ausschließlich auf der Fütterung von Raufutter und Resten basiert. Bei zum Standort passender Beweidung und Grünlandnutzung würden sogar zusätzliche Chancen für die Biodiversität und – zumindest ansatzweise – für den Klimaschutz entstehen.

Ein zentrales Problem lässt sich jedoch nicht abstreiten: In puncto Treibhausgasemissionen schneidet Tierhaltung gegenüber dem Verzicht auf Tiere schlechter ab. Besonders das Methan aus der Wiederkäuer-Verdauung steht immer wieder in der Kritik. Dabei sind es gerade die Wiederkäuer, die für viele der positiven Aspekte einer neuorientierten Tierhaltung unverzichtbar sind: eine Tierhaltung ohne Nahrungskonkurrenz, die dazu beiträgt, weltweit gesundheitsförderliche Ernährung abzusichern und Biodiversität zu schützen.

Immerhin: Auch in diesem kritischen Bereich sind positive Entwicklungen möglich, ohne Tierhaltung ganz aufzugeben – direkt durch verringerte Tierzahlen und indirekt durch Humusaufbau, Vermeidung klimaschädlicher Landnutzungsänderungen und verringerte Emissionen aus Ernteresten, Nebenprodukten und Lebensmittelabfällen. Ganz vermeiden lassen sich Treibhausgasemissionen jedoch nicht, wenn man auf Wiederkäuer in einem vernetzten Ernährungssystem setzt. Ein vollständiger Ausgleich ihrer Emissionen wird trotz Humusaufbau und der vielen möglichen Stellschrauben einer veränderten Tierhaltung aller Wahrscheinlichkeit nach nicht gelingen.[512] Sie werden Quellen von Treibhausgasen bleiben, wenn auch im günstigen Fall auf niedrigerem Niveau als derzeit. Zwar lässt sich zugunsten der Tiere anführen, dass nach neueren Einschätzungen gleichbleibende Methanemissionen keine zusätzliche Erderwärmung verursachen, dennoch bleiben angesichts des fortschreitenden Klimawandels weitere Einsparungen bei Methan und anderen Klimagasen notwendig.

Im Sinne einer differenzierenden Debatte über die Landwirtschaft der Zukunft wäre es allerdings wünschenswert, wenn die Kritik an den tierbedingten Treibhausgasemissionen in einem angemessenen Verhältnis stünde zu den positiven Auswirkungen der Tierhaltung auf andere Klimaschutzmaßnahmen bzw. auf das gesamte Ernährungssystem. Zu erwägen wäre außerdem, wie tierhaltende Höfe ihre Treibhausgasbilanz weiter optimieren können, etwa indem sie geeignete Flächen

[512] Vgl. Garnett et al., 2017, S. 33.

aufforsten oder Holzhackschnitzel als Ersatz für fossile Brennstoffe gewinnen.[513]

Außerdem sei angemerkt, dass es bei den Methanemissionen aus fossilen Quellen wie bei anderen Treibhausgasen aus Verkehr und Industrie noch erhebliche Minderungspotenziale gibt, die es auszuschöpfen gilt. Diese Emissionen werden – anders als bei den Wiederkäuern – nicht einmal ansatzweise durch die jeweiligen Quellen selbst kompensiert.

Damit Landwirtschaft und Tierhaltung zukunftsfähig werden, müssen sie sich ohne Zweifel dringend weiterentwickeln. Einige Vorschläge dafür sollen im folgenden Kapitel vorgestellt und diskutiert werden. Es wird kein Patentrezept geben, dazu sind die Bedingungen weltweit zu unterschiedlich. Stattdessen geht es darum, die Rahmenbedingungen und Möglichkeiten von Landwirtschaft mit Tieren vor Ort genau zu analysieren und je nach Bedarf und Auswirkungen immer wieder anzupassen. Das wird zur Folge haben, in manchen Regionen der Welt die Nahrungsmittelerzeugung zu intensivieren, während in anderen Gegenden eine Extensivierung sinnvoll und notwendig ist.

Um die Nachhaltigkeit von Nahrungsmitteln oder Betriebsweisen zu bewerten, reichen einzelne Merkmale wie Wasserbedarf oder CO_2-Emissionen nicht aus. Vielmehr sind umfassendere Analysen nötig. Es gilt, möglichst alle bekannten positiven wie negativen Effekte – vom Acker über den Teller bis zur Entsorgung – zu erfassen und abzubilden, damit Entscheidungen über notwendige Veränderungen in der Landwirtschaft genauso wie beim Konsum eine zuverlässige Bewertungsgrundlage erhalten.

Veränderungen und Prioritäten

Eines jedenfalls zeigen die Prognosen der unterschiedlichsten Expertengruppen: Ein schlichtes „Weiter-wie-bisher" werden viele Ökosysteme und die Atmosphäre nicht verkraften, mit vermutlich gravierenden Folgen für die Menschheit.

Technologische Fortschritte können sicher manches bewirken, nicht zuletzt in der Landwirtschaft des globalen Südens. Allein auf diesem

[513] Vgl. Hülsbergen et al., 2023, S. 76 ff.

Weg werden sich die Probleme allerdings nicht lösen lassen. Zwei andere Faktoren versprechen schnellere Erfolge: Erstens müssen die Menschen in den reicheren Ländern den Verbrauch an Ressourcen pro Kopf verringern, damit diese auch für eine größere Weltbevölkerung ausreichen. Zweitens benötigt die Natur mehr Raum und Zeit zur Erholung.[514]

Dass eine nachhaltige Ernährung von 10 Milliarden Menschen innerhalb der planetaren Grenzen vorstellbar ist, zeigt das Konzept der Planetary Health Diet (S. 44). Auch an diesem Vorschlag lässt sich Kritik üben. Es zeichnet ihn aber aus, dass er Anpassungen ermöglicht, um individuellen, regionalen oder traditionellen Bedürfnissen und Notwendigkeiten Rechnung zu tragen. Das folgende Kapitel soll deshalb auch zeigen, ob eine zukunftsfähige Landwirtschaft mit Tieren in Einklang zu bringen ist mit der Planetary Health Diet – oder woran dies möglicherweise scheitert.

Würde das Wissen über nachhaltige Ernährungssysteme endlich konstruktiv und flächendeckend genutzt, ließen sich manche problematischen Entwicklungen bremsen oder verhindern. Für den Schutz der Böden, des Wassers und der Wälder wäre es am wichtigsten, keine weiteren Landnutzungsänderungen für landwirtschaftliche Zwecke mehr zu benötigen oder zuzulassen. Damit würde auch eine Prognose aus dem Jahr 2018 widerlegt, nach der bis 2050 nur weniger als 10 % der Landoberfläche des Planeten im Wesentlichen frei von menschlichem Einfluss bleibt.[515]

Wie bereits in der Einleitung formuliert, ist und bleibt die entscheidende übergreifende Frage, wie und wofür wir Menschen künftig die vorhandenen Landflächen nutzen. Im besten Fall gelingt es, freiwerdende Flächen als Schutz- und Schonräume für die Artenvielfalt zu gewinnen, mehr Wildnis zuzulassen und zugleich die Kohlenstoffspeicher degradierter Böden aufzufüllen.

[514] Vgl. Bauer u. Böhning-Gaese, 2023, S. 94.
[515] Vgl. IPBES, 2018, S. 18.

Fair und nachhaltig: Tierhaltung auf neuen Wegen

Aus den vorhergehenden Kapiteln wird deutlich: Landwirtschaftliche Tierhaltung, wie wir sie im wohlhabenden globalen Norden mittlerweile gewohnt sind, können und dürfen wir so nicht weiter praktizieren oder gar ausdehnen. Für unsere Nahrungsmittel leben und sterben Tiere, die nie ins Freie kommen und in Ställen untergebracht sind, die vor allem die Arbeit der Menschen vereinfachen sollen; sie müssen einseitig hohe Leistungen erbringen – egal ob Milch, Eier oder Mast – und erhalten dafür Futter, das anderswo fehlt und noch nicht einmal zu ihrem Verdauungssystem passt. Solche Tierhaltungen können wir uns in Zukunft nicht mehr leisten – weder ethisch noch ökologisch. Industrialisierte Tierhaltung, entkoppelt von der lokalen Futtergrundlage und den Umgebungsbedingungen, verursacht zu viele Umweltschäden und bedeutet Konkurrenz um Flächen und Nahrung. Das muss aber nicht so sein. Es gibt Alternativen, bei denen Tiere mit ihrer Multifunktionalität bemerkenswert hilfreich sein können.

Wenn aber landwirtschaftlich gehaltene Tiere der Menschheit beim Überleben helfen sollen, dann müssen wir anders mit ihnen umgehen, in vielerlei Hinsicht. Wir müssen sie anders unterbringen, anders füttern und schlicht viel mehr wertschätzen. Der Veränderungsprozess hin zu einer nachhaltigen, ja regenerierenden Tierhaltung zugunsten von Artenvielfalt, gesunden Böden und einer überall verfügbaren vielfältigen Ernährung kann und muss sofort beginnen.

Als Maßstab: Fünf Freiheiten

Es steht außer Frage: Tieren, die wertvolle Helfer für eine menschenwürdige globale Zukunft sind, muss es gut gehen. Aber wie kann man das Wohlergehen und Wohlbefinden von Tieren, kurz das Tierwohl, erfassen? Die Situation der Tiere so zu bewerten, wie es sich aus unseren eigenen Bedürfnissen ergibt, der sogenannte Analogieschluss, galt und gilt als unwissenschaftlich. Fachleute haben deshalb mehrere Tierwohlkonzepte entwickelt, um das Wohlbefinden bzw. entsprechende Defizite bei Tieren wissenschaftlich fundiert erfassen zu können. Solche Ansätze dienen keineswegs nur dazu, Mindestanforderungen an Haltungsbedingungen zu definieren. Sie sollen vielmehr verdeutlichen, wie sich eine tiergerechte Haltung und Wohlbefinden bei den Tieren erreichen lassen. Eines der wichtigsten Konzepte für das aktuelle Verständnis und für Forschungsaktivitäten zum Tierwohl sind die „Fünf Freiheiten". Diese Herangehensweise entwickelte ein britisches Expertengremium in den 1970er Jahren basierend auf den Ergebnissen des sogenannten Brambell-Reports. Darin hatte eine Fachkommission der britischen Regierung erstmals Mindestanforderungen an moderne Tierhaltungen formuliert.[516] Anhand der Fünf Freiheiten bzw. mithilfe von Indikatoren, die mit diesem Konzept verbunden sind, lässt sich abschätzen, ob eine Tierhaltung den Bedürfnissen und Anforderungen der Tiere entspricht. Von Wohlbefinden bei Tieren ist erst auszugehen, wenn alle Freiheiten erfüllt sind, unabhängig von der Tierart, der Größe einer Tierhaltung oder des Standorts. Gesundheit sowie eine angemessene Versorgung und Unterbringung sind dafür ebenso ausschlaggebend wie ein sorgsamer Umgang mit den Tieren. Das Konzept unterstreicht außerdem, dass es für das Wohlbefinden von Tieren unverzichtbar ist, ihr normales, artgemäßes Verhalten entwickeln und ausleben zu können.[517]

Five Freedoms – Fünf Freiheiten

- Freisein von Hunger und Durst
- Freisein von Unbehagen
- Freisein von Schmerz, Verletzungen und Erkrankungen
- Freisein von Angst und Leiden
- Freisein zum Ausleben normaler Verhaltensweisen

[516] https://www.welfarequality.de/welfare-quality.html, aufgerufen am 3.2.2024.

[517] Vgl. Jäger, 2018, S. 172 ff.

Indikatoren zur Einschätzung, ob in einer Tierhaltung die Fünf Freiheiten erfüllt werden, lassen sich auf mehreren Ebenen nutzen und reichen vom Platz- und Futterangebot über Impfpläne und Vorsorgemaßnahmen bis zu Merkmalen, die sich direkt an den Tieren erheben lassen wie Körperkondition, Lahmheiten, Verschmutzung, Husten oder Verhaltensstörungen.

Eine weitere Möglichkeit zur Beurteilung von Tierhaltungen bietet das Nachschlagewerk „Nationaler Bewertungsrahmen Tierhaltungsverfahren" des Kuratoriums für Technik und Bauwesen in der Landwirtschaft e. V. (KTBL) einschließlich der dazugehörigen Datenbank.[518] Dieser Bewertungsrahmen berücksichtigt neben Kriterien zur Tiergesundheit und zu den Umweltauswirkungen auch systematisch Merkmale für das Verhalten von Tieren in allen gängigen Haltungssystemen.[519]

Anders halten: Komfortable Ställe, Zugang zum Freien

Um den Bedürfnissen unserer wertvollen Helfer ansatzweise zu genügen, gilt es, die Tierhaltungen so zu verändern, dass sie verschiedene Bedingungen erfüllen. Die im Folgenden erwähnten Veränderungen beziehen sich vor allem auf Intensivtierhaltungen, wie sie etwa in Europa, aber längst auch in anderen Regionen der Welt etabliert sind.

Ganz grundlegend für einen fairen Umgang ist, dass jedes Tier die Möglichkeit erhält, sich jederzeit an einen sicheren, bequemen Platz zurückzuziehen. Schweineställe, die nur Betonböden bieten, mit oder ohne Spalten, erfüllen diese Bedingung ebenso wenig wie alle Tierhaltungen mit angebundenen Tieren. Nötig sind vielmehr Ställe, in denen sich die Tiere frei bewegen können, mit unterschiedlichen Zonen, zwischen denen sie jederzeit die Wahl haben. Jeder Stallbereich muss so angelegt sein, dass sich Tiere aus dem Weg gehen können – damit etwa ein dominantes Tier einem unterlegenen nicht permanent Stress bereitet.

Eine weitere Voraussetzung für Haltungsverfahren, die dem angemessen sind, was Tiere leisten, ist der Zugang zum Freien: Jedes Tier

[518] https://daten.ktbl.de/nbr/postHv.html#start, aufgerufen am 3.2.2024.
[519] Vgl. KTBL, 2006, S. 141 ff.

muss zumindest tagsüber den überwiegenden Teil der Zeit ins Freie können, wann immer es das möchte. Organisieren lässt sich das auf vielfältige Weise: Außenbereiche an Schweine- und Geflügelställen, Laufhöfe, hofnahe Weiden mit Zugang zum Stall oder Weideflächen mit ausreichenden Unterständen und Witterungsschutz.

Außerdem müssen die Ställe künftig so konzipiert sein, dass Tiere nicht mehr durch chirurgische Eingriffe an ihr Lebensumfeld angepasst werden müssen. Es darf keine routinemäßigen Amputationen mehr geben, außer Kastrationen unter wirksamer Schmerzausschaltung. Schwänze oder Schnäbel nicht mehr zu kürzen und zugleich zu gewährleisten, dass sich die Tiere nicht gegenseitig verletzen, stellt Tierhalter durchaus vor Herausforderungen, vor allem bei Schweinen und Puten. Dabei geht es nicht nur um ausreichend Platz, Ausweichmöglichkeiten und Beschäftigung für die Tiere. Betreuer müssen darüber hinaus sehr genau alle Anzeichen für Defizite bei den Tieren erfassen und rechtzeitig gegensteuern, bevor sich Verhaltensstörungen wie Schwanzbeißen oder Federpicken ausbreiten, für die viele verschiedene Ursachen in Betracht kommen.

Darüber hinaus gilt es, Jungtiere länger bei den Muttertieren zu lassen. Das betrifft besonders Kälber von Milchkühen, die derzeit in der Regel direkt nach der Geburt von der Mutter getrennt werden. Um das zu ändern, müssen sich alternative Verfahren sehr viel stärker verbreiten, etwa die sogenannte muttergebundene Aufzucht oder der Einsatz von Ammenkühen.

Ohne Zweifel würden alle diese Maßnahmen das Halten von Tieren deutlich verteuern – und auch deren Produkte. Ein wesentlich höherer Preis für Fleisch, Milch und Eier wäre aber schon deshalb gerechtfertigt, weil damit auch die in den vorigen Kapiteln beschriebenen positiven Wirkungen der Tiere entgolten würden. Für Verbraucher wären höhere Preise tolerierbar, wenn zugleich finanzielle Spielräume entstünden, etwa weil sie weniger Lebensmittel tierischen Ursprungs konsumierten – eine zwangsläufige Folge beispielsweise bei Tierhaltung ohne Nahrungskonkurrenz (S. 190).

Weshalb Schlachten?

Das Töten von Tieren ist ein heikles Thema. Industrialisierte Tierhaltung und das damit verbundene Töten im Akkord sind darauf ausgerichtet, schnell und kostengünstig Fleisch zu produzieren. Beides verursacht Belastungen bei den Tieren.

Allerdings können auch andere Formen der Tierhaltung nicht auf das Schlachten verzichten, selbst wenn sie mit einer erheblichen Verringerung der Tierbestände einhergehen. Zum einen haben etwa Tierhaltungen ohne Nahrungskonkurrenz durchaus das Ziel, aus Gras und Resten neben Milch und Eiern auch Fleisch zu gewinnen. Zum anderen gehört es zu den zentralen Pflichten der Halter, die Entwicklung eines Tierbestands nicht einfach dem Zufall zu überlassen. Jegliche Vermehrung von Tieren zu unterbinden, ist aber schlicht nicht möglich und auch nicht tiergerecht. Um Futternot und Überalterung einschließlich Erkrankungen und möglicherweise langem Leiden zu verhindern, ist es sinnvoll und geboten, immer wieder auch jüngere Tiere zu schlachten, selbst bei sehr extensiver Weidetierhaltung in Naturschutzprojekten.

Manche Menschen vertreten die Auffassung, der Tod sei der maximale Schaden für ein Tier. Dem lässt sich entgegenhalten, dass etwa fortgesetztes Leiden am biologischen Ende eines Lebens oder Hungern wegen mangelnder Futtergrundlage die schlechtere Alternative sind gegenüber schnellem, kompetent ausgeführtem Töten.

Es gibt heutzutage viele Möglichkeiten, dies weitgehend ohne Stress für die Tiere zu tun. Dazu zählen etwa hofnahe Schlachtungen nach dem Konzept der IG Schlachtung mit Achtung[520] oder der Kugelschuss auf der Weide – vorausgesetzt, er wird zuverlässig beherrscht. Mit solchen Methoden lassen sich belastende Transporte und die hochgradig stressauslösende Situation in Schlachthöfen für die Tiere vermeiden.

Allerdings können solche aufwendigen Verfahren voraussichtlich nicht überall zum Einsatz kommen. Umso mehr gilt es, lokale Schlachtmöglichkeiten zu erhalten und in jeder Hinsicht so auszustatten, dass die Belastung für die Tiere minimal ausfällt. Dafür gibt es viele bauliche und technische Lösungsvorschläge. Von besonderer Wichtigkeit ist allerdings die Kompetenz des Personals, dem Wertschätzung und eine angemessene Entlohnung zustehen. Tierhalter und Mitarbeiter des Schlachtbetriebs müssen jederzeit einen ruhigen und besonnenen Umgang mit den Tieren gewährleisten.

520 https://www.schlachtung-mit-achtung.de/, aufgerufen am 4.4.2024.

Deutlich anders: Ohne Konkurrenz füttern und gesünder essen

Diverse wissenschaftliche Studien haben in den vergangenen Jahren die Bedeutung der Konkurrenz um Ackerflächen zwischen Futter- und Lebensmittelerzeugung unterstrichen. Die derzeit vorhandenen globalen Ackerflächen könnten auch 2050 für die Ernährung aller Menschen ausreichen – trotz wachsender Weltbevölkerung. Voraussetzung dafür ist, dass die Konkurrenz zwischen Teller und Trog entfällt und es gelingt, Ertragslücken deutlich zu verkleinern. Mit den jetzigen Ackerflächen auszukommen, hieße auch, die negativen Auswirkungen der Ausdehnung von Ackerland auf Klima und Biodiversität zu vermeiden.

Grundsätzlich existieren mehrere Möglichkeiten, die Konkurrenz um Ackerflächen aufzuheben. Eine davon ist In-vitro-Fleisch, also Fleisch aus dem Labor. Diese Option ist nach wie vor teuer und wenig verbreitet. Zwei andere Wege, deren flächendeckende Umsetzung bereits jetzt denkbar wäre, sind zum einen die rein pflanzliche, also vegane Ernährung – mit dem Nachteil des etwas höheren Bedarfs an Ackerflächen (S. 131) – und zum anderen ein Ernährungssystem mit Tieren, die nur Raufutter und Reste als Futter erhalten (S. 130).[521]

Auch wenn die vegane Lebensweise – wie mehrfach in diesem Buch dargestellt – beim Klimaschutz günstiger abschneidet als Varianten mit Tierhaltung, betonen auch Wissenschaftler immer wieder die vielfältigen zusätzlichen Aufgaben landwirtschaftlich genutzter Tiere. Als Kompromiss zwischen den gegensätzlichen Strömungen in der Debatte um notwendige Veränderungen der Ernährungssysteme bietet sich insofern an, Tierhaltung ohne Nahrungskonkurrenz zu kombinieren mit gesundheitsorientierten Speiseplänen, also mehr pflanzlichen und weniger von Tieren stammenden Lebensmitteln. Dieser Ansatz mit seinen beiden Pfeilern ist darüber hinaus sowohl vereinbar mit agrarökologischen Prinzipien, etwa der möglichst effizienten Nutzung lokal verfügbarer Ressourcen, wie auch mit mehr Tierwohl.[522]

[521] Vgl. Röös et al., 2017, S. 5 f.

[522] Vgl. Röös et al., 2017, S. 8 f.

Weniger bringt mehr: Modellrechnungen untermauern Kompromissvorschlag

Schon die eine Säule des Kompromisses, nämlich Tiere ausschließlich mit dem zu füttern, was Menschen nicht essen können oder wollen, hätte erhebliche Auswirkungen auf den Umfang der globalen Tierhaltung und den Anteil von Nahrungsmitteln tierischen Ursprungs in der Ernährung. Beide gingen deutlich zurück. Außerdem wären zahlreiche positive Effekte für den Schutz der Umwelt zu erwarten.

Modellrechnungen zeigen, dass Tierhaltung ohne Nahrungskonkurrenz erhebliche Mengen an Ressourcen einsparen kann. In einem der Modelle besteht das Futter der landwirtschaftlich genutzten Tiere weltweit ausschließlich aus Gras, Ernteresten und Nebenprodukten der Lebensmittelverarbeitung, nicht aber aus Lebensmittelabfällen. Im Vergleich zu einem „Weiter-wie-bisher“-Szenario kämen bezogen auf das Jahr 2050 folgende Effekte zustande: Es würden 26 % weniger Ackerflächen benötigt und 21 % weniger Frischwasser verbraucht. Der Pestizideinsatz ließe sich um gut 20 % reduzieren, der Stickstoff-Überschuss um 46 % und der von Phosphor um 40 %. Außerdem ließen sich 36 % nicht-erneuerbare Energien und 18 % Treibhausgase einsparen. Auch die Bodenerosion und die Abholzung von Waldflächen fielen geringer aus.[523]

Bei den Tierzahlen entstünden in diesem Modell bereits im Vergleich zum Basisjahr erhebliche Veränderungen: Global gäbe es fast 90 % weniger Schweine und 70 % weniger Hühner. Dieser Rückgang der Monogastrier fällt noch deutlicher aus, wenn man ihn vergleicht mit den höheren Tierzahlen, die – besonders bei den Hühnern – ohne Veränderungen für das Jahr 2050 zu erwarten sind. Bei den Wiederkäuern stellt sich die Situation dagegen etwas anders dar: Verglichen mit dem Basisjahr käme es zunächst zu einer Zunahme – am wenigsten bei Rindern, deutlicher jedoch bei Schafen, Ziegen und Büffeln. Verglichen mit dem „Weiter-wie-bisher“-Szenario ergäben sich für das Jahr 2050 aber auch für alle Wiederkäuer reduzierte Tierzahlen, nämlich 15 bis 17 % weniger kleine Wiederkäuer und gut 20 % weniger Rinder.[524]

[523] Vgl. Schader et al., 2015, S. 1 u. S. 5.

[524] Vgl. Schader et al., 2015, S. 5.

Zum Vergleich: Die Planetary Health Diet

Die Planetary Health Diet verfolgt zwei Ziele gleichzeitig: Sie soll eine gesunde Ernährung gewährleisten und bei der Erzeugung der benötigten Lebensmittel die sogenannten planetaren Grenzen einhalten. Nach Auffassung der EAT-Lancet Kommission, einer interdisziplinären Gruppe führender Wissenschaftler, gehört dazu auch, klimabelastende Landnutzungsänderungen zu vermeiden und die Klimagasemissionen der Nahrungsproduktion ungefähr zu halbieren.[525]

Die Planetary Health Diet schließt 43 g Fleisch pro Person und Tag ein, davon 29 g Geflügel. Hinzu kommen 13 g Ei und 250 g Milch. Das entspricht etwas weniger als 20 g reinem Protein, wenn man gängige Werte zu Proteingehalten[526] für die Umrechnung verwendet. Wegen des relativ hohen Anteils an Geflügelprodukten ist allerdings davon auszugehen, dass sich Nahrungskonkurrenz bei diesem Speiseplan nicht vollständig vermeiden lässt, legt man jeweils die mittleren Werte des Vorschlags zugrunde. Dies bestätigt eine Studie, die eine Verknüpfung zwischen der Planetary Health Diet und konkurrenzfreier Tierfütterung bzw. Kreislaufwirtschaft herstellt.[527]

Die Verschiebungen und Verringerungen bei den Tierbeständen aufgrund konkurrenzfreier Tierfütterung ziehen in den verschiedenen publizierten Modellen deutliche Veränderungen nach sich im Hinblick auf die verfügbaren Lebensmittel tierischen Ursprungs. Einer Prognose zufolge sinkt dann global betrachtet der Anteil an Protein in der Nahrung, der aus Tierhaltungen (ohne Aquakultur) stammt, auf ein Drittel der bisherigen täglichen Menge. Das entspräche 9 g Protein. Umgerechnet in Lebensmittel stünden jeder Person pro Tag noch 26 g Fleisch (davon 19 g von Wiederkäuern), 138 g Milch und 2 g Ei zur Verfügung. Pro Person und Jahr wären dies 9,5 kg Fleisch.[528] Diese Mengen an Lebensmitteln tierischen Ursprungs blieben innerhalb der Grenzen

525 Vgl. Willett et al., 2019, S. 463.

526 https://www.mri.tum.de/sites/default/files/seiten/eiweissaustauschtabelle.pdf, aufgerufen am 31.3.2024.

527 Vgl. Van Selm et al., 2022, S. 68 u. S. 71.

528 Vgl. Schader et al., 2015, S. 5 f. u. S. 8.

der Planetary Health Diet (S. 44), mit einer Ausnahme: Bei Wiederkäuerfleisch käme es zu einer Überschreitung von 5 g pro Tag, also knapp 2 kg im Jahr.

Andere Rechenbeispiele für Tierhaltung ohne Nahrungskonkurrenz – vor allem solche, die auch Lebensmittelabfälle als Futter einplanen – gelangen zu größeren Proteinmengen aus Tierhaltungen, meistens etwas mehr als 20 g im täglichen Speiseplan.[529] Lebensmittelabfälle eignen sich wegen ihrer stärkeren Verarbeitung besser für Schweine als für Wiederkäuer. Deshalb nimmt der Schweinefleischanteil zu, wenn mehr Lebensmittelabfälle und weniger Gras als Futter dienen sollen, etwa weil die Abfälle regional verfügbar sind. Entsprechend kann sich die errechnete Menge von etwas mehr als 20 g Protein pro Person und Tag aus unterschiedlichen Quellen zusammensetzen: 75 g Fleisch und ein Viertelliter Milch sind ebenso möglich wie fast 100 g Fleisch und eine halbe Tasse Milch.[530]

Ein Viertelliter Milch

Die Planetary Health Diet sieht pro Person und Tag den Konsum von 250 g bzw. ml Milch vor, auch in verarbeiteter Form. Für 1 kg Käse werden zwischen 4 l Milch für Frischkäse und 13 l für Hartkäse verarbeitet. Die Herstellung eines Laibs Emmentaler mit ca. 80 kg erfordert ungefähr 1.000 l Rohmilch.[531]

Ein Viertelliter Milch entspricht zum Beispiel: 18 bis 19 g Parmesan, ungefähr 20 g Emmentaler, 25 g Camembert oder Mozzarella, 55 g Quark oder 250 g Joghurt. Aus 250 ml Schafsmilch können ungefähr 25 g Schafskäse entstehen.[532]

An dieser Stelle lässt sich festhalten: Die zweite Säule des vorgeschlagenen Kompromisses – von Tieren stammende Lebensmittel im

[529] Vgl. Van Zanten et al., 2018, S. 4186.

[530] Ebd.

[531] https://www.kaesekompass-nrw.de/kaeseinfos/infos-im-ueberblick/herstellung, aufgerufen am 1.4.2024.

[532] Diverse Quellen im Internet, aufgerufen am 1.4.2024.

Speiseplan auf ein gesundheitsförderliches Maß zu verringern – ergibt sich nahezu von selbst aus der ersten Säule, der konkurrenzfreien Fütterung. Die verfügbaren Mengen an Fleisch, Milch und Eiern verringern sich je nach Ausgestaltung des Fütterungsregimes teilweise stärker, als es die Planetary Health Diet vorsieht. Dieser Effekt ist allerdings nicht zu erwarten, wenn zusätzlich zu Raufutter, Ernte- und Verarbeitungsresten große Mengen Lebensmittelabfälle an Tiere, vor allem an Schweine verfüttert würden.[533] Aus mehreren bereits genannten Gründen sollten solche Abfallmengen jedoch gar nicht entstehen oder zumindest deutlich reduziert werden (S. 145).

Zumindest eines der Modelle für Tierfütterung ohne Nahrungskonkurrenz befasste sich auch mit Fisch aus Aquakultur. Ohne Konkurrenz zum Menschen und ohne Lebensmittelabfälle zu verwenden, ließen sich ergänzend zu Fleisch, Milch und Eiern 35 g Fisch pro Person und Tag erzeugen.[534] Auch diese Menge liegt innerhalb der Grenzen der Planetary Health Diet für einen gesundheitsförderlichen Speiseplan.

Flexitarisch zu nachhaltiger und gesunder Ernährung

Wie der Veganismus beanspruchen auch die beiden anderen diskutierten Konzepte, für eine gesunde und nachhaltige Ernährung auf der ganzen Welt zu stehen. Beide lassen sich zudem als Maßstäbe nutzen, um den persönlichen Speiseplan zu gestalten. Die Planetary Health Diet räumt dabei einigen Spielraum für individuelle, traditionelle und kulturelle Vorlieben ein. Tierhaltung ohne Nahrungskonkurrenz, auch als Low-Cost-Tierhaltung, Kreislaufwirtschaft oder zirkuläres Ernährungssystem bezeichnet, setzt zwar bei den Tieren an, wirkt sich aber über die so produzierten Lebensmittel tierischen Ursprungs direkt auf die menschliche Ernährung aus.

Planetary Health Diet und Tierhaltung ohne Nahrungskonkurrenz beziehen beide bewusst Tiere in ihre Lösungsvorschläge ein und setzen auf flexitarische Ernährung. Sie tun dies aus unterschiedlichen Gründen. Bei der Planetary Health Diet steht die Ernährungssicherheit

[533] Vgl. Röös et al., 2017, S. 9 f.

[534] Vgl. Schader et al., 2015, S. 8.

in benachteiligten Bevölkerungsgruppen und Regionen im Vordergrund.[535] Der Low-Cost-Tierhaltung geht es dagegen vorrangig um sparsame Landnutzung und das Upcycling von Gras, Resten und Abfällen zu Lebensmitteln.

Der auffälligste Unterschied zwischen den beiden Konzepten ist der Anteil von Geflügelprodukten in den vorgeschlagenen Speiseplänen. Bei Low-Cost-Tierhaltungen fallen diese fast vollständig weg, weil Geflügelfütterung meistens – abgesehen von Hobby- und Kleinsthaltungen – auf hochkonzentriertem Futter in Form von Getreide und Sojaextraktionsschrot basiert. Vorteilhaft ist dagegen das extrem schnelle Wachstum der weltweit eingesetzten speziellen Mastgeflügel-Linien für die Klimabilanz ihres Fleischs gegenüber dem von Wiederkäuern.[536, 537] Außerdem soll Geflügelfleisch gesünder sein als das von Wiederkäuern und Schweinen.[538] Nicht zuletzt ist es preisgünstig und unterliegt weniger religiösen Einschränkungen als anderes Fleisch.[539] Der höhere Geflügelfleischanteil der Planetary Health Diet korrespondiert insofern mit dem weltweiten Trend, immer mehr Geflügelfleisch zu verzehren[540] – was allerdings hinsichtlich der Nahrungskonkurrenz problematisch ist.

Bisherige Ansätze, beide Konzepte zu verbinden, erwiesen sich als wenig erfolgreich. In einem Modell rechneten Wissenschaftler damit, Tieren an Land und in Aquakultur ausschließlich Reste und Abfälle entsprechend dem pflanzlichen Anteil der Planetary Health Diet zu füttern, ergänzt durch Gras und Nebenprodukte der Schlachtung. Dabei zeigte sich: Die Lebensmittel für den durchschnittlichen Speiseplan gemäß Planetary Health Diet lassen sich durch Kreislaufwirtschaft nicht in der vorgesehenen Kombination erzeugen, teilweise auch nicht in der erforderlichen Menge. Manche Varianten der Kreislaufwirtschaft in diesem Modellversuch führten zu drastischen Verminderungen bei Geflügelprodukten und Einschränkungen bei Fisch; statt-

535 Vgl. Willett et al., 2019, S. 455 f.

536 https://de.statista.com/statistik/daten/studie/1197941/umfrage/co2-fussabdruck-von-fleisch-fisch-und-fleischalternativen-in-deutschland/, aufgerufen am 2.4.2024.

537 Vgl. Jäger, 2018, S. 96.

538 Vgl. Willett et al., 2019, S. 455.

539 Vgl. Parlasca u. Qaim, 2022, S. 18.

540 Vgl. OECD u. FAO, 2023, S. 185 f.

dessen standen zum Teil deutlich mehr Milch und rotes Fleisch zur Verfügung. Im Hinblick auf Mikronährstoffe, etwa Vitamine oder bestimmte Fettsäuren, waren die Abwandlungen mit Kreislaufwirtschaft der Standardvariante der Planetary Health Diet häufig überlegen. Außerdem verursachten sie bis zu 30 % weniger Treibhausgasemissionen wegen der vermiedenen Ausstöße aus dem Futtermittel- und Getreideanbau.[541]

Trotz dieser Unterschiede verbindet beide Konzepte, dass sie für verschiedene Weltregionen jeweils unterschiedliche Entwicklungsperspektiven bzw. -notwendigkeiten einfordern. In Regionen wie etwa Nordamerika und Europa werden sich die Verbraucher im Schnitt mit deutlich weniger Fleisch, Milch und Eiern als bisher zufriedengeben müssen, wenn sie sich gesund und nachhaltig ernähren wollen. Dagegen ist in Afrika und Asien mit denselben Zielen eine Ausweitung des Verzehrs solcher Nahrungsmittel denkbar und teilweise geboten.[542]

Außerdem besteht die begründete Hoffnung, dass beide Vorschläge den Erwartungen des Weltklima- und des Weltbiodiversitätsrates an die Wirksamkeit veränderter Ernährungsweisen nahekommen, im Vergleich zu einem „Weiter-wie-bisher“: Einsparungen von mehreren Gigatonnen Treibhausgasen und vielen Millionen ha Land, verbunden mit der Chance, große Schäden an natürlichen Lebensräumen einschließlich der Böden zu verhindern.[543, 544]

Zwei weitere Aspekte einer nachhaltigen Kost seien noch erwähnt: Zum einen gilt es gerade im Hinblick auf den pflanzlichen Anteil, neben der Energie- auch die Wasserbilanz im Auge zu behalten, vor allem den Wasserknappheits-Fußabdruck (S. 107). Das heißt: Äpfel aus der Region statt Zitrusfrüchten und saisonales Gemüse von Äckern der näheren Umgebung anstelle von Produkten aus beheizten Gewächshäusern. Für Länder in Mitteleuropa wie Deutschland bedeutet das vor allem im Winter mehr Kohl, Lauch und Zwiebeln auf den Tellern. Zum anderen kann Wildfleisch eine attraktive Ergänzung der Nahrungsmittelpalette darstellen, vorausgesetzt die Jagd findet zugunsten

541 Vgl. Van Selm et al., 2022, S. 66 ff.

542 https://tabledebates.org/blog/role-livestock-sustainable-food-system, aufgerufen am 31.3.2024.

543 Vgl. IPCC, 2019, S. 24.

544 Vgl. IPBES, 2018, S. 14.

eines ökologisch wertvollen Waldes statt und minimiert konsequent den Stress für die Wildtiere.

Selbstverständlich das ganze Tier: Vom Kopf bis zum Schwanz

Wer auf flexitarische Ernährung setzt, etwa im Zusammenhang mit ökologischer Landwirtschaft oder als Teil eines zirkulären Ernährungssystems, für den sollte es selbstverständlich sein, das geschlachtete Tier vollständig zu nutzen: vom Kopf bis zum Schwanz oder wie es inzwischen trendig heißt: „from nose to tail“. Dazu gehört, auch Teilstücke und Innereien zuzubereiten, die über Jahrzehnte an Beliebtheit verloren hatten, inzwischen aber selbst in der gehobenen Küche wieder Anklang finden: Beinscheiben, Suppenknochen, Schweinebäckchen, Kutteln und vieles mehr. Häufig benötigen solche Lebensmittel mehr Zeit und Kenntnisse bei der Zubereitung als das Kurzgebratene, das so viele Menschen bevorzugen. Nicht nur Schnitzel, Steak und Schinken wertzuschätzen, bedeutet aber auch, dass das ganze Tier wertvoller wird. Außerdem kann die vollständige Verwertung in der Herkunftsregion dazu beitragen, Märkte in anderen Gegenden der Welt nicht aus dem Gleichgewicht zu bringen und die Chancen dortiger Anbieter zu wahren.[545]

Im Übrigen muss das Prinzip „from nose to tail“ auch für Legehühner nach der Legephase gelten. Nach wie vor werden diese Hennen häufig völlig unter Wert verkauft. Dabei sind sie als Suppenhuhn eine wertvolle und vielseitige Bereicherung des Speisenangebots.

Nicht zuletzt muss sich die vollständige Verwertung auch auf Häute und Federn erstrecken, stets mit der Maßgabe, dass die Tiere gut gelebt haben und so stressarm wie irgend möglich getötet wurden. Leder und Daunen werden dann zu einem kostbaren Gut, das selbstverständlich auch entsprechend teuer zu bezahlen ist.

[545] https://www.verbraucherzentrale.nrw/wissen/lebensmittel/auswaehlen-zubereiten-aufbewahren/ganztiernutzung-nose-to-tail-ein-neuer-trend-22659, aufgerufen am 4.4.2024.

Andere Tiere: Gesund, genügsam und vielseitig

Faire, multifunktionale Tierhaltung, die ohne Nahrungskonkurrenz auskommen soll, erfordert nicht nur tiergerechte Ställe, anderes Futter und Veränderungen beim Konsumverhalten. Wir brauchen auch andere Tiere. Sie müssen mit Raufutter und Resten auskommen, außerdem sollen sie gesund und langlebig sein. Kommt es zu hohen Tierverlusten oder dauert die Aufzucht lang, während die Nutzungsdauer kurz ist, bedeutet dies einen wenig effizienten Einsatz von Ressourcen wie Futtermitteln. Dies gilt es ebenso zu vermeiden wie Umweltbelastungen, insbesondere Treibhausgasemissionen, denen keine positiven Wirkungen gegenüberstehen, etwa weil das Tier frühzeitig verendet.

Die umfangreichen, selten kommentierten Tierverluste auch in deutschen Ställen sind deshalb weder moralisch vertretbar noch ökonomisch oder ökologisch.

Kalkulationswerte zu Tierverlusten in Deutschland[546]

Tierart/Nutzungsrichtung	Verluste	Spanne der Verluste	Zeitraum
Kälber bis zum Absetzen	5 %	2–20 %	90 Tage
Saugferkel	15 %	12–20 %	21–28 Tage
Ferkelaufzucht (bis 29 kg Tiergewicht)	2,4 %	1,5–4 %	54 Tage
Mastschweine (bis 119 kg Tiergewicht)	2,4 %	2–5 %	15 Wochen
Legehühner	12–15 %	5–25 %	56 Wochen
Masthühner	3,5 %	2,4–7 %	28/38 Tage
Putenhähne	7,8 %	3–12 %	21 Wochen
Putenhennen	4,2 %	3 % – keine Angabe	16 Wochen

[546] Vgl. KTBL, 2022, S. 541, S. 652, S. 672, S. 687, S. 703, S. 722 u. S. 738.

Auch voll ausgewachsene Tiere, etwa Milchkühe und Muttersauen, leben erschreckend kurz. Kühe in der intensiven Milchproduktion halten im Durchschnitt weniger als drei Laktationen durch – die Phasen, in denen sie Milch geben. Dann gehen sie im Alter von ungefähr 5 Jahren zur Schlachtung, mehrheitlich wegen gesundheitlicher Probleme wie Klauenerkrankungen, Stoffwechsel- und Fruchtbarkeitsstörungen.[547, 548] Ähnliches gilt für Muttersauen.

Innerhalb eines Jahres liefern viele Milchkühe über 10.000 l Milch, Sauen gebären in demselben Zeitraum mehr als 25 Ferkel, Mastschweine können fast 1 kg Fleisch am Tag bilden und Masthühner vervielfachen ihr eigenes Körpergewicht innerhalb eines Monats auf ungefähr das Vierzigfache. Der Zusammenhang zwischen hohen Leistungen, Erkrankungen und Tierverlusten ist nach derzeitigem Wissensstand zwar vielschichtig, gleichwohl fordern extrem schnelles Wachstum von Masttieren oder hohe Milch- und Legeleistungen den Stoffwechsel der Tiere enorm. Häufig verfügen die Tiere kaum über die körperlichen Voraussetzungen dafür. Ein Beispiel: Hochleistende Milchkühe in der Anfangsphase der Laktation können vielfach nicht genügend Futter aufnehmen, um ihre genetisch bedingt hohen Milchmengen zu bilden, ohne dabei ein Energiedefizit zu durchlaufen. Hält ein solches Defizit über längere Zeit an, trägt es zur Mobilisierung von Körperreserven bei und fördert Fruchtbarkeitsstörungen oder andere stoffwechselbedingte Erkrankungen.[549]

Die extremen Anforderungen an ihren Stoffwechsel machen die Tiere anfällig für Störungen. Sie gelangen schnell an die Grenze ihrer Kompensations- und Anpassungsmöglichkeiten oder darüber hinaus. Zu diesen Störungen gehören Fütterungsdefizite, Infektionen oder Stress, der entsteht, weil die Tiere ihr normales Verhalten nicht ausleben können. Die Folgen sind Erkrankungen und Tierverluste in einem beträchtlichen Umfang[550] – an den sich viele Verantwortliche anscheinend gewöhnt haben.

[547] https://www.vetline.de/tierschutzrelevante-zuchtprobleme-beim-milchvieh-interaktion-zwischen-dem-zuchtziel-milchleistung, aufgerufen am 4.4.2024.

[548] Vgl. KTBL, 2022, S. 542.

[549] Vgl. Jäger, 2018. S. 79 f.

[550] Ebd.

Tiere, die bereits unter konventionellen Bedingungen offenbar nicht hinlänglich versorgt werden können, wären bei ausschließlicher Fütterung ohne Nahrungskonkurrenz noch stärker überfordert.

Um die Landwirtschaft auf Tiere umzustellen, die mit einer veränderten Fütterung zurechtkommen und lange leben, müssen sich vor allem die Erwartungen an die Leistungen der Tiere verändern. Die wichtigsten Ziele dürfen nicht mehr die maximale Milchmenge oder möglichst viele Ferkel pro Jahr sein. Stattdessen muss es darum gehen, dass etwa Rinder viel Raufutter aufnehmen und dieses Grundfutter gut ausnutzen können. Außerdem sollten sich die Tiere für den Weidegang eignen, wozu sie gute Klauen und Beingesundheit benötigen. Leichte Geburten, eine zum Futter passende geringere Milchleistung und ein stabiler Stoffwechsel begünstigen ein längeres Leben der Milchkühe und ermöglichen am Ende gute Lebensleistungen, die ökonomisch wie ökologisch sinnvoll sind. Auch bei Schweinen und Geflügel könnten sich etwas geringere Leistungen stabilisierend auswirken und dazu beitragen, dass die Fütterung mit Resten und Abfällen gelingt.

Tierhalter beschäftigen sich schon lange damit, wie sich Gesundheit und Langlebigkeit der landwirtschaftlich genutzten Tiere verbessern lassen. Eine Möglichkeit besteht darin, die Zucht neu auszurichten und verstärkt andere Merkmale als Leistung zu berücksichtigen. Zudem können Tierhalter auch auf ältere, teilweise bedrohte Rassen zurückgreifen. Deren Leistungsniveau, von der Kuh bis zum Huhn, ist in der Regel zwar geringer als das der Hochleistungsrassen und -linien; dafür stellen sie aber weniger Ansprüche an ihr Futter. Häufig sind sie außerdem gut an lokale Gegebenheiten angepasst, haben etwa ein geringeres Körpergewicht und gesunde Klauen für gebirgige Standorte.

Ein weiterer Vorteil vieler älterer Rassen ist, dass sie weniger einseitige Leistungen erbringen. Weibliche Rinder von Zweinutzungsrassen wie Vorderwälder oder Fleckvieh liefern Milch und Fleisch. Außerdem entwickeln ihre männlichen Kälber genügend Muskulatur und müssen deshalb nicht verramscht werden, wie das bei den schwächer gebauten Jungtieren der extremen Milchrassen häufig der Fall ist. Auch das verbessert die Ökobilanz einer Tierhaltung.

Ähnliches ermöglichen Zweinutzungshühner: Die Henne legt zwar weniger Eier als das Huhn einer Hochleistungslinie; dafür ist aber der Bruderhahn kräftiger und wertvoller. Solche Lösungen finden viele

Menschen attraktiv. Deshalb gibt es mittlerweile Bestrebungen, durch gezielte Kreuzungen neue Mehrnutzungstiere zu entwickeln. Beispiele dafür sind Coffee, Cream und Caramel, Hühnerkreuzungen der Ökologischen Tierzucht gGmbH, einer Initiative mehrerer Ökoverbände in Deutschland.[551]

Eine extensivere Tierhaltung mit Ausdehnung der Weidehaltung bietet viele Chancen und Vorteile – allerdings gilt dies nicht überall auf der Welt. In manchen Regionen wäre eine etwas höhere Produktivität der Tierhaltungen erstrebenswert, um Ressourcen wie Futter und Flächen effektiver zu nutzen und den erhofften Beitrag zur Ernährung von Menschen und zu deren Einkommen zu erzielen.[552] Gängige Maßnahmen zur Steigerung der Produktivität beinhalten, Futter besser zu konservieren, die Futterration gezielter zusammenzustellen und Agroforstverfahren zu nutzen. Sie sollen insbesondere Überweidung verhindern, etwa in Subsahara-Afrika.[553,554]

Flächen: Reserve und Spielraum

Tiere ohne Nahrungskonkurrenz zu füttern, könnte erheblich dazu beitragen, weniger Ackerflächen als gegenwärtig für die Ernährung der Menschheit nutzen zu müssen. Dafür sind zwei Mechanismen ausschlaggebend. Erstens: Derzeit dienen weltweit knapp 280 Millionen ha Ackerland ausschließlich der Futterproduktion. Hinzu kommen Flächen für den Anbau von Soja, das zwar nicht ausschließlich, aber überwiegend als Futtermittel zum Einsatz kommt (S. 126). Solche Flächen ließen sich für andere Zwecke einsetzen. Zweitens: Nahrungsprotein tierischen Ursprungs, das ausschließlich durch die Verfütterung von Gras, Resten und Lebensmittelabfällen zustande kommt, könnte bis zu einem Drittel des täglichen Proteinbedarfs in der Ernährung decken (S. 131). Für diesen Proteinanteil bedürfte es keiner pflanzlichen Quellen als Ersatz. Je nach Verfügbarkeit von Gras und „leftovers“ lässt sich regional unterschiedlich viel tierbasiertes Protein

551 https://www.oekotierzucht.de/tiere/unsere_tiere/, aufgerufen am 5.4.2024.

552 Vgl. Röös et al., 2017, S. 8.

553 Vgl. Thornton, 2010, S. 2859.

554 Vgl. Balehegn et al., 2021, S. 47 ff. u. S. 52 f.

ohne Nahrungskonkurrenz erzeugen. Im Vergleich zu veganer Ernährung sollen Einsparungen von bis zu einem Viertel der Ackerflächen möglich sein.[555]

Weiteres Einsparpotenzial für Anbauflächen besteht in der Verringerung von Nahrungsmittelverlusten. Durch deren Halbierung im Einklang mit den UN-Nachhaltigkeitszielen ließen sich rund 200 Millionen ha anders nutzen (S. 146).

Freiwerdende Flächen könnten sich in verschiedener Hinsicht positiv auswirken: Sie stellen eine Reserve für den Anbau pflanzlicher Nahrungsmittel dar. Denn sobald etwa konkurrenzfreie Tierfütterung zum Rückgang von Tierbeständen und den damit verbundenen Produkten führt, steigt der Bedarf an Flächen für den Anbau von pflanzlichen Proteinträgern wie Hülsenfrüchten, wenn auch in geringerem Umfang als bei rein pflanzlicher Kost. Ungefähr ein Fünftel der Anbauflächen wären dann in den Fruchtfolgen – wie im Ökolandbau bereits üblich – für Leguminosen einzuplanen, auch wegen ihrer düngenden Wirkung. Das heißt, Ackerflächen sollten alle fünf Jahre wenigstens einmal damit bestellt werden.[556,557]

Eine besonders wichtige Auswirkung der Flächeneinsparung wäre zudem, dass sich Abholzungen von Wäldern und die Umwandlung von Gras- zu Ackerland vermeiden ließen. Das hätte erhebliche Einsparungen bei Treibhausgasemissionen zur Folge, die solche Landnutzungsänderungen nach sich ziehen. Stattdessen wären Veränderungen in die entgegengesetzte Richtung möglich. Verfügbare Flächen könnten – je nach regionalen Gegebenheiten – zu Grasland rückverwandelt oder aufgeforstet werden. Beides ginge mit zusätzlicher Speicherung von CO_2 einher, zumindest für den Zeitraum von einigen Jahrzehnten. Ein Teil der freiwerdenden Ackerflächen könnte außerdem zur Produktion von Biotreibstoffen und damit zur Einsparung fossiler Energieträger beitragen.

Es ist dagegen ein Trugschluss anzunehmen, durch den vollständigen Verzicht auf Tierhaltung könne man noch viel umfangreichere Flächen für Klima- und Artenschutz gewinnen – nämlich sämtliches Grasland, das zur Ernährung von Tieren in der Landwirtschaft bei-

[555] Vgl. Van Zanten et al., 2018, S. 4185, S. 4187 u. S. 4190.

[556] Vgl. Muller et al., 2017, S. 5.

[557] Vgl. Schader et al., 2015, S. 4.

trägt. Für einen Teil der 2 bis 3 Milliarden ha Weideflächen und Wiesen mag das zutreffen (S. 121). Begrenzt wird dies allerdings dadurch, dass eine zu geringe Nutzung solcher Flächen zu Verlusten bei der Biodiversität führen (S. 62) und mehrere Ökosystemfunktionen von offenen Landschaften beeinträchtigen kann, etwa die Grundwasserbildung und die CO_2-Speicherung im Boden. Vor diesem Hintergrund bietet extensive Beweidung das ideale Szenario für eine multifunktionale Tierhaltung.

Extensive Weidehaltung: Tierwohl-Anforderungen an eine ökologische Großchance

Extensive Beweidung spielt für den Natur- und Artenschutz eine bedeutende Rolle, weil sie dazu beiträgt, ökologisch wertvolle Flächen zu erhalten und zu restaurieren. Tiere helfen bei der Pflege schwer zugänglicher Gebiete, etwa steilen Standorten, oder unter feuchten Bedingungen in Auen und Mooren. Allerdings verlangt extensive Beweidung viel Wissen und Erfahrung, damit Tiere für die Ziele des Naturschutzes nicht unnötig Schmerzen, Leiden oder Schäden erdulden müssen. In den zurückliegenden Jahrzehnten gerieten Weideprojekte mehrfach in vermeidbare Krisen.[558]

Naturschutzorientierte Weidesysteme gelten als kostengünstige, aber wirkungsvolle Pflegemaßnahmen. Idealerweise bestehen sie aus großflächigen, eingezäunten Standweiden, Flächen für die Hütehaltung, Mähweiden, Wiesen und halboffenen Bereichen. Kleine Waldparzellen und Übergangsbereiche zwischen Wiesen und Wald bieten den Tieren Rückzugsmöglichkeiten und Witterungsschutz. Ökologisch ausgerichtete Weidesysteme können ab einer Größe von 10 ha beginnen, sollten aber besser wenigstens 50 bis 100 ha Fläche umfassen. Für sogenannte Weidelandschaften sind mehr als 1000 ha einzuplanen. Je nach den konkreten Bedingungen lassen sich in solchen Weidesystemen im Jahresdurchschnitt Tiere in einer Größenordnung von 0,2 bis 0,8 Großvieheinheiten (GV) pro ha halten. Ganzjährige Weidehaltung ist unter günstigen Bedingungen vorstellbar. Häufig kommen Mutterkuhherden zum Einsatz, etwa genügsame, witterungstolerante Tiere

[558] Vgl. Kämmer, 2023, S. 191 f.

alter Rassen. Auch gemischte Beweidung mit verschiedenen Tierarten ist naturschutzfachlich interessant und schließt häufig Ponys ein. Zusätzliche Düngung sollte auf Naturschutzflächen ebenso wenig stattfinden wie der Einsatz von Bioziden, möglichst auch nicht zur Parasitenprophylaxe bei den Tieren.[559] Biozide und ein Teil der zur Verfügung stehenden Tierarzneimittel gegen Parasiten können die ökologisch wichtige Besiedelung von Dunghaufen und die Entwicklung von Insekten negativ beeinflussen. Der Verzicht auf Antiparasitika, vor allem gegen Magen-Darm-Würmer, erfordert allerdings geringe Besatzdichten, konsequente Tierbeobachtung und eine gute Planung, in welcher Reihenfolge Tiere die Flächen beweiden.[560] Müssen doch Entwurmungen stattfinden, sind bei der Auswahl der Wirkstoffe mögliche Auswirkungen auf die Umwelt zu berücksichtigen.

Mit dem Ziel, tierschutzrelevante Notlagen in Naturschutzprojekten zu vermeiden, gab es wiederholt Bemühungen um Mindestanforderungen an extensive Weidesysteme. Die „Leitlinien für die tiergerechte ganzjährige Weidehaltung von Rindern und Pferden auf Naturschutzflächen", herausgegeben von der Tierärztlichen Vereinigung für Tierschutz e. V. und der Naturstiftung David, bieten sich derzeit zur Orientierung an und konkretisieren die allgemeinen Regeln des Tierschutzrechts.

Voraussetzungen für tiergerechte Weideprojekte[561]

Zu den tierschutzrelevanten Voraussetzungen zählt neben einer auf Dauer angelegten Finanzierung in ganz besonderem Maße die Sachkunde der Menschen, die die Betreuung der Tiere übernehmen – und in ausreichender Zahl auch für den Vertretungsfall bereitstehen müssen. Sachkundig sind etwa Landwirte oder Personen, die jahrelang Erfahrung mit den relevanten Tierarten sammeln konnten. Außerdem sollte eine vertragliche Vereinbarung für regelmäßige tierärztliche Betreuung bestehen.

559 Vgl. Luick, 2023, S. 84 f.

560 Vgl. Striezel, 2023, S. 198 f.

561 https://www.tierschutz-tvt.de/alle-merkblaetter-und-stellungnahmen/, aufgerufen am 6.4.2024.

Für Extremsituationen wie Hochwasser oder Brände müssen Notfallpläne erstellt und mit den Behörden abgestimmt sein. Es bedarf außerdem technischer Voraussetzungen, um verletzte oder kranke Tiere zu bergen oder vor Ort zu behandeln, etwa in Überwachungsflächen, sogenannten Korrals, in Kombination mit Fanggattern und Fixierungsmöglichkeiten. Auch Kadaver müssen sich zeitnah abtransportieren lassen. Die Kontrolle der Tiere hat grundsätzlich täglich stattzufinden, bei Extremwetter und anstehenden Geburten auch häufiger. Für ausgedehnte und unübersichtliche Weidegebiete hat es sich bewährt, Leittiere mit Sendern auszustatten, um Herden leichter zu finden.

Sicherzustellen ist in jedem Fall, dass die Tiere immer Zugang zu Wasser in ausreichender Menge und Qualität haben, auch bei Frost und Schnee. Nicht immer erfüllen die natürlichen Wasservorkommen auf den Weideflächen diese Voraussetzung. Im Hinblick auf die Futterversorgung lautet die Empfehlung aus Tierschutzsicht, bei ganzjähriger Beweidung zunächst nicht mehr als 0,2 GV pro ha als Tierbesatz einzuplanen und entsprechend der Entwicklung des Futterangebots anzupassen. Außerdem verdient die Versorgung der Tiere mit Mineralstoffen und Spurenelementen wie Selen Beachtung. Sie muss je nach Standort ergänzt werden, beispielsweise durch geeignete Leckmassen.

Große Bedeutung hat außerdem, mögliche Gefahrenquellen für Tiere rechtzeitig zu identifizieren und zu entschärfen. Risiken bergen etwa Abbruchkanten und Böschungen, steile oder sumpfige Ufer von Gewässern oder Gräben, Überflutungen, Feuchtgebiete oder nicht tragfähige gefrorene Wasserflächen. Auch Giftpflanzen, Mensch-Tier-Kontakte, Hunde und Wölfe können Gefahren für Weidetiere darstellen. Häufig lässt sich Abhilfe schaffen durch geeignete Auf- oder Ausstiegshilfen wie einen flachen, trittfesten Abschnitt eines Abhangs oder Ufers. Ältere, weideerfahrene Tiere können jüngeren Tieren zudem beibringen, welche giftigen Pflanzen sie meiden sollten. Mit Hinweistafeln lassen sich Besucher dazu auffordern, den Tieren kein ungeeignetes Futter anzubieten. Ein Sonderfall entsteht durch munitionsbelastete Flächen.

Weitere Aufgaben bei der Tierbetreuung, die von Beginn an einzuplanen sind, betreffen das Herdenmanagement, also alle Maßnahmen, die sich auf die Zusammensetzung der Herden auswirken – von Kastrationen bis zur Absonderung bestimmter Tiere oder Altersgruppen. Hinzu kommen Klauen- bzw. Hufpflege und bei Bedarf die

Behandlung der Tiere gegen Parasiten. Diese muss im Einklang von naturschutzfachlichen und veterinärmedizinischen Erfordernissen geschehen: gezielt, mit geeigneten Präparaten und eventuell außerhalb der Naturschutzflächen. Schließlich gilt es auch noch, tierseuchenrechtliche Anforderungen zu erfüllen. Dazu zählen das fristgerechte Einziehen von Ohrmarken bei Wiederkäuern, das Injizieren des Mikrochips zur Identifizierung bei Pferden, bestimmte regelmäßige Blutuntersuchungen und je nach Situation auch Impfungen.

Bei Weidehaltungen jeglicher Größe ist immer wieder umstritten, ob und wie viel Witterungsschutz den Tieren geboten werden muss. Aus Tierschutzsicht gilt eindeutig: Wirksamer und nutzbarer Witterungsschutz ist jederzeit und ganzjährig erforderlich. Es kommen natürliche und künstliche Einrichtungen in Frage, die vor allem Schutz vor auskühlendem Wind bieten und im Sommer Schatten spenden. Außerdem haben auch Weidetiere Anspruch auf geeignete Liegeflächen, ohne zu viel Wärmeableitung und – vor allem beim Fluchttier Pferd – mit ausreichend Übersicht.

Diese relativ ausführliche Darstellung der Voraussetzungen soll vor allem verdeutlichen: Naturschutzorientierte Weidesysteme sind anspruchsvoll, auch im Hinblick auf das Tierwohl. Dennoch existiert inzwischen eine ganze Reihe erfolgreicher extensiver Weidetierhaltungen mit teilweise sehr umfangreichen Flächen. Größere Bekanntheit haben hierzulande etwa das Projekt Bunde Wischen eG[562] oder die Flächen der Arbeitsgemeinschaft Biologischer Umweltschutz im Kreis Soest e. V.[563] erlangt. Auch Knepp Wildland in Großbritannien[564] ist vielen Naturschutzinteressierten ein Begriff.

[562] https://www.bundewischen.de/, aufgerufen am 7.4.2024.

[563] https://www.abu-naturschutz.de/, aufgerufen am 7.4.2024.

[564] https://knepp.co.uk/, aufgerufen am 7.4.2024.

Nachhaltige Landwirtschaft: regenerativ, konservierend oder organisch?

Nach den geschilderten Lösungsansätzen für die Konkurrenz um Flächen und Nahrungsmittel, für die Gestaltung von Speiseplänen sowie für Wege zu mehr Tierwohl, Biodiversität und Bodengesundheit, stellt sich die Frage: Welche Formen der Landbewirtschaftung greifen diese Themen gebündelt auf und lassen sich insgesamt als nachhaltig einstufen?

Vor allem vier Klassifizierungen landwirtschaftlicher Betriebsweisen mit Nachhaltigkeitsanspruch prägen den öffentlichen Diskurs: regenerative, konservierende und organische Landwirtschaft – wobei letztere im deutschsprachigen Raum meist ökologische Landwirtschaft heißt – sowie die von der FAO propagierte Agrarökologie.

Der Begriff der regenerativen Landwirtschaft ist relativ jung und seine Anhänger verstehen darunter Unterschiedliches: einerseits Methoden, andererseits aber auch bestimmte Ziele und Resultate oder eine Einstellung. Einigkeit besteht darin, dass regenerative Landwirtschaft nicht nur Nachhaltigkeit anstrebt, sondern die Wiederherstellung – Regeneration – gesunder Böden einschließlich ihrer Funktion als Kohlenstoffsenke. Dazu beitragen soll die Verflechtung von Tierhaltung, Ackerbau und reduzierter Bodenbearbeitung. Manche Befürworter erhoffen sich, mithilfe regenerativer Landwirtschaft die Kluft zwischen Menschen und Natur überwinden und zu neuen wechselseitigen Beziehungen gelangen zu können.[565] Regenerative Landwirtschaft verbindet Ideen aus konventioneller und organischer Landwirtschaft, Renaturierungs- und Agrarökologie, Agroforstwirtschaft und Permakultur. Bodengesundheit ist ihr zentrales Anliegen; Stoffkreisläufe stehen dagegen weniger im Fokus. Auch der Verzicht auf Agrochemikalien ist offenbar kein zwingender Bestandteil regenerativer Landwirtschaft. Die Bewegung für regenerative Landwirtschaft zögert zudem, sich der Forderung nach einer Verringerung des Fleischkonsums anzuschließen.[566]

[565] Vgl. Cusworth u. Garnett, 2023, S. 1, S. 3 u. S. 5.

[566] Vgl. Cusworth u. Garnett, 2023, S. 13.

Konservierende Landwirtschaft gilt als die Vorläuferin der regenerativen Landwirtschaft.[567] Sie fasst vor allem schonende Methoden der Bodenbearbeitung einschließlich permanenter Bedeckung und ein Minimum an Abwechslung in der Fruchtfolge zusammen.[568]

Neben dem Einsatz für gesunde Böden und für den Erhalt der Biodiversität prägen mindestens zwei zusätzliche Grundgedanken die organische, d.h. ökologische Landwirtschaft: zum einen das Ziel geschlossener Stoffkreisläufe, möglichst innerhalb eines landwirtschaftlichen Betriebs; zum anderen der Verzicht auf synthetische Düngemittel und Pestizide sowie gentechnisch veränderte Organismen. Insofern geht ökologische Landwirtschaft über die zuvor genannten Betriebsweisen hinaus. Eine wesentliche Auswirkung des Leitbilds geschlossener Hofkreisläufe ist, dass Ökobetriebe auf eigene Tierhaltung kaum verzichten können. Gleichzeitig begrenzt dieses Ideal das Ausmaß der Tierhaltung. Auf klassischen Ökobetrieben dürfen nur so viele Tiere leben, wie sich von den eigenen Flächen füttern lassen. Der Dung dieser Tiere sollte dort auch vollständig wieder ausgebracht werden können. Die Regeln von Ökoverbänden sehen deshalb eine Bindung der Tierzahl an die Flächen der Höfe vor.[569] Sie machen nur wenige Ausnahmen für Kooperationen zwischen Betrieben oder den Zukauf von Futter- und Düngemitteln. Diese Begrenzungen und der Verzicht auf Agrochemikalien haben der organischen Betriebsweise häufig den Vorwurf eingetragen, zu wenig Nahrungsmittel zu erzeugen bzw. zu viel Fläche dafür zu benötigen. Wie bereits dargestellt (S. 151), eignet sich ökologische Landwirtschaft dennoch für die Ernährung der ganzen Menschheit – in Verbindung mit anderen unverzichtbaren Veränderungen in den Ernährungssystemen.

Nur für organische Betriebsweisen existieren derzeit verbindliche Regeln etwa in Form von EU-Vorgaben oder durch Richtlinien der Anbauverbände. Diese lassen sich auch für Zertifizierungen im internationalen Handel nutzen.

567 Vgl. Cusworth u. Garnett, 2023, S. 1.

568 https://www.fao.org/conservation-agriculture/en/, aufgerufen am 8.4.2024.

569 Vgl. Bioland e. V., 2023, S. 33 f. u. S. 73.

Zehn Elemente der Agrarökologie[570]

Agrarökologie ist kein neues Thema, wird aber zunehmend von internationalen Organisationen diskutiert. Sie soll ökologische und soziale Konzepte und Prinzipien miteinander verknüpfen, um Ernährungs- und Agrarsysteme weiterzuentwickeln. Agrarökologische Innovationen basieren auf wissenschaftlichen Erkenntnissen und tradiertem, praktischem Wissen der lokalen Anwender, deren Autonomie und Anpassungsfähigkeit gestärkt werden sollen.

Laut FAO kennzeichnen zehn Elemente die Agrarökologie: Vielfalt; Synergien; Effizienz; Widerstandfähigkeit; Wiederverwertung; Mitwirkung und Teilhabe an Wissen; menschliche und soziale Werte; kulturelle und Ernährungstraditionen; verantwortungsvolles Regieren und Führen; Kreislauf- und solidarische Wirtschaft.

Das Konzept der Agrarökologie umfasst zwar Elemente einer an Nachhaltigkeit orientierten landwirtschaftlichen Betriebsweise, der Nachhaltigkeitsanspruch geht aber über ökologische Aspekte hinaus. Er zielt ausgeprägter auf ökonomische und soziale Entwicklungen ganzer Bevölkerungsgruppen als bei regenerativer oder ökologischer Landwirtschaft. So hat sich Agrarökologie beispielsweise ausdrücklich zum Ziel gesetzt, Einkommen und Beschäftigungsmöglichkeiten von Millionen Kleinbauern und Pastoralisten durch Tierhaltung zu verbessern.[571] Mit Blick auf die ökonomischen und sozialen Entwicklungsmöglichkeiten propagiert Agrarökologie Kreislaufwirtschaft, Verbesserungen beim Futter- und Weidemanagement einschließlich Maßnahmen für bessere CO_2-Fixierung in Böden sowie den Einsatz vielfältiger Tierarten und lokal angepasster Rassen[572], bleibt dabei bislang aber unverbindlich.

Trotz großer Unterschiede bei den Motiven und angestrebten Resultaten lässt sich festhalten: Sowohl regenerative und ökologische Landwirtschaft als auch das stärker sozio-ökonomisch ausgerichtete Konzept der Agrarökologie setzen ausdrücklich auf den Beitrag von

[570] Vgl. FAO, 2018a, S. 1 f.

[571] Vgl. FAO, 2018b, S. 3.

[572] Vgl. FAO, 2018b, S. 5 ff.

Tieren. Darüber hinaus unterstreichen international bekannte Beispiele wie das biologisch-dynamisch geführte Unternehmen Sekem in Ägypten[573] oder die Chagga Home Gardens in Tansania[574] die Bedeutung landwirtschaftlicher Tierhaltung, etwa für die Produktion wertvoller Komposte und Nahrungsmittel. Das gilt in besonderem Maße für Wiederkäuer. In weltweiten Ernährungsszenarien bleiben sie, vor allem Milchkühe, weiterhin unverzichtbar – trotz ihrer Methanemissionen.[575]

Einordnung: Klimaschutzvorteil veganer Ernährung

Jeder Mensch in Deutschland ist im Durchschnitt für 10,5 t CO_2-Äquivalente pro Jahr verantwortlich – durch Wohnen, Mobilität, Kleidung, Ernährung und sonstigen Konsum. Was wir essen, beeinflusst zweifellos unseren Treibhausgas-Fußabdruck – als Bevölkerung, aber auch individuell. In Deutschland macht die Ernährung durchschnittlich 17 % der verursachten Treibhausgase einer Person aus. Das entspricht 1,8 t CO_2-Äquivalenten pro Kopf.[576] Weniger Lebensmittel tierischen Ursprungs zu konsumieren, ermöglicht Reduzierungen. Je nachdem, wie sich der individuelle Speiseplan konkret zusammensetzt, ist das Potenzial unterschiedlich groß. Ausgehend von einer westlich geprägten fleischhaltigen Ernährung bringt ein Wechsel zu vegetarischer Ernährung Einsparungen von ungefähr einem Drittel der ernährungsbedingten Treibhausgase mit sich; vegane Ernährung ermöglicht eine Verminderung um die Hälfte.[577]

Eigene vergleichende Berechnungen mit einem gängigen Tool zur Bestimmung persönlicher Klimabilanzen[578] verdeutlichen: Vegane Ernährung führt zur Einsparung von ungefähr 1 t CO_2-Äquivalente pro Person und Jahr. Das ist fraglos viel und entspricht fast einem Zehntel unseres durchschnittlichen Klimagas-Fußabdrucks. Aber

[573] https://sekem.com/en/ecology/animals/, aufgerufen am 8.4.2024.

[574] https://www.gsd.harvard.edu/project/chagga-homegardens/, aufgerufen am 8.4.2024.

[575] Vgl. Hülsbergen et al., 2023, S. 62.

[576] https://www.bmuv.de/media/kohlenstoffdioxid-fussabdruck-pro-kopf-in-deutschland, aufgerufen am 30.3.2024.

[577] https://www.zerosmart.co.uk/post/how-much-does-being-vegan-reduce-my-carbon-footprint-by, aufgerufen am 30.3.2024.

[578] https://uba.co2-rechner.de/de_DE/, aufgerufen am 20.3.2024.

rechtfertigt es, auf alle genannten positiven Auswirkungen von Tierhaltung zu verzichten, zumal die hier favorisierte Tierhaltung ohne Nahrungskonkurrenz bereits eine deutliche Verringerung des Verzehrs von Fleisch, Milchprodukten und Eiern mit sich brächte? Übrigens: Eine Tonne CO_2-Äquivalente entspricht ziemlich genau einem Hin- und Rückflug zwischen Frankfurt am Main und Sevilla.[579]

Politik für nachhaltige Ernährungssysteme

Für die notwendigen Veränderungen der Ernährungssysteme müssen sich nicht zuletzt politische Akteure einsetzen – auf allen Ebenen. Die Aufgaben für die Politik betreffen die Konsumenten, die Erzeuger und die internationalen Rahmenbedingungen.

Konsumenten haben es bisweilen schwer, sich gesund zu ernähren, etwa wegen zu großer Portionen oder aufwendiger Werbung für ungesunde Lebensmittel. Solche Faktoren gelte es zu verringern, lautet eine Empfehlung des Wissenschaftlichen Beirats für Agrarpolitik, Ernährung und gesundheitlichen Verbraucherschutz (WBAE) beim BMEL. Der WBAE rät zudem, Konsumenten mehr gesundheitsfördernde, sozial-, umwelt- und tierwohlverträgliche Wahlmöglichkeiten zu bieten und ihnen zu erleichtern, nachhaltigere Alternativen zu erkennen. Außerdem empfiehlt er, Konsumenten einen einfacheren Zugang zu Informationen zu ermöglichen. Darüber hinaus gelte es, Preisanreize für die nachhaltigere Wahl zu setzen. Der Beirat kritisiert außerdem, dass zu viel Verantwortung bei den Individuen liege. Stattdessen solle die Politik verstärkt politische Instrumente anwenden, wie beispielsweise Lenkungssteuern.[580]

Noch deutlicher wird ein anderer Beirat der Bundesregierung, der Wissenschaftliche Beirat Globale Umweltveränderungen (WBGU). Er fordert, die einseitig auf Produktion ausgerichtete globale Landwirtschaft zu verändern in Richtung ökologisch intensiver, multifunktionaler Systeme, etwa Agroforstwirtschaft, und dabei Menschen, agrarökologische Praktiken und Ökosystemleistungen ins Zentrum zu stellen.

579 https://www.atmosfair.de/de/kompensieren/flug/, aufgerufen am 20.3.2024.

580 Vgl. WBAE, 2020, S. I f. u. S. xiii ff.

Während Subsahara-Afrika eine nachhaltige Produktivitätssteigerung der Subsistenzlandwirtschaft benötigt, um langfristig die Bodenqualität zu erhalten, empfiehlt der WBGU für die EU-Agrarpolitik eine Abkehr von der industriellen Landwirtschaft durch umfassende Ökologisierung. Agrarsubventionen sollten an ökologische Verbesserungen geknüpft sein, die möglichst auf multifunktionale Produktionssysteme setzen. Flächenbasierte Direktzahlungen ließen sich in Zahlungen für Ökosystemleistungen umwandeln. Ausdrücklich formuliert der WBGU: Im Sinne einer Kreislaufwirtschaft sollte eine Verknüpfung zwischen Pflanzenbau und Tierhaltung bestehen. Es sei anzustreben, Nährstoffkreisläufe zu schließen, die Nährstoffeffizienz zu steigern und das Nährstoffrecycling zu verbessern. Gleichzeitig sei es erforderlich, mehr Kohlenstoffsenken zu schaffen und den Schutz natürlicher Kohlenstoffspeicher zu forcieren. Weitere vom WBGU empfohlene Maßnahmen sind die Weiterentwicklung vorhandener Kennzeichen und Label sowie die Umsetzung von Ernährungsleitlinien, die mit der Planetary Health Diet vereinbar sind. Schließlich spricht er sich dafür aus, die durch Ökosysteme erbrachten Leistungen ebenso wie die Kosten ihrer Verschlechterung möglichst vollständig in die Preise für Nahrungsmittel einfließen zu lassen. Soziale Härten aufgrund von Preissteigerungen müssten gegebenenfalls abgefedert werden.[581, 582]

Ergänzend zu diesen Aufforderungen an die Politik steht schon lange die Notwendigkeit im Raum, marktverzerrende und umweltschädliche Agrarsubventionen abzubauen, die global betrachtet nur wenigen Landwirten zugutekommen. Immerhin soll es sich dabei weltweit um jährlich mehr als 600 Milliarden US-Dollar handeln.[583] Stattdessen verdient nachhaltige Landbewirtschaftung finanzielle Unterstützung, besonders um der weiteren Verschlechterung von Böden zu begegnen.[584]

In Deutschland ließe sich passend dazu eine Weidestrategie etablieren, einschließlich zusätzlicher finanzieller Anreize für extensive

[581] Vgl. WBGU, 2020, S. 5 f.

[582] https://www.bpb.de/shop/zeitschriften/apuz/fleisch-2021/344832/wie-tiere-zu-fleisch-werden/, aufgerufen am 7.4.2024.

[583] Vgl. FAO et al., 2022, S. XIV.

[584] Vgl. IPBES, 2018, S. 15.

Weidetierhaltungen.[585] Auch die Finanzierung von Vorhaben durch das Aktionsprogramm Natürlicher Klimaschutz steht in Einklang mit dem Ziel, nachhaltige Landbewirtschaftung zu fördern. Dasselbe dürfte für die Bezuschussung von Maßnahmen wie etwa die des bundesweiten F.R.A.N.Z.-Projekts gelten.[586]

Nachhaltigkeit erkennen: Fußabdrücke, Bilanzen oder Index?

Die vorangehenden Kapitel haben positive Wirkungen von Tierhaltung vorgestellt, die weit über die bloße Gewinnung von Milch, Eiern und Fleisch hinausgehen und zu einer nachhaltigen Entwicklung beitragen können. Nicht in jeder Region der Welt und nicht für alle Menschen haben die verschiedenen Aspekte dasselbe Gewicht. In einkommensschwachen Haushalten, etwa in kleinbäuerlichen Familien, spielen der Zuverdienst und die Ernährungssicherung durch Tierhaltung sicher eine bedeutendere Rolle als in wohlhabenden Bevölkerungsgruppen, die sich hochwertige Nahrungsmittel schlicht kaufen können, egal woher die Produkte stammen. Allen gemeinsam ist aber, dass sie ein Interesse an Nachhaltigkeit bei der Entstehung ihrer Nahrungsmittel haben – oder haben sollten. Bei den einen, um künftige Ernten zu sichern, bei den anderen etwa aus Sorge um den Klimawandel und den Artenschwund.

Wie aber kann ein Konsument im Alltag schnell und zuverlässig herausfinden, ob ein Produkt tatsächlich nachhaltig entstanden ist? Wie lässt sich erkennen, welche Höfe nachhaltig und tiergerecht wirtschaften?

Die Beschäftigung mit dem Wasser-Fußabdruck (S. 107) hat gezeigt, dass ein einzelnes, vereinfachendes Merkmal wie die lediglich aufsummierte Wassermenge komplexe Zusammenhänge nicht zufriedenstellend abbildet. Ohne jegliche Gewichtung lassen sich aus einer solchen Maßzahl keine fundierten Einschätzungen ableiten – weder für einzelne Produkte noch für ganze Betriebe. Ähnliches gilt für einen CO_2-Fußabdruck, der nur Treibhausgasemissionen addiert und im ungünstigsten Fall Kohlenstoffsenken im landwirtschaftlichen Betrieb nicht berücksichtigt. Gerade bei Wiederkäuern wird auf diese Weise

[585] Vgl. Kapfer et al., 2023, S. 249 ff.

[586] https://www.franz-projekt.de/, aufgerufen am 7.4.2024.

leicht verkannt, welche ressourcenschonenden Leistungen mit ihrer Haltung im konkreten Fall verbunden sind.[587]

Rinderkooperation zwischen Berg und Tal[588]

Wie sich unterschiedliche Motive ergänzen und zu mehr Nachhaltigkeit in Landwirtschaft und Tierhaltung führen können, zeigt ein Projekt im südlichen Schwarzwald: Bergbauern in den höheren Lagen des Mittelgebirges engagieren sich gemeinsam mit Ackerbauern aus dem Tal für hochwertiges Rindfleisch, Kreislaufwirtschaft und Naturschutz. Die bergigen Gebiete zeichnen sich durch extensive und naturschutzfachlich wertvolle Wiesen und Weiden aus. Allerdings drohen viele Flächen zuzuwachsen, weil die Tierhaltung dort aus verschiedenen Gründen abnimmt. Zugleich benötigen Öko-Ackerbaubetriebe in den Tallagen Nährstoffe, um eine ausreichende Bodenfruchtbarkeit und passable Erträge zu erzielen. Ohne Tierhaltung ist das mit hohen Kosten verbunden. Die Rinderhaltung auf naturschutzrelevanten Bergweiden im Sommer und in den Ackerbaubetrieben im Winter kann beide Probleme entschärfen. Durch angepasste Beweidung lassen sich die wertvollen Flächen im Mittelgebirge offenhalten, weil schützenswertes Grünland bewirtschaftet bleibt. Die Kooperation spart außerdem Arbeit, teure Stallhaltung und Winterfütterung in den Höhenlagen und ermöglicht im Winter eine sinnvolle Verwertung vorhandener Kleegrasernten im Tal. Dank reichlich vorhandenem Stroh und der günstigen klimatischen Lage der Ackerbaubetriebe in den Tallagen können einfache Ställe rentabel bewirtschaftet werden. Sowohl der Anbau des Kleegrases im Sommer wie auch der Mist der Tiere aus der winterlichen Stallhaltung sind für die ökologisch bewirtschafteten Ackerflächen im Tal notwendige Nährstoffquellen. Insgesamt entstehen so kostengünstige Nährstoffkreisläufe.

Landbewirtschaftung ist stets ein ganzes Netzwerk aus Einflüssen, positiven wie negativen. Manche lassen sich als Bilanz gegeneinander verrechnen. Das gilt etwa für Nährstoffbilanzen im Pflanzenbau, die

[587] Vgl. Idel, 2021, S. 119 ff.

[588] https://eip-korinna.de/, aufgerufen am 31.1.2024.

Ernte und Düngung einbeziehen. Analog dazu ist die Bilanzierung für Treibhausgase vorstellbar und wird gelegentlich praktiziert: einerseits die Emissionen, andererseits die CO_2-Bindung in Humus oder Biomasse, etwa Holz. Andere Bereiche, wie Auswirkungen auf die Biodiversität, lassen sich dagegen rechnerisch nur schwer erfassen. Selbst bei bereits existierenden „life cycle assessments", Ökobilanzen, lohnt ein genauer Blick auf die erfassten Umweltwirkungen und Stufen im Lebenszyklus eines Produkts (S. 167). Außerdem lässt dessen Ökobilanz nur zum Teil Rückschlüsse zu, ob ein landwirtschaftlicher Betrieb insgesamt nachhaltig agiert.

Damit Verbraucher aber die Nachhaltigkeit der Wirtschaftsweise eines ganzen Betriebes erkennen können, wäre ein Index wünschenswert, basierend auf einem Katalog von Kriterien und Regeln, ähnlich den Leitlinien der Öko-Verbände. Für verschiedene Merkmale würden einzelne oder mehrere Punkte vergeben und aufsummiert. Anhand der Summe oder entlang einer Skala ließe sich einordnen, wie nachhaltig ein konkreter Hof wirtschaftet – und dies auch finanziell honorieren, etwa im Rahmen von Förderprogrammen. Solche Methoden erlaubten zudem einen Vergleich unterschiedlicher Betriebsformen. Für verschiedene Regionen könnten darüber hinaus – ähnlich wie beim Wasserknappheits-Fußabdruck – Gewichtungsfaktoren für bestimmte Merkmale integriert werden. Damit könnten Aspekte angemessene Berücksichtigung finden, die in der jeweiligen Region von besonderer Bedeutung für nachhaltige Entwicklung sind – beispielsweise Bodengesundheit, regionale Ernährungssicherung, Kreislaufwirtschaft oder Verbesserungen bei der Biodiversität.

Für die Beurteilung von Tierhaltungen gibt es solche Instrumente bereits seit Jahrzehnten. Prototypisch ist der Tiergerechtheitsindex[589] aus den 1980er Jahren, der inzwischen vielfach weiterentwickelt wurde. In Anlehnung daran wäre ein Nachhaltigkeitsindex für Landbewirtschaftung vorstellbar. Er müsste mindestens die Themen Stoffkreisläufe und Humuswirtschaft, Förderung der Biodiversität, an den Standort angepasste Tierarten und -zahlen, Fütterung und Tierwohl erfassen. Darüber hinaus ließen sich sozioökonomische Aspekte im Sinne einer umfassenden Agrarökologie (S. 207) integrieren. Ähnliche Vorschläge existieren bereits, um beispielsweise eine Gemeinwohlprämie

[589] Vgl. Haiger et al., 1988, S. 158 f.

für landwirtschaftliche Betriebe zu errechnen und damit etwa deren Leistung für Biodiversität und Klimaschutz zu honorieren.[590]

In den weltweiten Ernährungssystemen können vielfältige Wege zu mehr Nachhaltigkeit führen. Eines aber dürfte klar sein: Wirklich nachhaltige Landwirtschaft zieht viele Veränderungen für den Alltag von Landnutzern und Konsumenten nach sich. Ein einzelner Lösungsansatz für eine zukunftsfähige Welternährung wird nicht ausreichen. Vielmehr gilt es, mehrere Entwicklungspfade zu kombinieren: Verbesserungen bei der Erzeugung von Nahrungsmitteln, etwa eine deutliche Verkleinerung von Ertragslücken, in Verbindung mit einem reduzierten Konsum mancher Produkte und erheblich weniger Vergeudung von Lebensmitteln auf allen Stufen der Wertschöpfungskette.[591]

Einkaufstipp

Lebensmittel und andere Produkte tierischen Ursprungs aus extensiver und regionaler Weidetierhaltung zu erwerben, ist möglich. Häufig sind solche Tierhaltungen ein Standbein ökologisch wirtschaftender Betriebe. Es lohnt sich, solche Quellen für nachhaltig erzeugte Nahrungsmittel und Kleidung zu nutzen, auch wenn die Produkte vergleichsweise teuer sind. Der Preis steht schließlich nicht nur für das Essen auf dem Teller oder das erworbene Kleidungsstück, sondern auch für die vielen Leistungen der Tiere zugunsten unserer Umwelt und unserer Nachfahren. Bei regionalen Anbietern und einem Besuch vor Ort besteht außerdem die Gelegenheit, mehr über das Leben der Tiere, ihre Unterkunft, ihr Futter und selbst ihr Sterben zu erfahren.

Jenseits der Tierhaltung

Speisepläne, wie sie etwa in Deutschland üblich sind, lassen sich nicht nur durch die Verringerung von Lebensmitteln tierischen Ursprungs nachhaltiger gestalten. Auch der pflanzliche Teil unserer Ernährung lässt sich optimieren. Besonders wichtig ist, den regionalen Anbau

[590] Vgl. Heißenhuber u. Haußmann, 2023, S. 63.

[591] Vgl. Röös et al., 2017, S. 1 u. S. 6.

vieler unverzichtbarer Komponenten einer pflanzenbetonten Ernährung auszuweiten – und zwar deutlich. Das betrifft Körnerleguminosen wie Linsen, Erbsen, Lupinen und Soja genauso wie Nüsse, Obst und Gemüse. Immerhin: Die Anbauflächen von Körnerleguminosen haben sich in Deutschland seit 2011 nahezu verdreifacht, unterstützt durch die Eiweißpflanzenstrategie der Bundesregierung. Ein großer Teil der Erträge dient zwar als Tierfutter; von Vorteil ist aber die Zunahme an Erfahrung beim Anbau von Hülsenfrüchten.[592]

Kulturen, die eine pflanzenbetonte Kost unterstützen, sollten bei landwirtschaftlichen Förderprogrammen Vorrang erhalten. Einschränkend ist allerdings hinzuzufügen, dass die Energiebilanz des Anbaus geprüft werden muss. Schließlich macht es Erdbeeren außerhalb der Saison nicht nachhaltiger, dass sie zwar aus der Region, dafür aber aus beheizten Gewächshäusern stammen. Gerade der Anbau von Beerenobst ließe sich jedoch in vielen Regionen Deutschlands ausdehnen, auch wenn es sich um arbeitsintensive Produkte handelt. Ähnliches gilt für Gemüse wie Tomaten, Kohlrabi, Blumenkohl, Brokkoli, Fenchel und Salate. Geeignete Flächen für solche Kulturen sollten mit hoher Priorität dem Freiland-Gemüseanbau dienen, vor allem, wenn so viel Niederschlag fällt, dass der Anbau hauptsächlich auf grünem Wasser basiert (S. 105).

Darüber hinaus gibt es viele Vorschläge, wie sich in Deutschland die Versorgung mit lokal angebauten Nüssen und Obst verbessern ließe. Kommunen könnten Nuss- und Obstbäume zur Beschattung pflanzen und zur Ernte freigeben, wie es beispielsweise für die sogenannten essbaren Städte vorgeschlagen wird.[593] Besitzer haben die Möglichkeit, ihre privaten Bäume der Allgemeinheit zur Ernte zu überlassen, wenn der eigene Bedarf gedeckt ist. Bewährt hat sich, Patenschaften für Bäume einzurichten oder freigegebene Bäume mit farbigen Bändern zu markieren.[594] Solche Projekte tragen nicht nur zur Versorgung mit Nahrungsmitteln bei, sondern auch zur Vermeidung von Lebensmittelverlusten, zur Verringerung von Transporten und womöglich zu einem Mehr an sozialen Kontakten.

592 https://www.bmel.de/DE/themen/landwirtschaft/pflanzenbau/ackerbau/eiweiss pflanzenstrategie.html, aufgerufen am 13.2.2024.

593 https://de.wikipedia.org/wiki/Essbare_Stadt, aufgerufen am 13.2.2024.

594 https://www.zugutfuerdietonne.de/blog/schwerpunkt/ernteaktion-gelbes-band-hier-darf-geerntet-werden, aufgerufen am 13.2.2024.

Zum Abschluss: Antworten und Empfehlungen

Wie können alle Menschen auf der Erde satt werden, ohne den Planeten zu zerstören? Ist ein weltweiter veganer Lebensstil die Lösung – eine Welt ohne landwirtschaftliche Tierhaltung? Hier die Antworten in aller Kürze.

Veganismus und Nachhaltigkeit

Vegan zu leben und persönlich keinen Nutzen aus Tieren ziehen zu wollen, um ihnen Leid zu ersparen, verdient als individuelle Entscheidung und konsequente, ethisch begründete Haltung allen Respekt. Veganismus ist allerdings nicht automatisch und in jeder Hinsicht die umweltfreundlichste und nachhaltigste Lebensweise, die wir dringend benötigen: für den Erhalt der Artenvielfalt, faire Lebensbedingungen, eine stabile natürliche Umwelt und letzten Endes für den Fortbestand der Menschheit. Dafür ist eine Kreislaufwirtschaft erforderlich, die beschädigte Ökosysteme regenerieren kann, keine Ressourcen oder Reste vergeudet und tatsächlich allen Menschen überall eine vollwertige Ernährung ermöglicht, auch in entlegenen Gebieten mit mangelhafter Infrastruktur. Dies kann gelingen mit einer Landwirtschaft, die Ackerbau und Tierhaltung sinnvoll miteinander verbindet – ohne Konkurrenz um Nahrung und Flächen. Diese Landwirtschaft kann neben Nahrung auch Kleidung liefern und so viel Einkommen schaffen, dass Kinder weltweit selbstverständlich zur Schule anstatt zur Arbeit gehen können. Nicht zuletzt kann sie dazu beitragen, Ärmere und Schwächere von den übermächtigen Wohlhabenden unabhängiger zu machen.

Ganz ohne Tierhaltung würden Chancen für eine nachhaltige Entwicklung vergeben. Es wäre mit spürbaren Nachteilen für manche Bevölkerungsgruppen zu rechnen, und Lösungsmodelle für bestimmte Problemfelder fielen weg. Deshalb lässt sich Veganismus nicht als Konzept für die gesamte Weltbevölkerung empfehlen – obwohl es sich um die klimaschonendste Lebensweise handelt, solange man die Treibhausgasbilanz der verwendeten Lebensmittel isoliert betrachtet.[595]

In jedem Fall gilt: Es muss vieles anders und besser werden. Nicht durch simple Intensivierung der Nahrungsmittelsysteme oder durch puren Konsumverzicht, sondern vielmehr durch kluge, vernetzte Strategien.

Entscheidend: Flächennutzung und Wohlbefinden

Die Einleitung stellte folgende Frage in den Mittelpunkt des Buches: Wie und wofür soll die weltweit vorhandene landwirtschaftlich nutzbare Fläche eingesetzt werden, um künftig 10 Milliarden Menschen so zu ernähren, dass auch deren Enkelkinder noch eine Chance auf ein menschenwürdiges Dasein in einer lebenswerten Umwelt haben? Wie wichtig die Frage der Flächennutzung tatsächlich ist, wurde in den anschließenden Kapiteln deutlich. Die dort vorgestellten Abwägungen lassen sich in den folgenden fünf Kernpunkten bündeln:

- *Keine Konkurrenz:* Landwirtschaftliche Tierhaltung findet nur noch in deutlich verringertem Umfang statt und steht nicht in Flächen- oder Nahrungskonkurrenz zur Versorgung von Menschen. Ackerland darf nicht ausschließlich oder hauptsächlich der Futtermittelgewinnung dienen.
- *Konsequente Kreisläufe:* Tiere sind unverzichtbarer Teil einer möglichst lückenlosen Kreislaufwirtschaft im Ernährungsbereich. Sie recyceln Reste, verwerten Gras zu wertvollen Nahrungsmitteln und helfen so, Anbauflächen zu sparen und Nährstoffe in den Ernährungssystemen zu halten.
- *Lohn für Leistung:* Neben ihrer Rolle in den Stoffkreisläufen erfüllen Tiere wichtige Aufgaben für den Erhalt und die Förderung von Biodiversität und Bodenfruchtbarkeit. Nicht zuletzt deshalb muss der Umgang mit ihnen von außerordentlichem Respekt und Wohlwollen geprägt sein. Ihr uneingeschränktes Wohlbefinden ist auch eine Anerkennung für ihren Beitrag zu funktionierenden Ökosystemleistungen.

[595] Vgl. Van Zanten et al., 2018, S. 4189.

- *Unantastbar:* Die Zerstörung von Wäldern und Graslandschaften wird gestoppt. Es dürfen keine zusätzlichen Ackerflächen entstehen.
- *Mehr Schutz, mehr Wildnis, mehr Wald:* Freiwerdende Agrarflächen werden zu Schutzgebieten für die Natur umgewandelt oder zu wenigstens temporären CO_2-Senken aufgeforstet.

Es ist nicht unwahrscheinlich, dass der Erfindergeist der Menschheit noch die eine oder andere Idee entwickelt, die sich für nachhaltige Ernährung als nützlich erweist: von Indoor-Farming über Nährstoffgemeinschaften zwischen Stadt und Land bis hin zu neuartigen Nahrungsmitteln wie Insektenprotein.[596] Trotzdem: Fangen wir schon einmal mit dem Naheliegenden und Bekannten an, um uns, die Tiere und unsere natürliche Umgebung zu schützen.

[596] https://food4future.de/de/home, aufgerufen am 11.1.2024.

Literaturverzeichnis

Abdelhamid, A.S., Brown, T.J., Brainard, J.S., Biswas, P., Thorpe, G.C., Moore, H.J., Deane, K.H.O., Summerbell, C.D., Worthington, H.V., Song, F., Hooper, L. (2020): Omega-3 fatty acids for the primary and secondary prevention of cardiovascular disease. Cochrane Database of Systematic Reviews 2020, Issue 3. Art. No.: CD003177. DOI: 10.1002/14651858.CD003177.pub5.

Alexander, P., Brown, C., Arneth, A., Finnigan, J., Moran, D., Rounsevell, M.D.A. (2017): Losses, inefficiencies and waste in the global food system, Agricultural Systems, 153, S. 190-200. https://doi.org/10.1016/j.agsy.2017.01.014

Assouma, M.-H., Hiernaux, P., Lecomte, P., Ickowicz, A., Bernoux, M., Vayssieres, J. (2019): Contrasted seasonal balances in a Sahelian pastoral ecosystem result in a neutral annual carbon balance, Journal of Arid Environments, 162, S. 62-73. https://hal.inrae.fr/hal-02618241/document

Baker, E., Bezner Kerr, R., Deryng, D., Farrell, A., Gurney-Smith, H., Thornton, P. (2023): Mixed farming systems: potentials and barriers for climate change adaptation in food systems, Current Opinion in Environmental Sustainability, 62:101270. https://doi.org/10.1016/j.cosust.2023.101270

Balehegn, M., Kebreab, E., Tolera, A., Hunt, S., Erickson, P., Crane, T.A., Adesogan, A.T. (2021): Livestock sustainability research in Africa with a focus on the environment, Animal Frontiers, 11: 4, S. 47-56. doi: 10.1093/af/vfab034

Bauer, F. u. Böhning-Gaese, K. (2023): Vom Verschwinden der Arten – Der Kampf um die Zukunft der Menschheit, Verlag Klett-Cotta, Stuttgart.

Berthold, G. u. Toussaint, B. (2003): Die Qualität unseres Grundwassers aus Waldgebieten, in: Jahresbericht 2003 des Hessischen Landesamtes für Umwelt und Geologie, Wiesbaden, S. 27-39. https://www.hlnug.de/fileadmin/dokumente/das_hlnug/jahresberichte/2003/jb2003_027-038_W3.pdf

Beste, A. (2016): Der Boden, von dem wir leben – Zum Zustand der Böden in Europas Landwirtschaft, in: Kritischer Agrarbericht 2016, AbL-Bauernblatt Verlag, Hamm, S. 74-79.

Bhuyan, M.S. (2022): Effects of Microplastics on Fish and in Human Health, Front. Environ. Sci. 10:827289. doi: 10.3389/fenvs.2022.827289

Bioland e. V. (2023): Bioland-Richtlinien, Fassung vom 20./21. November 2023, Bioland e. V., Mainz. https://www.bioland.de/richtlinien

Bodirsky, B.L., Popp, A., Lotze-Campen, H., Dietrich, J.P., Rolinski, S., Weindl, I., Schmitz, C., Müller, C., Bonsch, M., Humpenöder, F., Biewald, A., Stevanovic M. (2014): Reactive nitrogen requirements to feed the world in 2050 and potential to mitigate nitrogen pollution, Nature Communications, 5:3858. DOI: 10.1038/ncomms4858

Boucher, J. u. Friot, D. (2017): Primary Microplastics in the Oceans: A Global Evaluation of Sources. IUCN, Gland, Schweiz.
DOI: dx.doi.org/10.2305/IUCN.CH.2017.01.en

Brock, C. u. Leithold, G. (2013): Hat „Öko" mehr Humus? Einschätzung der aktuellen Humusbilanzen der ökologisch und der konventionell bewirtschafteten Ackerfläche in Deutschland, in: Neuhoff, D., Stumm, C., Ziegler, S., Rahmann, G., Hamm, U./Köpke, U. (Hrsg.): Ideal und Wirklichkeit – Perspektiven Ökologischer Landbewirtschaftung. Beiträge zur 12. Wissenschaftstagung Ökologischer Landbau, Bonn, 5.-8. März; S. 30-33. https://orgprints.org/id/eprint/21557/1/21557_Brock.pdf

Brytek-Matera, A., Czepczor-Bernat, K., Jurzak, H., Kornacka, M., Kołodziejczyk, N. (2019): Strict health-oriented eating patterns (orthorexic eating behaviours) and their connection with a vegetarian and vegan diet, Eating and Weight Disorders – Studies on Anorexia, Bulimia and Obesity 24, S. 441-452. https://doi.org/10.1007/s40519-018-0563-5

Bundesamt für Naturschutz (BfN) (2014): Grünland-Report – Alles im Grünen Bereich?
https://www.bfn.de/fileadmin/MDB/documents/presse/2014/PK_Gruenlandpapier_30.06.2014_final_layout_barrierefrei.pdf

Bundesamt für Naturschutz (BfN) (2017): Agrar-Report 2017 – Biologische Vielfalt in der Agrarlandschaft.
https://www.bfn.de/fileadmin/BfN/landwirtschaft/Dokumente/BfN-Agrar-Report_2017.pdf

Bundesministerium für Ernährung und Landwirtschaft (BMEL) (2022): Deutschland, wie es isst – Der BMEL-Ernährungsreport 2022, Berlin.
https://www.bmel.de/DE/themen/ernaehrung/ernaehrungsreport2022.html

Bundesministerium für Ernährung und Landwirtschaft (BMEL) (2018): Humus in landwirtschaftlich genutzten Böden Deutschlands – Ausgewählte Ergebnisse der Bodenzustandserhebung, Bonn.
https://www.bmel.de/SharedDocs/Downloads/DE/Broschueren/Bodenzustandserhebung.html

Bundesministerium für Umwelt, Naturschutz und nukleare Sicherheit (BMU) u. Bundesamt für Naturschutz (BfN) (2021): Auenzustandsbericht 2021 – Flussauen in Deutschland, Berlin und Bonn. https://www.bfn.de/publikationen/broschuere/auenzustandsbericht-2021

Bundesministerium für Umwelt, Naturschutz, nukleare Sicherheit und Verbraucherschutz (BMUV) (2023): Nationale Wasserstrategie – Kabinettsbeschluss vom 15. März 2023. https://www.bmuv.de/wasserstrategie

Bunsen, J., Berger, M., Finkbeiner, M. (2022): Konzeptionelle Weiterentwicklung des Wasserfußabdrucks: Zur Abbildung möglicher qualitativer und quantitativer Wasserbelastungen entlang eines Produktlebenszyklus, Umweltbundesamt, Dessau-Roßlau. https://www.umweltbundesamt.de/publikationen/konzeptionelle-weiterentwicklung-des

Buse, J., Feldmann, B., Ebert, J., Rebbe, M., Popa, F., Wohlfarth, J. (2022): Extensive Beweidung mit Schweinen – Ihre Bedeutung für koprophile Käferarten, Naturschutz und Landschaftsplanung, 54 (10). DOI: 10.1399/NuL.2022.10.01

Cusworth, G. u. Garnett, T. (2023): What is regenerative agriculture? TABLE Explainer, TABLE, University of Oxford, Swedish University of Agricultural Sciences and Wageningen University and Research. doi.org/10.56661/2d7b8d1c

Demeter, I., Balog, A., Sárospataki, M. (2021): Variation of Small and Large Wild Bee Communities Under Honeybee Pressure in Highly Diverse Natural Habitats. Front. Ecol. Evol. 9:750236. doi: 10.3389/fevo.2021.750236

Desmond, M.A., Sobiecki, J.G., Jaworski, M., Płudowski, P., Antoniewicz, J., Shirley, M.K., Eaton, S., Książyk, J., Cortina-Borja, M., De Stavola, B., Fewtrell, M., Wells, J.C.K. (2021): Growth, body composition, and cardiovascular and nutritional risk of 5- to 10-y-old children consuming vegetarian, vegan, or omnivore diets, American Journal of Clinical Nutrition,113:6, S. 1565-1577; DOI: 10.1093/ajcn/nqaa445.

Devaux, C. (2019): Wool Production – Systematic review of Life Cycle Assessment studies, Degree Projekt in Environmental Engineering, KTH, School of Architecture and the Built Environment, Sustainable development, Environmental science and Engineering, Stockholm. https://kth.diva-portal.org/smash/record.jsf?pid=diva2%3A1299372&dswid=5878

Devkota, K., Dhakal, S.C., Thapa, R.B. (2016): Economics of beekeeping as pollination management practices adopted by farmers in Chitwan district of Nepal, Agric & Food Secur 5: 6. DOI 10.1186/s40066-016-0053-9

Don, A., Flessa, H., Marx, K., Poeplau, C., Tiemeyer, B., Osterburg, B. (2018): Die 4-Promille-Initiative „Böden für Ernährungssicherung und Klima“ – Wissenschaftliche Bewertung und Diskussion möglicher Beiträge in Deutschland. Braunschweig: Johann Heinrich von Thünen-Institut, Thünen Working Paper 112. DOI:10.3220/WP1543840339000

Dräger de Teran, T. (2021): So schmeckt Zukunft: Der kulinarische Kompass für eine gesunde Erde – Wasserverbrauch und Wasserknappheit, WWF Deutschland, Berlin. https://www.wwf.de/themen-projekte/landwirtschaft/ernaehrung-konsum/besseresserinnen/ernaehrung-und-wasser

Drangmeister, H. (2011): Fruchtfolge im Öko-Landbau: Grundsätzliche Organisationsmerkmale, in: Informationsmaterialien über den ökologischen Landbau (Landwirtschaft einschließlich Wein-, Obst- und Gemüsebau) für den Unterricht an landwirtschaftlichen Berufs- und Fachschulen; Bundesanstalt für Landwirtschaft und Ernährung (BLE).

Elmadfa, I. u. Leitzmann, C. (2023): Ernährung des Menschen, 7. Auflage, UTB-Band-Nr. 8036, Verlag Eugen Ulmer, Stuttgart.

Europäische Kommission (2020): Mitteilung der Kommission an das Europäische Parlament, den Rat, den Europäischen Wirtschafts- und Sozialausschuss und den Ausschuss der Regionen: EU-Biodiversitätsstrategie für 2030 – Mehr Raum für die Natur in unserem Leben. https://eur-lex.europa.eu/legal-content/DE/TXT/?uri=celex %3A52020DC0380

FAO (2009): How to feed the world in 2050, Rom. http://www.fao.org/fileadmin/templates/wsfs/docs/expert_paper/How_to_Feed_the_World_in_2050.pdf

FAO (2015): Healthy soils are the basis for healthy food production, Rom. https://www.fao.org/3/i4405e/I4405E.pdf

FAO (2017): Voluntary Guidelines for Sustainable Soil Management, Rom. https://www.fao.org/3/i6874e/i6874e.pdf

FAO (2018a): The 10 Elements of Agroecology: guiding the transition to sustainable food and agricultural systems, Rom. https://www.fao.org/3/i9037en/i9037en.pdf

FAO (2018b): Livestock and agroecology. How they can support the transition towards sustainable food and agriculture. Rom. https://www.fao.org/3/I8926EN/i8926en.pdf

FAO (2019): Outcome document of the Global Symposium on Soil Erosion, Rom. https://www.fao.org/documents/card/fr/c/ca5697en/

FAO (2021a): Land use statistics and indicators. Global, regional and country trends 1990-2019. FAOSTAT Analytical Brief Series No 28, Rom. https://www.fao.org/3/cb6033en/cb6033en.pdf

FAO (2021b): Pastoralism – Making variability work, FAO Animal Production and Health /Paper 185, Rom. https://doi.org/10.4060/cb5855en

FAO (2022): Voluntary Code of Conduct for Food Loss and Waste Reduction, Rom. https://doi.org/10.4060/cb9433en

FAO u. ITPS (2015): Status of the World's Soil Resources (SWSR) – Main Report. Food and Agriculture Organization of the United Nations and Intergovernmental Technical Panel on Soils, Rom. https://www.fao.org/documents/card/en?details=c6814873-efc3-41db-b7d3-2081a10ede50/

FAO, IFAD, UNICEF, WFP, WHO (2022): The State of Food Security and Nutrition in the World 2022. Repurposing food and agricultural policies to make healthy diets more affordable. FAO, Rom. https://doi.org/10.4060/cc0639en

FAO, IFAD, UNICEF, WFP, WHO (2023): In Brief to The State of Food Security and Nutrition in the World 2023. Urbanization, agrifood systems transformation and healthy diets across the rural-urban continuum. FAO, Rom. https://doi.org/10.4060/cc6550en

Feedback (2020): Bad Energy: Defining the true role of biogas in a net zero future. London. https://feedbackglobal.org/wp-content/uploads/2020/09/Feedback-2020-Bad-Energy-report.pdf

Feedback (2021): Living well on leftovers: the potential of nutrient recycling to contribute to reduced meat production and consumption, within planetary boundaries. London. https://feedbackglobal.org/wp-content/uploads/2021/07/Feedback-PositionPaper-LivingWellonLeftovers-2021.pdf

Forsa (2023): Pflanzenbetonte Ernährung – Ergebnisse einer repräsentativen Bevölkerungsbefragung, Berlin. https://www.bvlh.net/fileadmin/redaktion/downloads/pdf/2023/forsa-Umfrage_Pflanzenbetonte_Ern%C3%A4hrung.pdf

Franke, A.C. u. Kotzé, E. (2022): High-density grazing in southern Africa: Inspiration by nature leads to conservation? Outlook on Agriculture, 51:1, S. 67-74. https://doi.org/10.1177/00307270221075060

Fuss, S., Lamb, W.F., Callaghan, M.W., Hilaire, J., Creutzig, F., Amann, T., Beringer, T., de Oliveira Garcia, W., Hartmann, J., Khanna, T., Luderer, G., Nemet, G.F., Rogelj, J., Smith, P., Vicente, J.L.V., Wilcox, J., del Mar Zamora Dominguez, M., Minx, J.C. (2018): Negative emissions – Part 2: Costs, potentials and side effects, Environ. Res. Lett. 13 (2018) 063002. https://doi.org/10.1088/1748-9326/aabf9f

Gao, Y. u. Cabrera Serrenho, A. (2023): Greenhouse gas emissions from nitrogen fertilizers could be reduced by up to one-fifth of current levels by 2050 with combined interventions, Nature Food, Vol. 4, S. 170-178. https://doi.org/10.1038/s43016-023-00698-w

Garnett, T., Godde, C., Muller, A., Röös E., Smith, P., de Boer, I., zu Ermgassen, E., Herrero, M., van Middelaar, C., Schader, C., van Zanten, H. (2017): Grazed and confused? Ruminating on cattle, grazing systems, methane, nitrous oxide, the soil carbon sequestration question – and what it all means for greenhouse gas emissions, Food Climate Research Network, Oxford Martin Programme on the Future of Food, Environmental Change Institute, University of Oxford. https://tabledebates.org/publication/grazed-and-confused

GBD 2017 Diet Collaborators (2019): Health effects of dietary risks in 195 countries, 1990-2017: a systematic analysis for the Global Burden of Disease Study 2017, Lancet 393, S. 1958-72. http://dx.doi.org/10.1016/S0140-6736(19)30041-8

Gerber, P.J., Steinfeld, H., Henderson, B., Mottet, A., Opio, C., Dijkman, J., Falcucci, A., Tempio, G. (2013): Tackling climate change through livestock – A global assessment of emissions and mitigation opportunities. Food and Agriculture Organization of the United Nations (FAO), Rom. https://www.fao.org/3/i3437e/i3437e.pdf

Geupel, M., Richter, S., Schlesinger, L. (2021): Stickstoff – Element mit Wirkung: Ein integrierter Zielwert setzt einen neuen Rahmen, Umweltbundesamt, Dessau-Roßlau. https://www.umweltbundesamt.de/sites/default/files/medien/5750/publikationen/2021_hgp_stickstoff-element_mit_wirkung_bf.pdf

Grieb, B., Hofmann, F., Blumenstein, B. (2015): Fruchtbarer Boden auch im viehlosen Biolandbau, Ökologie und Landbau, 2/2015. http://orgprints.org/29558/

Gröschl, K. (2020): Humus: Wenig – aber wichtig! Top Agrar Heft 11/2020, S. 64-70. https://www.topagrar.com/dl/3/7/8/4/5/2/1/T_064_071_11_20.pdf

Gruen, L. (2015): Sich Tieren zuwenden: Empathischer Umgang mit der mehr als menschlichen Welt, in: Schmitz, F. (Hrsg.): Tierethik – Grundlagentexte, 2. Auflage, Suhrkamp Verlag, Berlin, S. 390-404.

Grupe, G., Christiansen, K., Schröder, I., Wittwer-Backofen, U. (2012): Anthropologie, 2. Auflage, Springer Verlag, Berlin und Heidelberg.

Gu, B., Zhang, X., Lam, S.K., Yu, Y., van Grinsven, H.J.M., Zhang, S., Wang, X., Bodirsky, B.L., Wang, S., Duan, J., Ren, C., Bouwman, L., de Vries, W., Xu, J., Mark A. Sutton, M.A., Chen, D. (2023): Cost-effective mitigation of nitrogen pollution from global croplands, Nature 613, S. 77-84. https://doi.org/10.1038/s41586-022-05481-8

Haiger, A., Storhas, R., Bartussek, H. (1988): Naturgemäße Viehwirtschaft – Zucht, Fütterung, Haltung von Rind und Schwein, Verlag Eugen Ulmer, Stuttgart.

Haußmann, D. (2023): Einführung, in: Eick, M., Haußmann, D., Hutter, C.-P. (Hrsg.): Weiden! – Wege zur Bewahrung der Biodiversität – Neue (Alte) Wege für eine Weidestrategie, Akademie für Natur- und Umweltschutz Baden-Württemberg, Band 59, S. 18-21, S. Hirzel Verlag, Stuttgart.

Haußmann, D. u. Weber, J. (2023): Weidewirtschaft, Neophyten und Klimawandelanpassung, in: Eick, M., Haußmann, D., Hutter, C.-P. (Hrsg.): Weiden! – Wege zur Bewahrung der Biodiversität – Neue (Alte) Wege für eine Weidestrategie, Akademie für Natur- und Umweltschutz Baden-Württemberg, Band 59, S. 47-54, S. Hirzel Verlag, Stuttgart.

Henry, M. u. Rodet, G. (2018): Controlling the impact of the managed honeybee on wild bees in protected areas, Scientific Reports 8:9308. https://www.nature.com/articles/s41598-018-27591-y

Herren, H.R. (2016): So ernähren wir die Welt, Rüffer und Rub Sachbuchverlag, Zürich.

Heißenhuber, A. u. Haußmann, D. (2023): Damit der „Green Deal" auch für die Biodiversität funktioniert. Herausforderungen, Optionen und Instruktionen aus Sicht der extensiven Tierproduktion/ Weidewirtschaft, in: Eick, M., Haußmann, D., Hutter, C.-P. (Hrsg.): Weiden! – Wege zur Bewahrung der Biodiversität – Neue (Alte) Wege für eine Weidestrategie, Akademie für Natur- und Umweltschutz Baden-Württemberg, Band 59, S. 55-71, S. Hirzel Verlag, Stuttgart.

Hörl, J. (2023): Helfer im Weinberg – Schafe pflegen Boden und Reben, bioland, Juni 2023, S. 32-33.

Hülsbergen, K.-J. (2011): C-Sequestrierung in landwirtschaftlich genutzten Böden, H&K aktuell 01/2_2011, Seite 1-4. https://www.kompost.de/fileadmin/user_upload/Dateien/HUK_aktuell/2011/Huk_01_2_11.pdf

Hülsbergen, K.-J. u. Küstermann, B. (2007): Ökologischer Landbau – Beitrag zum Klimaschutz, in: Wiesinger, K. (Hrsg.): Angewandte Forschung und Beratung für den ökologischen Landbau in Bayern, Bayerische Landesanstalt für Landwirtschaft (LfL), Freising, Schriftenreihe der Bayerischen Landesanstalt für Landwirtschaft, Nr. 3/2007, S. 9-21. https://orgprints.org/id/eprint/13540/1/LfL_Huelsbergen_2007_klimaschutz_13540.pdf

Hülsbergen, K.-J., Schmid, H., Chmelikova, L., Rahmann, G., Paulsen, H.M., Köpke, U. (2023): Umwelt- und Klimawirkungen des ökologischen Landbaus, Weihenstephaner Schriften Ökologischer Landbau und Pflanzenbausysteme, Band 16, Verlag Dr. Köster, Berlin.

Hüttl, R., Prechtel, A., Bens, O. (2008): Zusammenfassung, in: Dies. (Hrsg.): Humusversorgung von Böden in Deutschland, Publikationen des Umweltbundesamtes, S. 12-14. https://www.umweltbundesamt.de/publikationen/humusversorgung-von-boeden-in-deutschland

Idel, A. (2014): Die Kuh ist kein Klimakiller, in: Voget-Kleschin, L., Bossert, L., Ott, K. (Hrsg.): Nachhaltige Lebensstile – Welchen Beitrag kann ein bewusster Fleischkonsum zu mehr Naturschutz, Klimaschutz und Gesundheit leisten? Metropolis-Verlag, Marburg, S. 151-160.

Idel, A. (2021): Grasland und die Potenziale nachhaltiger Beweidung für Bodenfruchtbarkeit, Biodiversität, Klimaschutz und (Tier-)Gesundheit, in: Gottwald, F.-T., Plagge, J., Radermacher, F.J. (Hrsg.): Klimapositive Landwirtschaft, Tectum-Verlag, Baden-Baden, S. 105-135.

IPBES (2018): Summary for policymakers of the assessment report on land degradation and restoration of the Intergovernmental Science-Policy Platform on Biodiversity and Ecosystem Services; R. Scholes, L. Montanarella, A. Brainich, N. Barger, B. ten Brink, M. Cantele, B. Erasmus, J. Fisher, T. Gardner, T.G. Holland, F. Kohler, J.S. Kotiaho, G. von Maltitz, G. Nangendo, R. Pandit, J. Parrotta, M.D. Potts, S. Prince, M. Sankaran and L. Willemen (eds.). IPBES secretariat, Bonn. https://files.ipbes.net/ipbes-web-prod-public-files/spm_3bi_ldr_digital.pdf

IPBES (2019): Zusammenfassung für politische Entscheidungsträger des globalen Assessments der biologischen Vielfalt und Ökosystemleistungen der Zwischenstaatlichen Plattform für Biodiversität und Ökosystemleistungen; Díaz, S., Settele, J., Brondízio, E.S., Ngo, H.T., Guèze, M., Agard, J., Arneth, A., Balvanera, P., Brauman, K.A., Butchart, S.H.M., Chan, K.M.A., Garibaldi, L.A., Ichii, K., Liu, J., Subramanian, S.M. Midgley, G.F., Miloslavich, P., Molnár, Z., Obura, D., Pfaff, A., Polasky, S., Purvis, A., Razzaque, J., Reyers, B., Roy Chowdhury, R., Shin, Y.J., Visseren-Hamakers, I.J., Willis, K.J., Zayas, C.N. (Hrsg.): IPBES-

Sekretariat, Bonn. https://www.ipbes.net/system/files/2021-02/20210212_spm_eca_2019_de.pdf

IPCC (2019): Summary for Policymakers. In: Climate Change and Land: an IPCC special report on climate change, desertification, land degradation, sustainable land management, food security, and greenhouse gas fluxes in terrestrial ecosystems; Shukla, P.R., Skea, J., Calvo Buendia, E., Masson-Delmotte, V., Pörtner, H.-O., Roberts, D.C., Zhai, P., Slade, R., Connors, S., van Diemen, R., Ferrat, M., Haughey, E., Luz, S., Neogi, S., Pathak, M., Petzold, J., Portugal Pereira, J., Vyas, P., Huntley, E., Kissick, K., Belkacemi, M., Malley, J., (eds.). https://doi.org/10.1017/9781009157988.001

IPCC (2023): Summary for Policymakers. In: Climate Change 2023: Synthesis Report. A Report of the Intergovernmental Panel on Climate Change. Contribution of Working Groups I, II and III to the Sixth Assessment Report of the Intergovernmental Panel on Climate Change [Core Writing Team, H. Lee and J. Romero (eds.)]. IPCC, Genf. https://www.ipcc.ch/report/ar6/syr/downloads/report/IPCC_AR6_SYR_SPM.pdf

Jäger, C. (2018): Die Sache mit dem Suppenhuhn – wie landwirtschaftliche Tierhaltung endlich allen gerecht wird, Verlag Eugen Ulmer, Stuttgart.

Kämmer, G. (2023): Warum extensive Beweidungsprojekte auch scheitern können oder negativ auffallen, in: Eick, M., Haußmann, D., Hutter, C.-P. (Hrsg.): Weiden! – Wege zur Bewahrung der Biodiversität – Neue (Alte) Wege für eine Weidestrategie, Akademie für Natur- und Umweltschutz Baden-Württemberg, Band 59, S. 191-195, S. Hirzel Verlag, Stuttgart.

Kapfer, A., Nickel, H., Weber, G. (2023): Ernst machen! Wir brauchen eine Weidestrategie! in: Eick, M., Haußmann, D., Hutter, C.-P. (Hrsg.): Weiden! – Wege zur Bewahrung der Biodiversität – Neue (Alte) Wege für eine Weidestrategie, Akademie für Natur- und Umweltschutz Baden-Württemberg, Band 59, S. 248-255, S. Hirzel Verlag, Stuttgart.

Keller, M. u. Sabersky, A. (2022): Öfter mal die Sau rauslassen! Wie wir mit pflanzenbasierter Ernährung ganz entspannt gesünder leben und das Klima retten, Verlag Eugen Ulmer, Stuttgart.

Koller, A., Rohrmann, S., Wakolbinger, M., Gojda, J., Selinger, E., Cahova, M., Světnička, M., Haider, S., Schlesinger, S., Kühn, T., Keller, J.W. (2023): Health aspects of vegan diets among children and adolescents: a systematic review and meta-analyses, Critical Reviews in Food Science and Nutrition. https://doi.org/10.1080/10408398.2023.2263574

Krausmann, F. (2006): Vom Kreislauf zum Durchfluss, in: Dix, A., Langthaler, E. (Hrsg.): Grüne Revolutionen, Studien-Verlag, Innsbruck, S. 17-45.

Kuratorium für Technik und Bauwesen in der Landwirtschaft (KTBL) (2006): Nationaler Bewertungsrahmen Tierhaltungsverfahren, KTBL-Schrift 446 mit Internetzugang, Kuratorium für Technik und Bauwesen in der Landwirtschaft, Darmstadt.

Kuratorium für Technik und Bauwesen in der Landwirtschaft (KTBL) (2022): Betriebsplanung Landwirtschaft 2022/2023, Daten für die Betriebsplanung in der Landwirtschaft, KTBL-Datensammlung, 28. Auflage, Kuratorium für Technik und Bauwesen in der Landwirtschaft, Darmstadt.

Lal, R., Smith, P., Jungkunst, H.F., Mitsch, W.J., Lehmann, J., Nair, P.K.R., McBratney, A.B., de Moraes Sá, J.C., Schneider, J., Zinn, Y.L., Skorupa, A.L.A., Zhang, H.-J., Minasny, B., Srinivasrao, C., Ravindranath, N.H. (2018): The carbon sequestration potential of terrestrial ecosystems, Journal of Soil and Water Conservation, 73(6), S,145A-152A. doi:10.2489/jswc.73.6.145A

Laitala, K., Klepp, I.G., Henry, B. (2018): Does Use Matter? Comparison of Environmental Impacts of Clothing Based on Fiber Type, Sustainability, 10, 2524. doi:10.3390/su10072524

Leal Filho, W., Perry, P., Heim, H., Dinis, M.A.P., Moda, H., Ebhuoma, E., Paço, A. (2022): An overview of the contribution of the textiles sector to climate change, Front. Environ. Sci. 10:973102. doi: 10.3389/fenvs.2022.973102

Leithold, G. (2008): C-Sequestrierung und Humusbilanzierung im ökologischen Landbau, in: Hüttl, R., Prechtel, A., Bens, O. (Hrsg.): Humusversorgung von Böden in Deutschland, Publikationen des Umweltbundesamtes, S. 152-161. https://www.umweltbundesamt.de/publikationen/humusversorgung-von-boeden-in-deutschland

Leitzmann, C. (2018): Veganismus – Grundlagen, Vorteile, Risiken, C.H. Beck Verlag, München.

Lima, M.A.P., Cutler, G.C., Mazzeo, G., Hrncir, M. (2022): Editorial: The decline of wild bees: Causes and consequences. Front. Ecol. Evol., 10:1027169. doi: 10.3389/fevo.2022.1027169

Lotzkat, S. (2023): Ein etwas anderer Einstieg – das Artensterben als Prozess, in: Eick, M., Haußmann, D., Hutter, C.-P. (Hrsg.): Weiden! – Wege zur Bewahrung der Biodiversität – Neue (Alte) Wege für eine Weidestrategie, Akademie für Natur- und Umweltschutz Baden-Württemberg, Band 59, S. 25-43, S. Hirzel Verlag, Stuttgart.

Lowder, S.K., Sánchez, M.V., Bertini, R. (2021): Which farms feed the world and has farmland become more concentrated?, World Development, 142, 105455. https://doi.org/10.1016/j.worlddev.2021.105455

Luick, R. (2023): Naturnahe Beweidung gestaltet Landschaft, in: Eick, M., Haußmann, D., Hutter, C.-P. (Hrsg.): Weiden! – Wege zur Bewahrung der Biodiversität – Neue (Alte) Wege für eine Weidestrategie, Akademie für Natur- und Umweltschutz Baden-Württemberg, Band 59, S. 75-88, S. Hirzel Verlag, Stuttgart.

Lynch, J. (2019): Agricultural methane and its role as a greenhouse gas. Food Climate Research Network, University of Oxford. https://www.tabledebates.org/sites/default/files/2021-12/FCRN%20Building%20Block%20-%20Agricultural%20methane%20and%20its%20role%20as%20a%20greenhouse%20gas.pdf

Lynch, J., Garnett, T., Persson, M., Röös, E., Reisinger, A. (2020): Methane and the sustainability of ruminant livestock (Foodsource: building blocks). Food Climate Research Network, University of Oxford. https://tabledebates.org/sites/default/files/2021-09/FCRN%20Building%20Block%20-%20Methane%20and%20the%20sustainability%20of%20ruminant%20livestock.pdf

Machmuller, M.B., Kramer, M.G., Cyle, T.K., Hill, N., Hancock, D., Thompson, A. (2015): Emerging land use practices rapidly increase soil organic matter, Nature communications, 6:6995. DOI: 10.1038/ncomms7995

Mahlerwein, G. (2016): Die Moderne (1880-2010), in: Brakensiek, S., Kießling, R., Troßbach, W., Zimmermann, C. (Hrsg.): Grundzüge der Agrargeschichte Band 3, Böhlau-Verlag, Köln, S. 11-205.

Mbow, C., Rosenzweig, C., Barioni, L.G., Benton, T.G., Herrero, M., Krishnapillai, M., Liwenga, E., Pradhan, P., Rivera-Ferre, M.G., Sapkota, T., Tubiello, F.N., Xu, Y. (2019): Chapter 5. Food security, in: Climate Change and Land: An IPCC special report on climate change, desertification, land degradation, sustainable land management, food security, and greenhouse gas fluxes in terrestrial ecosystems. Intergovernmental Panel on Climate Change, S. 437-550. https://www.ipcc.ch/site/assets/uploads/2019/11/08_Chapter-5.pdf

Metzner, J., Jedicke, E., Luick, R., Reisinger, E., Tischew, S. (2010): Extensive Weidewirtschaft und Forderungen an die neue Agrarpolitik, Naturschutz und Landschaftsplanung 42 (12), S. 357-366.

Mokhesengoane, T.E., Van der Westhuizen, H.C., Van Niekerk, J.A. (2021): Stocking rate of extensive land-reform livestock farmers during 2018/2019 drought: Bloemfontein grassland biome case study, S. Afr. J. Agric. Ext., 49: 2, S. 15-24. http://dx.doi.org/10.17159/2413-3221/2021/v49n2a12784

Mosnier, C., Benoit, M., Minviel, J.J., Veysset, P. (2022): Does mixing livestock farming enterprises improve farm and product sustainability? International Journal of Agricultural Sustainability, 20: 3, S. 312-326. DOI: 10.1080/14735903.2021.1932150

Mottet, A., de Haan, C., Falcucci, A., Tempio, G., Opio, C., Gerber, P. (2017): Livestock: On our plates or eating at our table? A new analysis of the feed/food debate, Global Food Security 14, S. 1-8. http://dx.doi.org/10.1016/j.gfs.2017.01.001

Muller, A., Schader, C., El-Hage Scialabba, N., Brüggemann, J., Isensee, A., Erb, K.-H., Smith, P., Klocke, P., Leiber, F., Stolze, M., Niggli, U. (2017): Strategies for feeding the world more sustainably with organic agriculture. Nature Communications 8, 1290. DOI: 10.1038/s41467-017-01410-w

Nationale Akademie der Wissenschaften Leopoldina (Hrsg.) (2020): Globale Biodiversität in der Krise – Was können Deutschland und die EU dagegen tun? Diskussion Nr. 24, Halle (Saale). https://www.leopoldina.org/uploads/tx_leopublication/2020_Diskussionspapier_Biodiversitaetskrise_web.pdf

Nationale Akademie der Wissenschaften Leopoldina, acatech – Deutsche Akademie der Technikwissenschaften, Union der deutschen Akademien der Wissenschaften (2020): Biodiversität und Management von Agrarlandschaften – Umfassendes Handeln ist jetzt wichtig. Halle (Saale). https://www.leopoldina.org/publikationen/detailansicht/publication/biodiversitaet-und-management-von-agrarlandschaften-2020/

Neuhofer, K. (2023): Die ARGE-Bio-Heumilch – Wo naturnahe Wiesen und Weiden zusammenfinden, in: Eick, M., Haußmann, D., Hutter, C.-P. (Hrsg.): Weiden! – Wege zur Bewahrung der Biodiversität – Neue (Alte) Wege für eine Weidestrategie, Akademie für Natur- und Umweltschutz Baden-Württemberg, Band 59, S. 113-118, S. Hirzel Verlag, Stuttgart.

OECD u. FAO (2023): OECD-FAO Agricultural Outlook 2023-2032, OECD Publishing, Paris. https://doi.org/10.1787/08801ab7-en

Oxfam, International Land Coalition, Rights and Resources Initiative (2016): Common Ground. Securing Land Rights and Safeguarding the Earth, Oxfam, Oxford. https://policy-practice.oxfam.org/resources/common-ground-securing-land-rights-and-safeguarding-the-earth-600459/

Panziera, D., Requier, F., Chantawannakul, P., Pirk, C.W.W., Blacquière, T. (2022): The Diversity Decline in Wild and Managed Honey Bee Populations Urges for an Integrated Conservation Approach. Front. Ecol. Evol. 10:767950. doi: 10.3389/fevo.2022.767950

Parlasca, M.C. u. Qaim, M. (2022): Meat Consumption and Sustainability, Annu. Rev. Resour. Econ., 14, S. 17-41. https://doi.org/10.1146/annurev-resource-111820-032340

Pinotti, L., Luciano, A., Ottoboni, M., Manoni, M., Ferrari, L., Marchis, D., Tretola, M. (2021): Recycling food leftovers in feed as opportunity to increase the sustainability of livestock production, Journal of Cleaner Production, 294, 126290. https://doi.org/10.1016/j.jclepro.2021.126290

Prechtel, A. u. Bens, O. (2008): Abschnitt I in: Hüttl, R., Prechtel, A., Bens, O. (Hrsg.): Humusversorgung von Böden in Deutschland, Publikationen des Umweltbundesamtes, S. 15-95. https://www.umweltbundesamt.de/publikationen/humusversorgung-von-boeden-in-deutschland

Richter, M., Kroke, A., Grünewald-Funk, D., Heseker, D., Virmani, K., Watzl, B. für die Deutsche Gesellschaft für Ernährung e. V. (2020): Ergänzung der Position der Deutschen Gesellschaft für Ernährung e. V. zur veganen Ernährung hinsichtlich Bevölkerungsgruppen mit besonderem Anspruch an die Nährstoffversorgung, Ernährungs Umschau – Sonderheft 5: Vegan, S. 64-72. DOI: 10.4455/eu.2020.044

Ricciardi, V., Mehrabi, Z., Wittman, H., James, D., Ramankutty, N. (2021): Higher yields and more biodiversity on smaller farms, Nature Sustainability, 1-7. DOI:10.1038/s41893-021-00699-2

Rittenau, N. (2021): Vegan-Klischee ade! Wissenschaftliche Antworten auf kritische Fragen zu pflanzlicher Ernährung, 3. Auflage, Becker Joest Volk Verlag, Hilden.

Rittenau, N., Schönfeld, P., Winters, E. (2021): „Vegan ist Unsinn“ – Populäre Argumente gegen den Veganismus und wie man sie entkräftet, 2. Auflage, Becker Joest Volk Verlag, Hilden.

Ritchie, H. (2021): Smallholders produce one-third of the world’s food, less than half of what many headlines claim, OurWorldInData.org. https://ourworldindata.org/smallholder-food-production

Rockström, J., Steffen, W., Noone, K., Persson, Å., Chapin, F.S., Lambin, E.F., Lenton, T.M., Scheffer, M., Folke, C., Schellnhuber, H.J., Nykvist, B., de Wit, C.A., Hughes, T., van der Leeuw, S., Rodhe, H., Sörlin, S., Snyder, P.K., Costanza, R., Svedin, U., Falkenmark, M., Karlberg, L., Corell, R.W., Fabry, W.J., Hanse, J., Walker, B., Liverman, D., Richardson, K., Crutzen, P., Foley, J.A. (2009): A safe operating space for humanity, Nature, 461, S. 472-475. https://doi.org/10.1038/461472a

Rockström, J., Williams, J., Daily, G., Noble, A., Matthews, N., Gordon, L., Wetterstrand, H., DeClerck, F., Shah, M., Steduto, P., de Fraiture, C., Hatibu, N., Unver, O., Bird, J., Sibanda, L., Smith, J. (2017): Sustainable intensification of agriculture for human prosperity and global sustainability, Ambio, 46, S. 4-17. DOI 10.1007/s13280-016-0793-6

Röös, E., Bajželj, B., Smith, P., Patel, M., Little, D., Garnett, T. (2017): Greedy or needy? Land use and climate impacts of food in 2050 under different livestock futures, Global Environmental Change, 47, S. 1-12. http://dx.doi.org/10.1016/j.gloenvcha.2017.09.001

Sabersky, A. (2023): Mit oder ohne Tier? Öko-Test-Magazin 8/2023, Öko-Test-Verlag, Frankfurt/M., S. 18-27.

Salemdeeb, R., zu Ermgassen, E.K.H.J., Kim, M.H., Balmford, A., Al-Tabbaa, A. (2017): Environmental and health impacts of using food waste as animal feed: a comparative analysis of food waste management options, Journal of Cleaner Production, 140, S. 871-880. https://doi.org/10.1016/j.jclepro.2016.05.049

Šajn, N. (2022): Textiles and the environment, Briefing, European Parliamentary Research Service. https://www.europarl.europa.eu/RegData/etudes/BRIE/2022/729405/EPRS_BRI(2022)729405_EN.pdf

Schader, C., Muller, A., El-Hage Scialabba, N., Hecht, J., Isensee, A., Erb, K.-H., Smith, P., Makkar, H.P.S., Klocke, P., Leiber, F., Schwegler, P., Stolze, M., Niggli, U. (2015): Impacts of feeding less food-competing feedstuffs to livestock on global food system sustainability, J.R. Soc. Interface 12: 20150891. http://dx.doi.org/10.1098/rsif.2015.0891

Schmidt, H. (2003): Viehloser Ackerbau im ökologischen Landbau – Evaluierung des derzeitigen Erkenntnisstandes anhand von Betriebsbeispielen und Expertenbefragungen, Schlussbericht Forschungsprojekt Nr.: 02OE458. http://www.orgprints.org/5020/

Schmidt, T.G., Baumgardt, S., Blumenthal, A., Burdick, B., Claupein, E., Dirksmeyer, W., Hafner, G., Klockgether, K., Koch, F., Leverenz, D., Lörchner, M., Ludwig-Ohm, S., Niepagenkemper, L., Owusu-Sekyere, K., Waskow, F. (2019): Wege zur Reduzierung von Lebensmittelabfällen – Pathways to reduce food waste (REFOWAS): Maßnahmen, Bewertungsrahmen und Analysewerkzeuge sowie zukunftsfähige Ansätze für einen nachhaltigen Umgang mit Lebensmitteln unter Einbindung sozio-ökologischer Innovationen. Braunschweig: Johann Heinrich von Thünen-Institut, Thünen Rep 73, Vol. 1. DOI:10.3220/REP1569247044000

Schneider, R., Salzeder, G., Schmidt, M., Wiesinger, K., Urbatzka, P. (2013): Einfluss verschiedener Fruchtfolgen viehhaltender und viehloser Systeme auf Ertrag und Produktivität – Ergebnisse eines Dauerfeldversuches, in: Neuhoff, D., Stumm, C., Ziegler, S., Rahmann, G., Hamm, U., Köpke, U. (Hrsg.): Ideal und Wirklichkeit – Perspektiven Ökologischer Landbewirtschaftung. Beiträge zur 12. Wissenschaftstagung Ökologischer Landbau, Bonn, 5.-8. März; S. 54-57. https://orgprints.org/id/eprint/21331/1/21331_Schneider.pdf

Schreiber, J. (2022): Biodiversität, Philipp Reclam jr. Verlag, Stuttgart.

Schubert, S. (2018): Pflanzenernährung, 3. Auflage, Verlag Eugen Ulmer, Stuttgart.

Seipel, C. (2020): Bio-vegane Landwirtschaft: Herausforderungen und Potentiale in der Praxis, Bachelorarbeit, Justus-Liebig-Universität, Gießen. https://biozyklisch-vegan.org/wp-content/uploads/2021/04/Seipel-2020.pdf

Sekretariat der UN-Biodiversitätskonvention (2020): Global Biodiversity Outlook 5 – Summary for Policy Makers, Montréal. https://www.cbd.int/gbo/

Selinger, E., Neuenschwander, M., Koller, A., Gojda, J., Kühn, T., Schwingshackl, L., Barbaresko, J., Schlesinger, S. (2022): Evidence of a vegan diet for health benefits and risks – an umbrella review of meta-analyses of observational and clinical studies, Critical Reviews in Food Science and Nutrition. https://doi.org/10.1080/10408398.2022.2075311

Smerald, A., Fuchs, K., Kraus, D., Butterbach-Bahl, K., Scheer, C. (2022): Significant Global Yield-Gap closing is possible without increasing the intensity of environmentally harmful nitrogen losses. Front. Sustain. Food Syst. 6:736394. doi: 10.3389/fsufs.2022.736394

Socher, S.A., Prati, D., Boch, S., Müller, J., Baumbach, H., Gockel, S., Hemp, A., Schöning, I., Wells, K., Buscot, F., Kalko, E.K.V., Linsenmair, K.E., Schulze, E.-D., Weisser, W.W., Fischer, M. (2013): Interacting effects of fertilization, mowing and grazing on plant species diversity of 1500 grasslands in Germany differ between regions. Basic and Applied Ecology 14 (2), S. 126-136. http://dx.doi.org/10.1016/j.baae.2012.12.003

Springmann, M., Wiebe, K., Mason-D'Croz, D., Sulser, T.B., Rayner, M., Scarborough, P. (2018): Health and nutritional aspects of sustainable diet strategies and their association with environmental impacts: a global modelling analysis with country-level detail. Lancet Planet Health, 2 (10), S. e451-e461. doi: 10.1016/S2542-5196(18)30206-7

Sraïri, M.T., Assis, L., Kuper, M. (2021): Assessing physical and economic water productivity in crop-livestock systems, AFRIMED – Al Awamia, 133, S. 63-82. https://doi.org/10.34874/IMIST.PRSM/afrimed-i133.31254

Stahr, K., Kandeler, E., Herrmann, L., Streck, T. (2020): Bodenkunde und Standortlehre, 4. Auflage, Verlag Eugen Ulmer, Stuttgart.

Statistisches Bundesamt (Destatis) (2019): Umweltökonomische Gesamtrechnungen – Ein- und Ausfuhr und Flächenbelegung von Erzeugnissen pflanzlichen und tierischen Ursprungs, Berichtszeitraum 2008-2017; Wiesbaden.
https://www.destatis.de/DE/Themen/Gesellschaft-Umwelt/Umwelt/UGR/landwirtschaft-wald/Publikationen/Downloads/ein-ausfuhr-flaechen belegung-pdf-5851311.pdf?__blob=publicationFile

Striezel, A. (2023): Tiergesundheit in extensiven Weidesystemen: Parasiten, Medikamente und das Ökosystem, in: Eick, M., Haußmann, D., Hutter, C.-P. (Hrsg.): Weiden! – Wege zur Bewahrung der Biodiversität – Neue (Alte) Wege für eine Weidestrategie, Akademie für Natur- und Umweltschutz Baden-Württemberg, Band 59, S. 196-200, S. Hirzel Verlag, Stuttgart.

Tabashnik, B.E., Fabrick, J.A., Carrière, Y. (2023): Global Patterns of Insect Resistance to Transgenic Bt Crops: The First 25 Years, Journal of Economic Entomology, 116(2), S. 297-309.
https://doi.org/10.1093/jee/toac183

Thornton, P.K. (2010): Livestock production: recent trends, future prospects, Phil. Trans. R. Soc. B, 365, S. 2853-2867.
DOI:10.1098/rstb.2010.0134

Tong, T.N.Y., Appleby, P.N., Armstrong, M.E.G., Fensom, G.K., Knuppel, A., Papier, K., Perez-Cornago, A., Travis, R.C., Key, T.J. (2020): Vegetarian and vegan diets and risks of total and site-specific fractures: results from the prospective EPIC-Oxford study, BMC Medicine, 18:353. https://doi.org/10.1186/s12916-020-01815-3

Troßbach, W. (2016a): Verfahren und Resultate, in: Brakensiek, S., Kießling, R., Troßbach, W., Zimmermann, C. (Hrsg.): Grundzüge der Agrargeschichte Band 1, Böhlau-Verlag, Köln, S. 62-75.

Troßbach, W. (2016b): Wiesennutzung, in: Brakensiek, S., Kießling, R., Troßbach, W., Zimmermann, C. (Hrsg.): Grundzüge der Agrargeschichte Band 1, Böhlau-Verlag, Köln, S. 84-89.

Troßbach, W. (2016c): Tierhaltung, in: Brakensiek, S., Kießling, R., Troßbach, W., Zimmermann, C. (Hrsg.): Grundzüge der Agrargeschichte Band 1, Böhlau-Verlag, Köln, S. 98-108.

Uekötter, F. (2006): Die Chemie, der Humus und das Wissen der Bauern, in: Dix, A., Langthaler, E. (Hrsg.): Grüne Revolutionen, Studien-Verlag, Innsbruck, S. 102-128.

Umweltbundesamt (UBA) (2009): Hintergrundpapier zu einer multimedialen Stickstoff-Emissionsminderungsstrategie, Dessau-Roßlau. https://www.umweltbundesamt.de/sites/default/files/medien/publikation/long/3982.pdf

United Nations (UN) (1992): Convention on Biological Diversity, New York. https://www.cbd.int/doc/legal/cbd-en.pdf

United Nations (UN) (2022): Groundwater – Making the invisible visible, The United Nations World Water Development Report 2022, Executive Summary; Paris. https://www.unesco.org/reports/wwdr/2022/en

United Nations (UN) Department of Economic and Social Affairs, Population Division (2022): World Population Prospects 2022: Summary of Results, UN DESA/POP/2022/TR/NO. 3. https://www.un.org/development/desa/pd/content/World-Population-Prospects-2022

United Nations Environment Programme (UNEP) (2021): Food Waste Index Report 2021, Nairobi. https://www.unep.org/resources/report/unep-food-waste-index-report-2021

Van Kernebeek, H.J.R., Oosting, S.J., Van Ittersum, M.K., Bikker, P., De Boer, I.J.M. (2016): Saving land to feed a growing population: consequences for consumption of crop and livestock products, Int J Life Cycle Assess, 21, S. 677-687. DOI 10.1007/s11367-015-0923-6

Van Selm, B., Frehner, A., De Boer, I.J.M., Van Hal, O., Hijbeek, R., Van Ittersum, M.K., Talsma, E.F., Lesschen, J.P., Hendriks, C.M.J., Herrero, M., Van Zanten, H.H.E. (2022): Circularity in animal production requires a change in the EAT-Lancet diet in Europe, Nature Food, 3, S. 66-73. https://doi.org/10.1038/s43016-021-00425-3

Van Zanten, H.H.E., Meerburg, B.G., Bikker, P., Herrero, M., De Boer, I.J.M. (2016): Opinion paper: The role of livestock in a sustainable diet: a land-use perspective, Animal, 10:4, S. 547-549. DOI: 10.1017/S1751731115002694

Van Zanten, H.H.E., Herrero, M., Van Hal, O., Röös, E., Muller, A., Garnett, T., Gerber, P.J., Schader, C., De Boer, I.J.M. (2018): Defining a land boundary for sustainable livestock consumption, Glob Change Biol., 24, S. 4185-4194. DOI: 10.1111/gcb.14321

Visick, O.D. u. Ratnieks, F.L.W. (2023): Density of wild honey bee, *Apis mellifera*, colonies worldwide. Ecology and Evolution, 13, e10609. https://doi.org/10.1002/ece3.10609

Vollset, S., Goren, E., Yuan, C., Cao, J., Smith, A., Hsiao, T., Bisignano, C., Azhar, G., Castro, E., Chalek, J., Dolgert, A., Frank, T., Fukutaki, K., Hay, S., Lozano, R., Mokdad, A., Nandakumar, V., Pierce, M., Pletcher, M., Murray, C. (2020): Fertility, mortality, migration, and population scenarios for 195 countries and territories from 2017 to 2100: a forecasting analysis for the Global Burden of Disease Study, The Lancet, 396, S. 1285-1306. DOI: 10.1016/S0140-6736(20)30677-2.

Wessolek, G., Kaupenjohann, M., Dominik, P., Ilg, K., Schmitt, A., Zeitz, J., Gahre, F., Schulz, E., Ellerbrock, R., Utermann, J., Düwel, O., Siebner, C. (2008): Ermittlung von Optimalgehalten an organischer Substanz landwirtschaftlich genutzter Böden nach § 17 (2) Nr. 7 BBodSchG, Publikationen des Umweltbundesamtes. https://www.umweltbundesamt.de/sites/default/files/medien/publikation/long/3707.pdf

Wiedemann, S.G., Ledgard, S.F., Henry, B.K., Yan, M.-J., Mao, N., Russell, S.J. (2015): Application of life cycle assessment to sheep production systems: investigating co-production of wool and meat using case studies from major global producers, Int J Life Cycle Assess 20, S. 463-476. DOI 10.1007/s11367-015-0849-z

Willett, W., Rockström, J., Loken, B., Springmann, M., Lang, T., Vermeulen, S., Garnett, T., Tilman, D., DeClerck, F., Wood, A., Jonell, M., Clark, M., Gordon, L.J., Fanzo, J., Hawkes, C., Zurayk, R., Rivera, J.A., De Vries, W., Sibanda, L.M., Afshin, A., Chaudhary, A., Herrero, M., Agustina, M.R., Branca, F., Lartey, A., Fan, S., Crona, B., Fox, E., Bignet, V., Troell, M., Lindahl, T., Singh, S., Cornell, S.E., Reddy, K.S., Narain, S., Nishtar, S., Murray, C.J.L. (2019): Food in the Anthropocene: the EAT-Lancet Commission on healthy diets from sustainable food systems, Lancet; 393: S. 447-92, published online. http://dx.doi.org/10.1016/S0140-6736(18)31788-4

Wissenschaftlicher Beirat für Agrarpolitik, Ernährung und gesundheitlichen Verbraucherschutz (WBAE) beim BMEL (2020): Politik für eine nachhaltigere Ernährung: Eine integrierte Ernährungspolitik entwickeln und faire Ernährungsumgebungen gestalten. Gutachten, Berlin. https://www.bmel.de/DE/Ministerium/Organisation/Beiraete/_Texte/AgrVeroeffentlichungen.html

Wissenschaftlicher Beirat für Biodiversität und Genetische Ressourcen beim BMELV (2013): Biodiversität im Grünland – unverzichtbar für Landwirtschaft und Gesellschaft, Stellungnahme. https://www.bmel.de/SharedDocs/Downloads/DE/_Ministerium/Beiraete/biodiversitaet/StellungnahmeBiodivGruenland.html

Wissenschaftlicher Beirat der Bundesregierung Globale Umweltveränderungen (WBGU) (2020): Landwende im Anthropozän: Von der Konkurrenz zur Integration. WBGU, Berlin. https://www.wbgu.de/de/publikationen/publikation/landwende

World Economic Forum (WEF) (2020): New Nature Economy Report II: The Future of Nature and Business, Genf. https://www.weforum.org/reports/new-nature-economy-report-ii-the-future-of-nature-and-business/

World Economic Forum (WEF) (2022): The Global Risks Report 2022, 17th Edition, Genf. https://www.weforum.org/reports/global-risks-report-2022

World Economic Forum (WEF) (2024): The Global Risks Report 2024, 19th Edition, Genf. https://www3.weforum.org/docs/WEF_The_Global_Risks_Report_2024.pdf

World Health Organization (WHO) (2022): WHO global strategy for food safety 2022-2030: towards stronger food safety systems and global cooperation, Genf. https://www.who.int/publications/i/item/9789240057685

Zehm, A., Fölling, A., Reifenrath, R. (2015): Esel in der Landschaftspflege – Erfahrungen und Hinweise für die Beweidungspraxis, Anliegen Natur 37(1), S. 55-66. https://www.anl.bayern.de/publikationen/anliegen/doc/an37109zehm_et_al_2015_eselbeweidung.pdf

Zhang, X., Davidson, E.A., Mauzerall, D.L., Searchinger, T.D., Dumas, P., Shen, Y. (2015): Managing nitrogen for sustainable development, Nature. doi:10.1038/nature15743

Zukunftsstiftung Landwirtschaft (2013): Wege aus der Hungerkrise – Die Erkenntnisse und Folgen des Weltagrarberichts: Vorschläge für eine Landwirtschaft von morgen, Berlin. https://www.weltagrarbericht.de/fileadmin/files/weltagrarbericht/Neuauflage/WegeausderHungerkrise_klein.pdf

Stichwortverzeichnis